面向新工科普通高等教育系列教材

数字逻辑
第4版

詹瑾瑜　主编

江　维　王旭鹏　参编

机械工业出版社

本书根据《计算机学科教学计划》编写。全书共 9 章,内容包括数字逻辑基础、逻辑代数基础、集成门电路、组合逻辑电路、触发器、同步时序逻辑电路、异步时序逻辑电路、硬件描述语言 Verilog HDL,以及脉冲波形的产生与整形。

本书不仅介绍了数字逻辑的分析和设计方法,还介绍了一些典型的数字电路的设计和应用方法,以及可编程逻辑电路的设计和实现方法。每章均配有习题,以帮助读者深入地进行学习。

本书既可作为高等院校计算机、软件工程、电子信息、自动控制及通信等专业的教材,也可作为数字电路和数字系统研发人员的技术参考书。

本书配有授课电子课件,需要的教师可登录 www.cmpedu.com 免费注册,审核通过后下载,或联系编辑索取(微信:15910938545,电话:010-88379739)。

图书在版编目(CIP)数据

数字逻辑/詹瑾瑜主编 . —4 版 . —北京:机械工业出版社,2022.4
(2024.1 重印)
面向新工科普通高等教育系列教材
ISBN 978-7-111-70579-6

Ⅰ. ①数…　Ⅱ. ①詹…　Ⅲ. ①数字逻辑 – 高等学校 – 教材
Ⅳ. ①TP331.2

中国版本图书馆 CIP 数据核字(2022)第 060496 号

机械工业出版社(北京市百万庄大街 22 号　邮政编码 100037)
策划编辑:郝建伟　责任编辑:郝建伟　王　斌
责任校对:张艳霞　责任印制:李　昂
河北鹏盛贤印刷有限公司印刷

2024 年 1 月第 4 版·第 4 次印刷
184mm×260mm·18 印张·446 千字
标准书号:ISBN 978-7-111-70579-6
定价:79.00 元

电话服务　　　　　　　　　网络服务
客服电话:010-88361066　　机　工　官　网:www.cmpbook.com
　　　　　010-88379833　　机　工　官　博:weibo.com/cmp1952
　　　　　010-68326294　　金　书　网:www.golden-book.com
封底无防伪标均为盗版　机工教育服务网:www.cmpedu.com

前言

科技兴则民族兴，科技强则国家强。党的二十大报告指出，必须坚持科技是第一生产力、人才是第一资源、创新是第一动力，开辟发展新领域新赛道，不断塑造发展新动能新优势。

计算机科学是建立在数学、物理等基础学科之上的一门基础学科，对于社会发展以及现代社会文明都有着十分重要的意义。

数字逻辑（Digital Logic）是计算机和软件工程专业学生必修的一门重要的专业基础课。本课程以逻辑代数为理论基础，以逻辑电路为实现形式，讨论数字逻辑电路的设计方法和分析过程，是计算机硬件系列课程的基础课程。本课程的目的是使学生从了解数字系统开始，理解数字逻辑的定义和规则，了解常见数字电路的类型及结构，采用数学建模的思想，掌握组合逻辑电路和时序逻辑电路的分析与设计，并能使用数字集成芯片和可编程逻辑器件（PLD）实现工程所需的逻辑设计，培养学生对数字电路的分析能力和设计能力，为今后进行数字计算机和其他数字系统的分析与设计奠定良好的基础。

本书内容简单扼要、通俗易懂，实例丰富，将数字逻辑的数学建模思想、数字电路的分析与设计以及硬件描述语言 Verilog HDL 的语法有机结合在一起，使读者在感受数字电路的乐趣的同时，能够轻松掌握其分析和设计方法。本课程的参考课时为 64 学时，本书配有电子课件和部分习题答案，教师和学生可根据需要和具体情况对内容进行取舍。

本次修订，主要修改了第 4~6 的结构和内容，部分修改了第 1~3、7、8 章的内容。

全书共 9 章，第 1 章为数字逻辑基础，介绍了信息在计算机中的表示方法及相关概念、各种计数进制数的表示及相互转换、带符号数的表示及运算、计算机数码和字符的代码表示。第 2 章为逻辑代数基础，介绍了逻辑代数的基本概念、定理、定律、表示与转换、逻辑函数化简的相关方法。第 3 章为集成门电路，介绍了典型的 TTL 门以及 CMOS 门的结构和原理。第 4 章为组合逻辑电路，介绍了组合逻辑的定义和特点，重点讲解组合逻辑电路的分析和设计方法，以及典型的组合逻辑电路应用。第 5 章为触发器，介绍了常用的触发器类型及其各自特点、组成、原理和应用。第 6 章为同步时序逻辑电路，介绍了同步时序逻辑电路的定义和特点，重点讲解同步时序逻辑电路的分析和设计方法，以及典型的同步时序逻辑电路应用。第 7 章为异步时序逻辑电路，介绍了脉冲异步时序逻辑电路和电平异步时序逻辑电路的分析与设计方法，以及集成异步计数器的原理和应用。第 8 章为硬件描述语言 Verilog HDL，介绍了 Verilog HDL 语言的语法和结构，重点讲解使用 Verilog HDL 编程实现组合逻辑电路和时序逻辑电路的方法与实例。第 9 章为脉冲波形的产生与整形，介绍了 555 时基电路、多谐振荡器、单稳态触发器及施密特触发器的构成和工作原理。

本书由詹瑾瑜主编并统稿，由詹瑾瑜、江维、王旭鹏共同编写，具体分工如下：第 2、3、7、8、9 章和 6.4.1、6.4.2 节由詹瑾瑜编写；第 1 章和 6.1、6.2、6.4.3、6.4.4、6.4.5、6.5、6.6、6.7 和 6.8 节由江维编写；第 4、5 章和 6.3 节由王旭鹏编写。在编写过程中得到了校内外同行的大力支持和关怀，本书第 2 版主编武庆生老师十分关心本书的编写和教学工作，并提出了很多宝贵意见，在此对以上同行和同事的关心、支持、指导和帮助表示衷心的感谢。

由于编者水平有限，书中难免有欠妥之处，敬请读者批评指正，并提出宝贵意见。

编　者

目录

第1章
数字逻辑基础

进入 21 世纪，集成电路已经广泛应用于人类社会的生活和生产之中，涉及信息、生物、新材料、能源、自动化、航天、海洋等几乎所有科学技术领域。小到移动电话、电视、个人计算机，大到雷达、航天飞机、人造卫星等，几乎所有电器和包含电子部件的装备中都包含集成电路。所谓集成电路，也称为微电路、微芯片、芯片，在电子学中是一种把电路小型化的方式，通常制造于半导体晶圆表面上。从处理信号的形式看，集成电路可以分为处理模拟信号的模拟电路和处理数字信号的数字电路。由于在结构与功能方面所特有的优点，数字电路一直伴随着计算机和数字通信等技术的发展并广泛应用，正在被越来越多的人了解和掌握。数字逻辑课程的主要目的是使学生了解和掌握从对数字电路提出要求开始，一直到用电路实现所需逻辑功能为止的整个过程的完整知识。作为该课程的开始，本章将介绍有关数字逻辑学习的一些基本的预备概念，内容包含数字逻辑概述和数码表示等。

1.1 概述

对数字信号进行传递、处理的电路称为数字电路。由于数字电路不仅能对信号进行数值运算，而且还能进行逻辑运算和逻辑判断，数字电路的输入量和输出量之间的关系是一种因果关系，它可以用逻辑函数来描述，所以又称为数字逻辑电路或逻辑电路。数字逻辑主要研究电路输出信号状态与输入信号状态之间的逻辑关系。

1.1.1 数字逻辑研究的对象及方法

数字逻辑研究的对象有数字电路与数字系统，研究的方法主要是电路的分析和电路的设计。

1. 数字电路与数字系统

在自然界中，所有物理量都可以被分为模拟量和数字量。模拟量是指取值连续的物理量，如温度、速度和压强等。数字量是指取值分立的物理量，如人口数量、书本页数以及羊群数目等。在电路中，电信号同样也可以被分为模拟信号和数字信号。

（1）模拟信号和数字信号

当用电路表达物理量时，必须先将物理量变换为电路易于处理的信号形式，一般用变化的电压（或电流）表示。模拟信号是一种连续信号，任一时间段都包含了信号的信息分量。如图 1-1 所示的模拟信号为正弦电压信号。

而数字信号是离散的，一方面，其变化在时间上是不连续的，总是发生在一系列离散的瞬间；另一方面，数字信号的取值也是分立的，只包含有限个数值，属于一种脉冲信号。应用最广泛的数字信号是二值信号，只有"0"和"1"两种取值。除了二值信号外，还存在多进制电压信号。图 1-2a 所示的是一个二值电压信号的波形图，该信号只有 0 V 和+5 V 两种电压取值，其中低电平和高电平可以分别用 "0" 和 "1" 两种逻辑值表示。若用 "0" 表示低电平，用 "1" 表示高电平，称为正逻辑表示；若用 "0" 表示高电平，用 "1" 表示低电平，则称为负逻辑表示。图 1-2b 所示为多值电压信号的波形图。

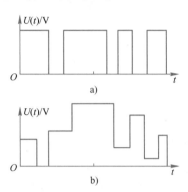

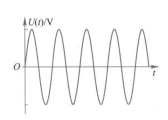

图 1-1　正弦电压信号的波形图

图 1-2　数字信号的波形图
a）二值电压信号　b）多值电压信号

（2）模拟电路和数字电路

与之相对应，处理模拟信号的电路是模拟电路，如集成运算放大器；处理数字信号的电路是数字电路，例如编码器、译码器和计数器。从概念上讲，凡是利用数字技术对信息进行处理、传输的电子系统均可称为数字系统。

相比于模拟电路，数字电路具有以下优点：

- 稳定性好。数字电路不像模拟电路那样易受噪声的干扰。
- 可靠性高。数字电路中只需分辨出信号的有无，因此电路的元件参数允许存在较大的变化（漂移）范围。
- 易于长期存储。数字信息可以利用某种媒介，如磁带、磁盘、光盘等进行长时期的存储。
- 便于计算机处理。数字信号的输出除了具有直观、准确的优点外，最主要的还是便于利用电子计算机来对信息进行处理。
- 便于高度集成化。由于数字电路中基本单元电路的结构比较简单，并允许元件有较大的分散性，这不仅可以把众多的基本逻辑单元集成在同一块硅片上，而且能达到大批量生产所需要的良率。

2. 数字电路的分析和设计

数字电路是以二值数字逻辑为基础的，输入和输出信号为离散数字信号，电子元器件工作在开关状态。数字电路响应输入的方式叫作数字逻辑，服从布尔代数的逻辑规律。因此，数字电路又叫作逻辑电路。

在数字电路中，人们关注的是输入和输出信号之间的逻辑关系。输入和输出信号分别被称为输入和输出逻辑变量，它们之间的因果关系可由逻辑函数来描述，其数学基础为逻辑代数或布尔代数。所谓数字分析，就是针对已知的数字系统，分析其工作原理、确定输入与输出信号之间的关系、明确整个系统及其各组成部件的逻辑功能。描述数字电路逻辑功能的常用方法有真值表、逻辑表达式、波形图、逻辑电路图等。

数字设计是与数字分析互逆的过程，即针对特定的功能需求，采用一定的设计手段和步骤，实现一个符合功能需求的数字系统。通常，数字设计的层次由高到低可以分为系统级、模块级、门级、晶体管级和物理级。最终数字系统的逻辑功能被表示为一组逻辑函数，进而可以利用逻辑门单元实现。逻辑门是实现基本逻辑运算的最小逻辑单元，用逻辑门实现逻辑功能是数字电路设计的基本内容之一。随着可编程逻辑器件（Programmable Logic Device，PLD）的广泛应用，硬件描述语言（Hardware Description Language，HDL）已成为数字系统设计的主要描述方式，目前较为流行的硬件语言有 VHDL 和 Verilog HDL 等。

1.1.2　数字电路的发展

数字技术的应用已经渗透到了人类生活和生产的各个方面。从计算机到家用电器，从手机到数字电话，以及绝大多数医用设备、军用设备、导航系统等，无不尽可能地采用数字技术。从概念上讲，凡是利用数字技术对信息进行处理、传输的电子系统均为数字系统。

1. 数字集成电路的发展

一方面，数字系统的发展很大程度上得益于器件和集成技术的发展。几十年来，半导体集成电路的发展印证了著名的摩尔定律，即每 18 个月，芯片的集成度提高一倍，而功耗下降一半。数字电路的发展经历了从电子管、半导体分立器件到集成电路等几个阶段，由于自身的独特优势，其发展速度越来越快。从 20 世纪 60 年代开始，以双极型工艺制成了小、中规模逻辑器件。20 世纪 70 年代末，随着微处理器的出现，使数字集成电路的性能产生质的飞跃。数字集成器件所用的材料以硅材料为主，在高速电路中也使用化合物半导体材料，例如砷化镓等。逻辑门是数字电路中一种重要的逻辑单元电路。晶体管-晶体管逻辑门（Transistor-Transistor Logic，TTL）问世较早，其制作工艺经过不断完善，为目前主要的基本逻辑器件之一。随着互补金属氧化物半导体（Complementary Metal-Oxide-Semiconductor Transistor，CMOS）制作工艺的发展，CMOS 器件已经广泛应用于各种数字电路，大有取代 TTL 器件的趋势。

另一方面，PLD 和电子设计自动化（Electronic Design Automation，EDA）技术的出现使数字系统的设计思想和设计方式发生了根本的变化。PLD 是作为一种通用集成电路生产的，其逻辑功能通过用户对器件编程来实现。通常，PLD 的集成度很高，足以满足一般数字系统的功能需求。随着 PLD 的快速发展，集成度越来越高，速度也越来越快，并可以将微处理器、数字信号处理器（Digital Signal Processor，DSP）、存储器和标准接口等功能部件全部集成其中，真正实现"系统芯片（System On a Chip）"。EDA 技术以计算机为工具，设计者在 EDA 软件平台上用硬件描述语言 VHDL、Verilog HDL 等完成设计文件，然后由计算机自动地完成逻辑编译、化简、分割、综合、优化、布局、布线和仿真，直至完成对特定目标芯片的适配编译、逻辑映射和编程下载等工作。

总而言之，数字电路集成规模越来越大，并将硬件与软件相结合，使器件的逻辑功能更加完善，使用更加灵活，功能也更加强大。

2. 数字集成电路的发展趋势

目前，数字集成电路正朝着大规模、低功耗、高速度、可编程、可测试和多值化方向发展。

1）大规模。随着集成电路技术的飞速发展，一块半导体硅片上能够集成百万个以上的逻辑门，新兴的纳米技术进一步扩大了数字电路的集成规模。集成规模的提高不仅缩小了数字系统的体积，降低了功耗与成本，而且显著提升了可靠性。

2）低功耗。功耗是制约电子设备研制、生产、推广以及使用的一个重要因素，在很大程度上取决于所使用的芯片或模块，功耗的降低大大扩展了数字集成电路的应用领域。

3）高速度。当今社会处于信息大爆炸的时代，人们对信息处理速度的要求越来越高。以电子计算机为例，人们急需越来越快的运行速度。虽然这种高速度在很大程度上依赖于并行处理技术，但集成芯片本身的速度在不断提高也是毋庸置疑的。

4）可编程。传统的标准中、大规模集成电路是一种通用性集成电路。当使用这种集成电路设计复杂数字系统时，所需要的逻辑模块数量和种类往往比较多，这不仅增加了系统的体积和功耗，也降低了系统的可靠性，而且给器件的保存、电路和设备的调试、知识产权的保护带来了难题。可编程的数字集成电路可以很好地解决上述问题。

5）可测试。数字集成电路的规模越来越大，功能也越来越复杂。为了便于数字系统的使用与维护，要求可以方便地对逻辑模块进行功能测试和故障诊断，即具有"可测试性"。

6）多值化。传统的数字集成电路是一种二值电路，在信号的产生、存储、传输、识别、处理等方面具有明显优势。为了进一步提升集成电路的信息处理能力，除了在速度上下功夫外，还可采用多值逻辑电路。

1.1.3　数字电路的分类

根据不同的区分角度，数字电路可以分成不同类型。例如根据电路结构的不同，数字电路可分为分立元件电路和集成电路两大类；根据所用器件制作工艺不同，数字电路可分为双极型（TTL 型）和单极型（MOS 型）两类；根据电路的结构和工作原理不同，数字电路可分为组合逻辑电路和时序逻辑电路。

1. 电路结构的划分

根据电路结构不同，数字电路可分为分立元件电路和集成电路两大类。分立元件电路是由二极管、晶体管、电阻、电容等元件组成的电路；集成电路是将上述元件通过半导体制造工艺集成于一块芯片上，根据集成度不同，可分为小规模、中规模、大规模、超大规模集成电路。

1）小规模集成电路（Small-Scale Integration, SSI）：集成度在 100 个元件以内或 10 个门电路以内。例如常见的与门、或非门等逻辑实验电路。

2）中规模集成电路（Medium-Scale Integration, MSI）：集成度在 100~1000 个元件之间，或在 10~100 个门电路之间。例如译码器、编码器以及数据选择器等。

3）大规模集成电路（Large-Scale Integration, LSI）：集成度在 1000 个元件以上，或 100 个门电路以上。例如微处理器和小型控制器等。

4）超大规模集成电路（Very Large-Scale Integration, VLSI）：集成度达十万个元件以上，或等效于一万个门电路。例如中央处理器（Central Processing Unit）、数字化视频光盘（Digital Video Disk, DVD）解码器、大容量内存芯片等。

2. 制作工艺的划分

根据所用器件制作工艺不同，数字电路可分为双极型（TTL 型）和单极型（MOS 型）两类。双极型和单极型是针对组成集成电路的晶体管的极性而言的。

1）双极型集成电路是由 NPN 或 PNP 型晶体管组成的。由于电路中载流子有电子和空穴两种极性，故称为双极型集成电路，即通常所说的 TTL 集成电路。

2）单极型集成电路是由 MOS 场效应晶体管组成的。因场效应晶体管只有多数载流子参加导电，故称为单极晶体管，即平时所说的 MOS 集成电路。

此外，还可将单极型电路作输入电路，双极型晶体管作输出电路，构成 BIMOS 集成电路。

3. 工作原理的划分

根据电路的结构和工作原理不同，是否具有记忆，数字电路可分为组合逻辑电路和时序逻辑电路。

1）组合逻辑电路：任意时刻的输出仅仅取决于该时刻的输入组合，而与输入信号作用前电路的原状态无关（与过去的输入无关）。常用的电路有编码器、译码器、数据选择器、加法器、数值比较器等。

2）时序逻辑电路：任意时刻的输出不仅仅与该时刻的输入有关，而且还与电路的原状态有关（与过去的输入有关）。如图 1-3 所示，它是由最基本的逻辑门电路加上反馈逻辑回路（输出到输入）或器件组合而成的电路，类似于含储能元件的电感或电容的电路，如触发器、锁存器、计数器、移位寄存器、储存器等电路都是时序电路的典型器件。

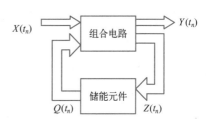

图 1-3　时序逻辑电路的示意图

1.2　数制及其转换

数制即计数体制，它是按照一定规律表示数值大小的计数方法。日常生活中最常用的计数体制是十进制，数字电路中最常用的计数体制是二进制。

在数字电路中，常用一定位数的二进制数码表示不同的事物或信息，这些数码称为代码。编制代码时要遵循一定的规则，这些规则叫作码制。

1.2.1　进位计数制

不同的进制数使用的场合不同，它们也有各自的表示方法。

1. 十进制数的表示

在日常生活中人们通常采用十进制数来计数，每位数可用下列十个数码之一来表示，即 0、1、2、3、4、5、6、7、8、9。十进制的基数为 10，基数表示进位制所具有的数字符号的个数，十进制具有的数字符号个数为 10。

十进制数的计算规律是由低位向高位进位"逢十进一"，也就是说，每位累计不能超过 9，计满 10 就应向高位进 1。

当人们看到一个十进制数，如 123.45 时，就会想到：这个数的最左位为百位（1 代表 100），第二位为十位（2 代表 20），第三位为个位（3 代表 3），小数点右边第一位为十分位（4 代表 4/10），第二位为百分位（5 代表 5/100）。这里百、十、个、十分之一和百分之一都是 10 的次幂，它取决于系数所在的位置，称之为"权"。十进制数 123.45 从左至右各位的权分别是 10^2、10^1、10^0、10^{-1}、10^{-2}。这样，123.45 按权展开的形式如下

$$123.45 = 1 \times 10^2 + 2 \times 10^1 + 3 \times 10^0 + 4 \times 10^{-1} + 5 \times 10^{-2}$$

等式左边的表示方法称之为位置计数法，等式右边则是其按权展开式。

一般说来，对于任意一个十进制数 N，可用位置计数法表示如下

$$(N)_{10} = (a_{n-1}\ a_{n-2}\cdots\ a_1 a_0 a_{-1}\cdots\ a_{-m})_{10}$$

也可用按权展开式表示如下：

$$(N)_{10} = a_{n-1} \times 10^{n-1} + a_{n-2} \times 10^{n-2} + \cdots + a_1 \times 10^1 + a_0 \times 10^0 +$$
$$a_{-1} \times 10^{-1} + a_{-2} \times 10^{-2} + \cdots + a_{-m} \times 10^{-m}$$
$$= \sum_{i=-m}^{n-1} a_i \times 10^i$$

式中，a_i 表示各个数字符号为 0~9 这 10 个数码中的任意一个；n 为整数部分的位数；m 为小数部分的位数。

通常，对于十进制数的表示，可以在数字的右下角标注 10 或 D。

2. 二进制数的表示

数字系统使用电平的高低或者脉冲的有无来表示信息，因此数字系统采用二进制来计数。在二进制中，只有 0 和 1 两个数码，计数规则是由低位向高位"逢二进一"，即每位计满 2 就向高位进 1，例如（1101）$_2$ 就是一个二进制数，不同数位的数码表示的值不同，各位的权值是以 2 为底的连续整数幂，从右向左递增。

对于任意一个二进制数 N，用位置计数法表示为

$$(N)_2 = (a_{n-1}\ a_{n-2}\cdots\ a_1 a_0 a_{-1}\cdots\ a_{-m})_2$$

用按权展开式表示为

$$(N)_2 = a_{n-1} \times 2^{n-1} + a_{n-2} \times 2^{n-2} + \cdots + a_1 \times 2^1 + a_0 \times 2^0 +$$
$$a_{-1} \times 2^{-1} + a_{-2} \times 2^{-2} + \cdots + a_{-m} \times 2^{-m}$$
$$= \sum_{i=-m}^{n-1} a_i \times 2^i$$

式中，a_i 表示各个数字符号为数码 0 或 1；n 为整数部分的位数；m 为小数部分的位数。

通常，对二进制数的表示，可以在数字右下角标注 2 或 B。

3. 八进制数和十六进制数的表示

二进制数运算规则简单，便于电路实现，它是数字系统中广泛采用的一种数制。但用二进制表示一个数时，所用的位数比用十进制数表示的位数多，人们读写很不方便，容易出错。因此，常采用八进制或十六进制。

八进制数的基数是 8，采用的数码是 0、1、2、3、4、5、6、7。计数规则是从低位向高位"逢八进一"，相邻两位高位的权值是低位权值的 8 倍。例如数（47.6）$_8$ 就表示一个八进制数。由于八进制的数码和十进制的前 8 个数码相同，所以为了便于区分，通常在数字的右下角标注 8 或 O。

对于任意一个八进制数 N，用位置计数法表示为

$$(N)_8 = (a_{n-1}\ a_{n-2}\cdots\ a_1 a_0 a_{-1}\cdots\ a_{-m})_8$$

用按权展开式表示为

$$(N)_8 = a_{n-1} \times 8^{n-1} + a_{n-2} \times 8^{n-2} + \cdots + a_1 \times 8^1 + a_0 \times 8^0 +$$
$$a_{-1} \times 8^{-1} + a_{-2} \times 8^{-2} + \cdots + a_{-m} \times 8^{-m}$$
$$= \sum_{i=-m}^{n-1} a_i \times 8^i$$

十六进制的基数是 16，采用的数码是 0、1、2、3、4、5、6、7、8、9、A、B、C、D、E、F。其中，A、B、C、D、E、F 分别代表十进制数字 10、11、12、13、14、15。十六进制的计数规则是从低位向高位"逢十六进一"，相邻两位高位的权值是低位权值的 16 倍。例如（54AF. 8B）$_{16}$ 就是一个十六进制数。通常，在数字右下角标注 16 或 H。

对于任意一个十六进制数 N，用位置计数法表示为

$$(N)_{16} = (a_{n-1}\ a_{n-2}\cdots a_1 a_0 a_{-1}\cdots a_{-m})_{16}$$

用按权展开式表示为

$$(N)_{16} = a_{n-1} \times 16^{n-1} + a_{n-2} \times 16^{n-2} + \cdots + a_1 \times 16^1 + a_0 \times 16^0 +$$
$$a_{-1} \times 16^{-1} + a_{-2} \times 16^{-2} + \cdots + a_{-m} \times 16^{-m}$$
$$= \sum_{i=-m}^{n-1} a_i \times 16^i$$

4. 任意进制数的表示

任意一个二进制数、十进制数、八进制数和十六进制数均可用位置计数法的形式和按权展开的形式表示。一般来说，对于任意的数 N，都能表示成 R 为基数的 R 进制数，数 N 的表示方法也有两种形式，即

位置计数法：$(N)_R = (a_{n-1}\ a_{n-2}\cdots a_1 a_0 a_{-1}\cdots a_{-m})_R$

按权展开式：$(N)_R = a_{n-1} \times R^{n-1} + a_{n-2} \times R^{n-2} + \cdots + a_1 \times R^1 + a_0 \times R^0 +$
$$a_{-1} \times R^{-1} + a_{-2} \times R^{-2} + \cdots + a_{-m} \times R^{-m}$$
$$= \sum_{i=-m}^{n-1} a_i \times R^i$$

式中，a_i 表示各个数字符号为 0~R-1 数码中任意一个；R 为进位制的基数；n 为整数部分的位数；m 为小数部分的位数。

R 进制的计数规则是从低位向高位"逢 R 进一"。

1.2.2 数制转换

将数由一种数制转换成另一种数制称为数制转换。由于计算机采用二进制表示，而解决实际问题时计算机的数值输入与输出通常采用十进制。所以在进行数据处理时首先必须把输入的十进制数转换成计算机所能接受的二进制数，并在计算机运行结束后把二进制数转换为人们所习惯的十进制数输出。

1. 任意进制数转换为十进制数

将一个任意进制数转换成十进制数时采用多项式替代法，即将 R 进制数按权展开，求出各位数值之和，即可得到相应的十进制数。对于八、十六进制这类容易转换为二进制的数，也可以先将其转换成二进制数，然后再转换成十进制数。

【例 1-1】 将（10110. 101）$_2$、（436. 5）$_8$、（1C4）$_{16}$、（D8. A）$_{16}$ 转换成十进制数。

解： $(10110.101)_2 = 1 \times 2^4 + 0 \times 2^3 + 1 \times 2^2 + 1 \times 2^1 + 0 \times 2^0 + 1 \times 2^{-1} + 0 \times 2^{-2} + 1 \times 2^{-3}$
$$= 16 + 0 + 4 + 2 + 0 + 0.5 + 0 + 0.125$$
$$= (22.625)_{10}$$

$$(436.5)_8 = 4 \times 8^2 + 3 \times 8^1 + 6 \times 8^0 + 5 \times 8^{-1} = (286.625)_{10}$$

$$(1C4)_{16}=1\times16^2+12\times16^1+4\times16^0=256+192+4=(452)_{10}$$
$$(D8.A)_{16}=13\times16^1+8\times16^0+10\times16^{-1}=(216.625)_{10}$$

2. 十进制数转换为任意进制数

十进制数转换为其他进制数时，整数部分和小数部分要分别转换。整数部分采用除基取余法，小数部分采用乘基取整法。

除基取余法是将十进制整数 N 除以基数 R，取余数为 K_0，再将所得商除以 R，取余数为 K_1，依此类推直至商为 0，取余数为 K_{n-1} 为止，即得到与 N 对应的 R 进制数 $(K_{n-1}\cdots K_1K_0)_R$。

【例1-2】 将 $(217)_{10}$ 转换成二进制数。

解：

2|	2 1 7	余数	
2|	1 0 8	1	最低位K_0
2|	5 4	0	
2|	2 7	0	
2|	1 3	1	
2|	6	1	
2|	3	0	
2|	1	1	
2|	0	1	最高位K_7

所以 $(217)_{10}=(11011001)_2$。

乘基取整法是将十进制小数 N 乘以基数 R，取整数部分为 K_{-1}，再将其小数部分乘以 R，取整数部分为 K_{-2}，依次类推直至其小数部分为 0 或达到规定精度要求，取整数部分记为 K_{-m} 为止，即可得到与 N 对应的 m 位 R 进制数 $(0.K_{-1}K_{-2}\cdots K_{-m})_R$。

在进制转换时，不要将结果的次序写错，注意除基取余法、乘基取整法中得到的第一个数最接近小数点则不会混淆了。

【例1-3】 将小数 0.6875 转换成二进制小数。

解：

```
    0.6875
×       2        整数部分
  ①.3750         1      最高位   K₁
×       2
  ⓪.7500         0              K₂
×       2
  ①.5000         1              K₃
×       2
  ①.0000         1      最低位   K₄
```

所以 $(0.6875)_{10}=(0.1011)_2$。

若十进制小数不能用有限位二进制小数精确表示，则应根据精度要求，当要求二进制数取 m 位小数时可求出 m+1 位，然后对最低位作 0 舍 1 入处理。

【例1-4】 将小数 0.324 转换成二进制小数，保留 3 位小数。

解：

$$
\begin{array}{rl}
& 0.324 \\
\times & 2
\end{array}
$$

整数部分

	整数部分	
⓪.648	0	最高位　K_1
×　　2		
①.296	1	K_2
×　　2		
⓪.592	0	K_3
×　　2		
①.184	1	最低位　K_4

所以　$(0.324)_{10} \approx (0.0101)_2 \approx (0.011)_2$。

如果一个十进制数既有整数又有小数，可将整数和小数分别进行转换，然后合并就可得到结果。

【例 1-5】 将 $(24.625)_{10}$ 转换成二进制。

解： $(24.625)_{10} = 24_{10} + 0.625_{10}$

$$= 11000_2 + 0.101_2$$

$$= 11000.101_2$$

1.3　带符号数的代码表示

日常书写时在数值前面用"+"号表示正数，"−"号表示负数，这种带符号二进制数称为真值。在计算机处理时，必须将"+"和"−"转换为数码，符号数码化的数称为机器数。一般将符号位放在最高位，用"0"表示符号为"+"，用"1"表示符号为"−"。根据数值位的表示方法不同，有三种类型：原码、反码和补码。

1.3.1　原码及其运算

原码是指符号位用 0 表示正，1 表示负；数值位与真值一样，保持不变。

如：已知 $X1 = +1101, X2 = -1101$，则 $[X1]_原 = 01101, [X2]_原 = 11101$。

已知 $X3 = +0.1011, X4 = -0.1011$，则 $[X3]_原 = 0.1011, [X4]_原 = 1.1011$。

可以用下面的公式来将真值转换为原码（含一位符号位，共 n 位）。

整数：

$$
[N]_原 = \begin{cases} N & 0 \leqslant N < 2^{n-1} \\ 2^{n-1} - N & -2^{n-1} < N \leqslant 0 \end{cases}
$$

表示范围：$-127 \sim +127$（8 位整数时）。

注意整数"0"的原码有两种形式，即 $[+0]_原 = 00 \cdots 0$ 和 $[-0]_原 = 10 \cdots 0$。

纯小数：

$$
[N]_原 = \begin{cases} N & 0 \leqslant N < 1 \\ 1 - N & -1 < N \leqslant 0 \end{cases}
$$

纯小数"0.0"的原码也有两种形式。

原码的优点是容易理解，它和代数中的正负数的表示方法很接近。但原码的缺点是"0"的表示有两种；原码的运算规则复杂，例如，有 $X = Y + Z$，但 $(X)_原 \neq (Y)_原 + (Z)_原$。

例如 $(+1000)_2 = (+1011)_2 + (-0011)_2$，但是 $(+1011)_原 = 01011$，$(-0011)_原 = 10011$，它们直接相加不等于 $(+1000)_2$ 的原码 (01000)，所以为了使结果正确，原码的加法规则为：

1）判断被加数和加数的符号是同号还是异号。

2）同号时，做加法，结果的符号就是被加数的符号。

3）异号时，先比较被加数和加数的数值（绝对值）的大小，然后由大值减去小值，结果的符号取大值的符号。

由于原码的运算规则复杂，为了简化机器数的运算，因此需要寻找其他表示负数的方法。

1.3.2 反码及其运算

反码的符号位用 0 表示正，1 表示负；正数反码的数值位和真值的数值位相同，而负数反码的数值位是真值的按位变反。

可以用下面的公式来将真值转换为反码（含一位符号位，共 n 位）。

整数：

$$[N]_反 = \begin{cases} N & 0 \leqslant N < 2^{n-1} \\ (2^n - 1) + N & -2^{n-1} < N \leqslant 0 \end{cases}$$

表示范围：$-127 \sim +127$（8 位整数时）。

注意整数 "0" 的反码有两种形式，即 $[+0]_反 = 00\cdots0$ 和 $[-0]_反 = 11\cdots1$。

纯小数：

$$[N]_反 = \begin{cases} N & 0 \leqslant N < 1 \\ (2 - 2^{-m}) + N & -1 < N \leqslant 0 \end{cases}$$

同理，纯小数 "0.0" 的反码也有两种形式。

与原码加减运算相比，反码具有方便的运算规则，即采用反码进行加、减运算时，无论进行两数相加还是两数相减，均可通过加法实现。

$$[X1 + X2]_反 = [X1]_反 + [X2]_反$$

$$[X1 - X2]_反 = [X1]_反 + [-X2]_反$$

运算时符号位和数值位一起参加运算。当符号位有进位产生时，应将进位加到运算结果的最低位，才能得到最后结果，称之为 "循环相加"（或 "循环进位"）。

【例 1-6】 已知 $X1 = +0.1110$，$X2 = +0.0101$，求 $X1 - X2$。

解：$X1 - X2$ 可通过反码相加实现。运算如下

$$\begin{aligned}[X1 - X2]_反 &= [X1]_反 + [-X2]_反 = 0.1110 + 1.1010 \\ &= 10.1000（符号位上有进位） \\ &= 0.1001 \end{aligned}$$

在反码中，$[X]_反 \rightarrow [-X]_反$ 的方法是符号位连同数值位一起 0 变 1，1 变 0。

如：$[X]_反$ 为 0.0101，则 $[-X]_反$ 为 1.1010。

1.3.3 补码及其运算

补码是符号位用 0 表示正，1 表示负；正数补码的数值位和真值相同，而负数补码的数值位是真值的按位变反，再最低位加 1。

如：X1 = +1101，X2 = -1101，则 $[X1]_\text{补} = 01101$，$[X2]_\text{补} = 10011$。

X3 = +0.1011，X4 = -0.1011，则 $[X3]_\text{补} = 0.1011$，$[X4]_\text{补} = 1.0101$。

可以用下面的公式来将真值转换为补码（含一位符号位，共 n 位）。

整数：

$$[N]_\text{补} = \begin{cases} N & 0 \le N < 2^{n-1} \\ 2^n + N & -2^{n-1} \le N < 0 \end{cases}$$

表示范围：-128 ~ +127（8 位整数时），补码 10000000 表示-128（-2^7）。

整数 "0" 的补码只有一种形式，即 00…0。

纯小数：

$$[N]_\text{补} = \begin{cases} N & 0 \le N < 1 \\ 2 + N & -1 \le N < 0 \end{cases}$$

与反码相同，补码也具有方便的运算规则，即采用补码进行加、减运算时，无论进行两数相加还是两数相减，均可通过加法实现。

$$[X1+X2]_\text{补} = [X1]_\text{补} + [X2]_\text{补}$$
$$[X1-X2]_\text{补} = [X1]_\text{补} + [-X2]_\text{补}$$

运算时符号位和数值位一起参加运算，不必处理符号位上的进位（即丢弃符号位上的进位）。

【例 1-7】已知 X1 = +0.1110，X2 = +0.0101，求 X1-X2。

解：X1-X2 可通过补码相加实现。运算如下

$$\begin{aligned}[X1-X2]_\text{补} &= [X1]_\text{补} + [-X2]_\text{补} = 0.1110 + 1.1011 \\ &= 10.1001（丢弃符号位上的进位）\\ &= 0.1001\end{aligned}$$

当真值用补码表示时，补码加法的规律和无符号数的加法规律完全一样，因此简化了加法器的设计。

从 $[X]_\text{补}$ 求 $[-X]_\text{补}$ 的方法是符号位连同数值位一起变反，尾数再加 1。

【例 1-8】已知 X = +100 1001，求 $[X]_\text{补}$ 和 $[-X]_\text{补}$。

解：$[X]_\text{补} = 0100\ 1001$，$[-X]_\text{补} = 1011\ 0110 + 1 = 1011\ 0111$

1.3.4　符号位扩展

在实际工作中，有时会遇到两个不同位长的数的运算，如将 8 位与 16 位机器数相加，为确保运算正确，两者在运算之间应将符号位对齐。例如将 8 位与 16 位机器数相加，则应将 8 位数扩展为 16 位数，一种容易理解的方法是先根据机器数得到真值，在真值前面填 8 个 0，然后转变为机器数。更快的方法是，对于反码、补码，扩展的数据位的值和原来符号位的值是一样的。

1.4　数的定点与浮点表示

在计算机中，小数点不用专门的器件表示，而是按约定的方式标出。共有两种方法来表示小数点的存在，即定点表示和浮点表示。定点表示的数称为定点数，浮点表示的数称为浮点数。

1. 定点表示

小数点固定在某一位置的数为定点数,包含两种格式:当小数点位于数符和第一数值位之间时,机器内的数为纯小数;当小数点位于数值位之后时,机器内的数为纯整数。采用定点数的机器叫作定点机。数值部分的位数 n 决定了定点机中数的表示范围。若机器数采用原码,小数定点机中数的表示范围是 $-(1-2^{-n}) \sim (1-2^{-n})$,整数定点机中数的表示范围是 $-(2^n-1) \sim (2^n-1)$。在定点机中,由于小数点的位置固定不变,故当机器处理的数不是纯小数或纯整数时,必须乘上一个比例因子,否则会产生"溢出"。

2. 浮点表示

当一个数既有整数部分,又有小数部分时,如何在机器里表达?例如,可以将 $(353.75)_{10}$ 表示为 0.35375×10^3 的形式,所以在机器里也可以将二进制数表示为这种浮点数的形式。其一般形式为 $N = 2^J \times S$,其中 2^J 称为 N 的指数部分,J 称为阶码,表示小数点的位置,S 为 N 的尾数部分,表示数的符号和有效数字。阶码的符号位称为阶符 J_f,尾数的符号位称为尾符 S_f。

如:　　　　　$N = -0.00001101_2 = 2-4_{10} \times (-0.1101)_2 = 2-100_2 \times (-0.1101)_2$

规格化数是使尾数最高数值位非 0,可以提高运算精度。例如

$(1011)_2 = (10000)_2 \times (0.1011)_2 = 2^{(4)_{10}} \times (0.1011)_2 = 2^{(100)_2} \times (0.1011)_2$,如果表示成 $2^{101} \times 0.01011$ 形式,则尾数需要更多的符号位才能保持精度不变。如果尾数的数值部分只有 4 位,则会产生误差。

在规格化数中,用原码表示尾数时,使小数点后的最高数据位为 1;用补码表示尾数时,使小数点后的数值最高位与数的符号位相反。

两个浮点数作加减运算时要先对阶。

【例 1-9】 已知 $N1 = 2^{011} \times 0.1001$,$N2 = 2^{001} \times 0.1100$,求 N1+N2。

解:先对阶:$N2 = 2^{001} \times 0.1100 = 2^{011} \times 0.0011$　　　(小数点左移 2 位,阶码加 2)

$$N1+N2 = 2^{011} \times 0.1001 + 2^{011} \times 0.0011$$
$$= 2^{011} (0.1001 + 0.0011)$$
$$= 2^{011} \times 0.1100$$

两个浮点数作乘除法,其规则为:

若 $N1 = 2^{j1} \times S1$,$N2 = 2^{j2} \times S2$,则

$$N1 \times N2 = (2^{j1} \times S1) \times (2^{j2} \times S2)$$
$$= 2^{(j1+j2)} \times (S1 \times S2)$$
$$N1 \div N2 = 2^{(j1-j2)} \times (S1 \div S2)$$

1.5　数码和字符的编码

数字系统中的信息有两类:一类是数码信息,另一类是代码信息。数码信息的表示方法如前所述,以便在数字系统中进行运算、存储和传输。为了表示字符等一类被处理的信息,也需要用一定位数的二进制数码表示,这个特定的二进制码称为代码。注意,"代码"和"数码"的含义不尽相同,代码是不同信息的代号。

每个信息制定一个具体的码字去代表它,这一指定过程称为编码。由于指定的方法不是唯一的,故对一组信息存在着多种编码方案。

1.5.1　BCD 编码

在数字系统中，各种数据要转换为二进制代码才能进行处理，而人们习惯于使用十进制数，所以在数字系统的输入输出中仍采用十进制数，这样就产生了用 4 位二进制数表示 1 位十进制数的方法，这种用于表示十进制数的二进制代码称为二–十进制代码（Binary Coded Decimal），简称为 BCD 码。它具有二进制数的形式以满足数字系统的要求，又具有十进制的特点（只有 10 种有效状态）。在某些情况下，计算机也可以对这种形式的数直接进行运算。常见的 BCD 码表示有 8421 码、余 3 码、2421 码和 5421 码。

BCD 码都是用 4 位二进制代码表示 1 位十进制数字，与十进制数之间的转换是以 4 位二进制对应 1 位十进制直接进行变换。一个 n 位十进制数对应的 BCD 码一定为 $4n$ 位。8421 码是最广泛使用的一种 BCD 码，余 3 码是每个 8421 码加 3。

在 BCD 码中，若 4 位二进制一组中的每位都有固定权值，则称为有权码（Weighted Code），如 8421 码、2421 码、5421 码是有权码。余 3 码是无权码。8421 码的 4 位从高到低的权值分别为 8、4、2、1，2421 码的 4 位从高到低的权值分别为 2、4、2、1，5421 码的 4 位从高到低的权值分别为 5、4、2、1。

当两个十进制数为互反时，它们对应的二进制码互反，则称为自补码（Self-complementing Code）。2421 码、余 3 码是自补码。

常见 BCD 码如表 1–1 所示。

表 1–1　常用 BCD 码

十进制数	8421 码	2421 码	5421 码	余 3 码
0	0000	0000	0000	0011
1	0001	0001	0001	0100
2	0010	0010	0010	0101
3	0011	0011	0011	0110
4	0100	0100	0100	0111
5	0101	1011	1000	1000
6	0110	1100	1001	1001
7	0111	1101	1010	1010
8	1000	1110	1011	1011
9	1001	1111	1100	1100

【例 1–10】写出十进制数 $(1592)_{10}$ 对应的 8421 码和余 3 码。

解： $(1592)_{10} = (0001\ 0101\ 1001\ 0010)_{8421}$

$\qquad\quad = (0100\ 1000\ 1100\ 0101)_{\text{余 3 码}}$

【例 1–11】写出 8421 码 $(1101001.01011)_{8421}$ 对应的十进制数。

解： $(1101001.01011)_{8421} = (0110\ 1001\ .\ 0101\ 1000)_{8421} = (69.58)_{10}$

在使用 8421BCD 码时一定要注意其有效的编码仅 10 个，即：0000~1001。4 位二进制数的其余 6 个编码 1010，1011，1100，1101，1110，1111 不是有效编码。在余 3 码中 0000~0010，1101~1111 这 6 个编码不是有效编码。在 2421 码中，0101~1010 这 6 个编码仍表示有效的十进制数，只不过由于它们和已有的十进制数重复，所以不使用。同理，在 5421 码中，0101～0111 和 1101～1111 这 6 个编码也不使用。

1.5.2　可靠性编码

为了避免编码在传输或者计算过程中出错，常用一些特殊的编码方式使其能够避免出错，或者一旦出错可以通过某种方式被检查出来。

1. 格雷码

格雷码（Gray）的编码规则是任何相邻的两个码字中，仅有一位不同，其他位则相同，如表 1-2 所示。格雷码可以用在计数器中，当从某一编码变到下一个相邻编码时，只有一位的状态发生变化，这有利于提高系统的工作速度和可靠性。很显然，格雷码中的每一位都没有固定的权值，是无权码。

表 1-2　四位二进制数与格雷码

十 进 制 数	二 进 制 数	格 雷 码	十 进 制 数	二 进 制 数	格 雷 码
0	0000	0000	8	1000	1100
1	0001	0001	9	1001	1101
2	0010	0011	10	1010	1111
3	0011	0010	11	1011	1110
4	0100	0110	12	1100	1010
5	0101	0111	13	1101	1011
6	0110	0101	14	1110	1001
7	0111	0100	15	1111	1000

将二进制数转换到格雷码的方法为：保持最高位不变，其他位与前面一位异或。假设二进制数为 $B_{n-1}B_{n-2}\cdots B_0$，格雷码为 $G_{n-1}G_{n-2}\cdots G_0$，其公式是

$$G_{n-1} = B_{n-1}$$

$$G_i = B_{i+1} \oplus B_i，i = n-2\cdots0$$

$\oplus$ 为异或运算，两个数不同则结果为 1。具体运算规则为 $0\oplus0=0$，$0\oplus1=1$，$1\oplus0=1$，$1\oplus1=0$。

如：二进制数　　1　0　1　1　0　1　0　0
　　　　　　　　　$\oplus$　$\oplus$　$\oplus$　$\oplus$　$\oplus$　$\oplus$　$\oplus$
　　　Gray 码　1　1　1　0　1　1　1　0

2. 奇偶校验码

奇偶校验码是为检查数据传输是否出错设置的，在每组数据信息上附加一位奇偶校验位，若采用奇校验方式，则使包括校验码在内的数据含有奇数个"1"；而偶校验方式则使包括校验码在内的数据含有偶数个"1"。

例如字母"B"的 7 位 ASCII 码为 1000010，在最高位增加一位奇偶校验位。若采用其奇校验，则为 11000010；若采用偶校验，则为 01000010。

奇偶校验码可发现奇数个错误，但不能发现偶数个错误。当发现奇数个错误时，由于不知道是哪些位出错，所以奇偶校验码没有纠错能力。

奇偶校验码如表 1-3 所示。

表 1-3　奇偶校验码

十进制数	奇 校 验		偶 校 验	
	信 息 位	校 验 位	信 息 位	校 验 位
0	0000	1	0000	0
1	0001	0	0001	1
2	0010	0	0010	1
3	0011	1	0011	0
4	0100	0	0100	1
5	0101	1	0101	0
6	0110	1	0110	0
7	0111	0	0111	1
8	1000	0	1000	1
9	1001	1	1001	0

1.5.3　字符编码

最常用的字符代码是 ASCII 码，每个字符用 7 位二进制码表示，如表 1-4。它是由 128 个字符组成的字符集，其中 32 个控制字符，然后是空格、数字、大写字母、小写字母。数字 0~9 的高 3 位是 011，低 4 位是 0000~1001，所以和二进制间进行转换很容易。大小写字母之间进行转换也很容易，因为只是 a5 位的不同，例如，字符 B 的编码为 1000010，而字符 b 的编码为 1100010。

表 1-4　七位 ASCII 码表

低 4 位 $a_3 a_2 a_1 a_0$	高 3 位 $a_6 a_5 a_4$							
	000	001	010	011	100	101	110	111
0000	NUL	DLE	SP	0	@	P	`	p
0001	SOH	DC1	!	1	A	Q	a	q
0010	STX	DC2	"	2	B	R	b	r
0011	ETX	DC3	#	3	C	S	c	s
0100	EOT	DC4	$	4	D	T	d	t
0101	ENQ	NAK	%	5	E	U	e	u
0110	ACK	SYN	&	6	F	V	f	v
0111	BEL	ETB	'	7	G	W	g	w
1000	BS	CAN	(	8	H	X	h	x
1001	HT	EM	)	9	I	Y	i	y
1010	LF	SUB	*	:	J	Z	j	z
1011	VT	ESC	+	;	K	[	k	{
1100	FF	FS	,	<	L	\	l	|
1101	CR	GS	−	=	M	]	m	}
1110	SO	RS	.	>	N	↑	n	~
1111	SI	US	/	?	O	←	o	DEL

1.6　本章小结

本章首先介绍了数字电路的一些基础知识，然后介绍了自然界中以十进制形式表示的数在计算机中如何表示，给出了二进制数、八进制数和十六进制数的表示方法，以及各种进制数之间的相互转换方法；其次，介绍了带符号数的代表表示，给出了原码、反码和补码的表示方法和运算规则；最后介绍了数的定点与浮点表示和数码与字符的编码。

具体关键知识点总结如下：

1）计算机用电平的高低和脉冲的有无来表示信息，因此计算机采用二进制计数法，为了方便记忆和书写，将二进制数分三位一组表示引出了八进制数，将二进制数分四位一组表示引出了十六进制数。

2）在计算机中，带符号数的表示方法有三种：原码、反码和补码，需要掌握它们各自的表示方法和运算规则。

3）在计算机中，小数的表示有两种方法：定点表示和浮点表示。

4）人们习惯于用4位二进制数来表示1位十进制数，这就是BCD码，常见的BCD码有8421BCD码、余3码、5421BCD码和2421BCD码。

5）格雷码和奇偶校验码都属于可靠性编码，格雷码可以避免多位数据在同时变化时产生的错误，奇偶校验码是一种最基本的检错码，可以发现数据的单个或奇数个错误。

1.7　习题

1. 把下列各数写成按权展开的形式。

$$365.9_{10}, EB_{16}, 011101101_2$$

2. 将下列十进制数转换成二进制数。

$$34, 67, 126, 215$$

3. 将下列十进制数转换成二进制数（准确到小数点后四位）。

$$0.5, 0.8125, 27.75, 61.452$$

4. 将下列二进制数转换成十进制数、八进制数和十六进制数。

$$(1100010110)_2, (0.11001)_2$$

5. 把十六进制数 $(2A3B.D)_{16}$ 转换为二进制数、八进制数。

6. 把十进制数 $(62.25)_{10}$ 转换成二进制数、八进制数和十六进制数。

7. 用二进制补码运算求 $(-54-30)_{10}$

8. 用十六进制运算求 $(08D+03F)_{16}$

9. 用8421码和余3码表示下列各数。

$$(53.69)_{10}, (214.78)_{10}$$

10. 请写出下列BCD码对应的十进制数。

$$(10000110)_{8421}, (10100100)_{余3码}$$

11. 将二进制码11010001转换为格雷码。

12. 请设计将格雷码转换为二进制码的转换规则，并举例加以验证。

13. 已知 $[X]_反 = 11001$，求 $[-X]_补$，$[X/2]_补$ 和 $[2X]_原$。

14. 分别用原码、反码、补码表示下列各数。

（+1011），（−1011），（+0.0011），（−0.0011）

15. 请将十进制数−0.07525 表示为规格化浮点数，阶码（包括阶符）为 4 位二进制位，尾数（包括尾符）为 8 个二进制位，均采用补码形式。

16. 如何判断二进制数、8421 码、余 3 码所表示的整数是奇数还是偶数？

17. 十进制数 0.7563，若要求舍入误差小于 1%，则用于表示此值的二进制数小数点后需要多少个数据位？

18. 计算下列两个编码的奇校验位。

0110010，1010011

19. 下列编码为两个采用偶校验传输的结果，最高位为校验位，请判断每个传输中是否有错误。

（1）10111001

（2）01101010

20. 写出字符串 356 对应的 ASCII 编码。

第2章
逻辑代数基础

2

逻辑代数是布尔代数应用于数字系统与数字电路的产物，是数字系统与数字电路分析和设计的数学理论基础和工具。无论何种形式的数字系统，都是由一些基本的逻辑电路所组成的。为了解决数字系统分析和设计中的各种具体问题，必须掌握逻辑代数这一重要数学工具。本章将从实用的角度介绍逻辑代数的基本概念、基本定理和规则、逻辑代数的表示形式以及逻辑函数的化简。

2.1 逻辑代数的基本概念

英国数学家 George Boole 于 1854 年提出了将人的逻辑思维规律和推理过程归结为一种数学运算的代数系统，即布尔代数（Boolean Algebra）。1938 年贝尔实验室研究员 Claude E. Shannon 将布尔代数的一些基本前提和定理应用于继电器电路的分析与描述上，提出了开关代数的概念。随着数字电子技术的发展，机械触点开关逐步被无触点电子开关所取代，现在已经很少使用"开关代数"这个概念了，为了与数字系统逻辑设计相适应，人们现在更多地习惯采用"逻辑代数"这个概念。逻辑代数是布尔代数的特例，它是采用二值逻辑运算的基本数学工具，主要研究数字电路输入和输出之间的因果关系，即输入和输出之间的逻辑关系。因此，逻辑代数是布尔代数应用于数字系统与数字电路的产物，是数字系统与数字电路分析和设计的数学理论基础工具，被广泛地使用于计算机、通信、自动化等领域研究数字电路。

2.1.1 逻辑代数的定义

逻辑代数是用代数的形式来研究逻辑问题的数学工具。其变量可以用字符 A，B，C，D 等表示，并被称为逻辑变量。逻辑变量只有两种取值，一般用"0"和"1"来表示，而这里的"0"和"1"仅仅是一种符号的代表，没有数量的含义，也没有大小和正负的含义，只是用来表示研究问题的两种可能性，如电平的高与低、电流的有与无、命题的真与假、事物的是与非、开关的通与断。

逻辑代数 L 是一个封闭的代数系统，它由一个逻辑变量集 K、常量 0 和 1 以及"与""或""非"三种基本运算构成，记为 $L = \{K, +, \cdot, -, 0, 1\}$。这个代数系统满足下列公理。

公理 1　交换律

对于任意的逻辑变量 A、B，有

$$A + B = B + A \qquad A \cdot B = B \cdot A$$

公理 2　结合律

对于任意的逻辑变量 A、B、C，有

$$(A+B)+C=A+(B+C)$$
$$(A \cdot B) \cdot C=A \cdot (B \cdot C)$$

公理 3　分配律

对于任意的逻辑变量 A、B、C，有

$$A+(B \cdot C)=(A+B) \cdot (A+C)$$
$$A \cdot (B+C)=A \cdot B+A \cdot C$$

公理 4　0-1 律

对于任意的逻辑变量 A，有

$$A+0=A \qquad A \cdot 1=A$$
$$A+1=1 \qquad A \cdot 0=0$$

公理 5　互补律

对于任意的逻辑变量 A，存在唯一的 $\overline{A}$，使得

$$A+\overline{A}=1 \qquad A \cdot \overline{A}=0$$

2.1.2　逻辑代数的基本运算

在数字系统与数字电路中，开关的通与断、电平的高与低、信号的有与无等两种稳定的物理状态都可以用 "0" 和 "1" 这两个逻辑值来表示，但是对于一个复杂数字系统，仅用逻辑变量的取值来反映单个开关元件的两种状态是不够的，还必须反映这个复杂数字系统中各开关元件之间的联系，为了描述这些联系，逻辑代数中定义了 "与" "或" "非" 三种基本运算。

1. 与运算

在逻辑问题中，某个事件受若干个条件影响，若所有的条件都成立，则该事件才能成立，这样的逻辑关系被称为与逻辑。

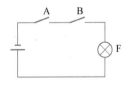

图 2-1　串联开关电路

例如，图 2-1 的电路中，灯 F 由开关 A 和开关 B 串联控制，开关 A 和开关 B 的状态组合有 4 种，这 4 种不同的状态组合与灯 F 的亮灭之间的关系如表 2-1 所示，由表 2-1 可见，只有当开关 A 和开关 B 同时闭合时，灯 F 才亮，否则，灯 F 灭。因此，灯 F 与开关 A 和开关 B 之间的关系就形成了 "与" 逻辑关系。

表 2-1　串联开关电路功能表

开关 A 的状态	开关 B 的状态	灯 F 的状态
断开	断开	灭
断开	闭合	灭
闭合	断开	灭
闭合	闭合	亮

在逻辑代数中，"与" 逻辑关系用与运算来描述，与运算又称逻辑乘，其运算符号为 "·" 或 "∧"。则图 2-1 的电路可以用与运算表示为

$$F=A \cdot B \quad 或者 \quad F=A \wedge B$$

与运算符 "·" 也可以省略，即 $F=A \cdot B=AB$。

为了用逻辑代数来分析图 2-1 的电路，假设"0"表示开关断开，"1"表示开关闭合，"0"表示灯灭，"1"表示灯亮，这样电路状态关系表 2-1 可变换成表 2-2 所示的真值表。所谓真值表是指把逻辑变量的所有可能的取值组成及其对应的结果构成一个二维表格。因此与运算可以用表 2-2 描述。

表 2-2 与运算真值表

A	B	F
0	0	0
0	1	0
1	0	0
1	1	1

由表 2-2 可得出与运算的运算法则为

$$0 \cdot 0 = 0 \qquad 0 \cdot 1 = 0$$
$$1 \cdot 0 = 0 \qquad 1 \cdot 1 = 1$$

在数字系统与电路中，实现与运算的逻辑电路称为"与门"，其逻辑符号如表 2-3 所示。本书采用国家标准符号。

表 2-3 与门逻辑符号

国际常用符号	曾用符号	国家标准符号

A ─┐
  │ ─ F
B ─┘
	A ─┐
	  │ ─ F
	B ─┘
		A ─┐ &
		  │ ─ F
		B ─┘

2. 或运算

在逻辑问题中，某个事件受若干个条件影响，只要其中一个或一个以上条件成立，则该事件便可成立，这样的逻辑关系被称为或逻辑。

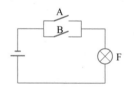

图 2-2 并联开关电路

例如，图 2-2 的电路中，灯 F 由开关 A 和开关 B 并联控制，开关 A 和开关 B 的状态组合有 4 种，这 4 种不同的状态组合与灯 F 的亮灭之间的关系如表 2-4 所示。由表 2-4 可见，只要开关 A 和开关 B 中有一个闭合或两个均闭合时，灯 F 便亮，否则，灯 F 灭。因此，灯 F 与开关 A 和开关 B 之间的关系就形成了"或"逻辑关系。

表 2-4 并联开关电路功能表

开关 A 的状态	开关 B 的状态	灯 F 的状态
断开	断开	灭
断开	闭合	亮
闭合	断开	亮
闭合	闭合	亮

在逻辑代数中，"或"逻辑关系用或运算来描述，或运算又称逻辑加，其运算符号为"+"或"∨"。则图 2-2 的电路可以用或运算表示为：

$$F=A+B \quad 或者 \quad F=A \vee B$$

为了用逻辑代数来分析图 2-2 的电路,假设 "0" 表示开关断开,"1" 表示开关闭合,"0" 表示灯灭,"1" 表示灯亮,这样电路状态关系表 2-4 可变换成表 2-5 所示的真值表。因此或运算可以用表 2-5 描述。

表 2-5　或运算真值表

A	B	F
0	0	0
0	1	1
1	0	1
1	1	1

由表 2-5 可得出或运算的运算法则为

$$0+0=0 \qquad 0+1=1$$
$$1+0=1 \qquad 1+1=1$$

在数字系统与电路中,实现或运算的逻辑电路称为 "或门",其逻辑符号如表 2-6 所示。

表 2-6　或门逻辑符号

国际常用符号	曾用符号	国家标准符号
A B —F	A B + —F	A B ≥1 —F

3. 非运算

在逻辑问题中,某个事件的成立取决于条件的否定,即事件与事件的成立条件之间构成矛盾,这样的逻辑关系被称为非逻辑。

例如,图 2-3 的电路中,灯 F 和开关 A 并联,开关 A 两种不同的状态与灯 F 的亮灭之间的关系如表 2-7 所示,由表 2-7 可见,开关 A 闭合,则灯 F 灭,否则,灯 F 亮。因此,灯 F 与开关 A 之间的关系就形成了 "非" 逻辑关系。

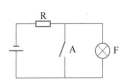

图 2-3　开关与灯并联电路

表 2-7　开关与灯并联电路功能表

开关 A 的状态	灯 F 的状态
断开	亮
闭合	灭

在逻辑代数中,"非" 逻辑关系用非运算来描述,非运算又称逻辑反,其运算符号为 "−"。则图 2-3 的电路可以用与运算表示为

$$F=\overline{A}$$

为了用逻辑代数来分析图 2-3 的电路,假设 "0" 表示开关断开,"1" 表示开关闭合,"0" 表示灯灭,"1" 表示灯亮,这样电路状态关系表 2-7 可变换成表 2-8 所示的真值表。因此非运算可以用表 2-8 描述。

表 2-8 非运算真值表

A	F
0	1
1	0

由表 2-8 可得出或运算的运算法则为

$$\overline{0}=1 \qquad \overline{1}=0$$

在数字系统与电路中，实现非运算的逻辑电路称为"非门"，其逻辑符号如表 2-9 所示。

表 2-9 非门逻辑符号

国际常用符号	曾用符号	国家标准符号
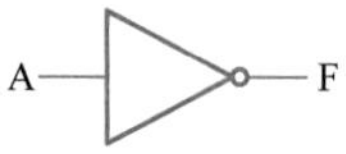	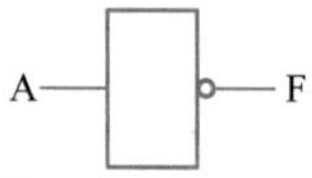	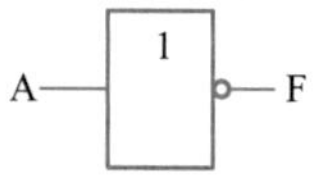

2.1.3 逻辑代数的复合运算

在实际电路中，利用与门、或门和非门之间的不同组合可构成复合门电路，完成复合逻辑运算。常见的复合门电路有与非门、或非门、与或非门、异或门和同或门。

1. 与非逻辑

与逻辑和非逻辑的复合逻辑称为与非逻辑，它可以看成与逻辑后面加了一个非逻辑，实现与非逻辑的电路称为与非门。其表达式如下

$$F=\overline{A \cdot B}=\overline{AB}$$

与非运算的真值表见表 2-10，与非门的逻辑符号见表 2-11。

表 2-10 与非运算真值表

A	B	F
0	0	1
0	1	1
1	0	1
1	1	0

表 2-11 与非门逻辑符号

国际常用符号	曾用符号	国家标准符号
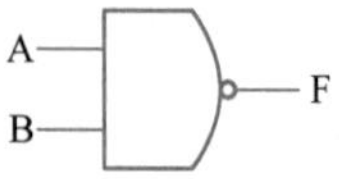	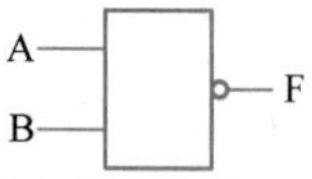	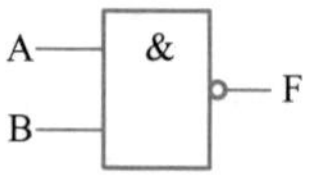

2. 或非逻辑

或逻辑和非逻辑的复合逻辑称为或非逻辑，它可以看成或逻辑后面加了一个非逻辑，实现或非逻辑的电路称为或非门。其表达式如下

$$F=\overline{A+B}$$

或非运算的真值表见表 2-12，或非门的逻辑符号见表 2-13。

表 2-12　或非运算真值表

A	B	F
0	0	1
0	1	0
1	0	0
1	1	0

表 2-13　或非门逻辑符号

国际常用符号	曾用符号	国家标准符号
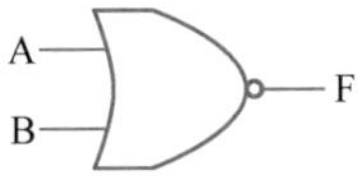 A B —D° F	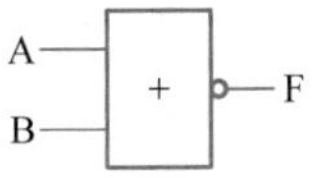 A B + °— F	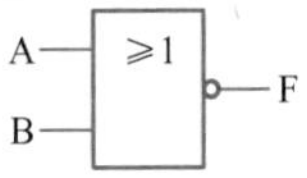 A B ≥1 °— F

3. 与或非逻辑

与或非逻辑是三种基本逻辑（与、或、非）的组合，也可以看成是与逻辑和或非逻辑的组合。其表达式如下

$$F=\overline{AB+CD}$$

与或非运算的真值表见表 2-14，与或非门的逻辑符号见表 2-15。

表 2-14　与或非运算真值表

A	B	C	D	F
0	0	0	0	1
0	0	0	1	1
0	0	1	0	1
0	0	1	1	0
0	1	0	0	1
0	1	0	1	1
0	1	1	0	1
0	1	1	1	0
1	0	0	0	1
1	0	0	1	1
1	0	1	0	1
1	0	1	1	0
1	1	0	0	0
1	1	0	1	0
1	1	1	0	0
1	1	1	1	0

表 2-15 与或非门逻辑符号

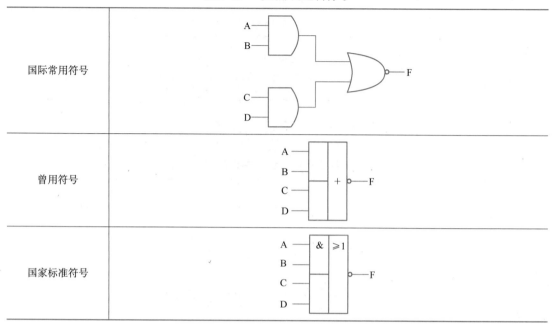

国际常用符号	
曾用符号	
国家标准符号	

4. 异或逻辑

异或逻辑是指当两个输入逻辑变量取值不同时输出为1，相同时输出为0。实现异或逻辑的电路称为异或门。其表达式如下

$$F = A \oplus B = A\overline{B} + \overline{A}B$$

异或运算的真值表见表 2-16，异或门的逻辑符号见表 2-17。

表 2-16 异或运算真值表

A	B	F
0	0	0
0	1	1
1	0	1
1	1	0

表 2-17 异或门逻辑符号

国际常用符号	曾用符号	国家标准符号

5. 同或逻辑

同或逻辑是指当两个输入逻辑变量取值相同时输出为1，不同时输出为0，偶数个变量的同或逻辑和异或逻辑互为反运算。实现同或逻辑的电路称为同或门。其表达式如下

$$F = A \odot B = AB + \overline{A}\,\overline{B}$$

同或运算的真值表见表 2-18，同或门的逻辑符号见表 2-19。

表 2-18　同或运算真值表

A	B	F
0	0	1
0	1	0
1	0	0
1	1	1

表 2-19　同或门逻辑符号

国际常用符号	曾 用 符 号	国家标准符号

2.1.4　逻辑函数的表示法及逻辑函数间的相等

与普通函数类似，可以对逻辑函数进行定义和表示。

1. 逻辑函数的定义

逻辑函数中函数的定义与普通代数中函数的定义极为相似，同时逻辑函数具有其自身的特点：

1）逻辑变量和逻辑函数的取值只有 0 和 1 两种可能。

2）逻辑函数和逻辑变量之间的关系是由"与""或""非"三种基本运算决定的。

从数字电路的角度看，逻辑函数可以定义为

设某一逻辑电路的输入变量为 A_1，A_2，$\cdots$，A_n，输出变量为 F，当 A_1，A_2，$\cdots$，A_n 的取值确定后，F 的值就被唯一确定下来，则称 F 是 A_1，A_2，$\cdots$，A_n 的逻辑函数，记为

$$F = f(A_1, A_2, \cdots, A_n)$$

2. 逻辑函数的相等

与普通代数一样，逻辑函数也存在相等的问题。

如果有两个都是 n 个变量的逻辑函数：

$$F_1 = f_1(A_1, A_2, \cdots, A_n)$$
$$F_2 = f_2(A_1, A_2, \cdots, A_n)$$

若对于这 n 个逻辑变量的 2^n 种组合中的任意一组取值，F_1 和 F_2 都相等，则称函数 F_1 和 F_2 相等，记为：$F_1 = F_2$。

判断两个逻辑函数是否相等，通常有两种方法。一种方法是列出逻辑变量的所有可能的取值组合，并按逻辑运算计算出各种取值组合下两个函数的对应值，然后进行比较，判断两个逻辑函数是否相等。另一种方法是用逻辑代数的公理、定理、公式和规则等进行数学证明。

3. 逻辑函数的表示法

逻辑函数的表示方法有很多种，例如逻辑表达式、逻辑电路图、真值表、卡诺图、波形图、硬件描述语言等。本节重点讨论逻辑表达式、逻辑电路图、真值表和波形图，卡诺图和硬件描述语言将在后面的章节进行介绍。

（1）逻辑表达式

逻辑表达式是逻辑变量和"与""或""非"三种运算符所构成的式子。将逻辑函数输

入和输出之间的关系写成逻辑表达式，就得到了逻辑函数的逻辑表达式。例如，逻辑函数

$$F = f(A, B, C) = AB + C$$

是一个由 A、B、C 三个变量进行逻辑运算所构成的逻辑表达式。

（2）逻辑电路图

将逻辑函数的逻辑表达式中各变量之间的与、或、非等逻辑关系用逻辑门电路的图形符号表示出来，就得到了逻辑函数的逻辑电路图。

逻辑函数 $F = f(A, B, C) = AB + C$ 的逻辑电路图如图 2-4 所示。

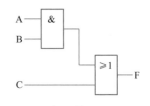

图 2-4 逻辑函数 $F = f(A, B, C) =$ $AB + C$ 的逻辑电路图

（3）真值表

前面曾经提到过真值表，即将 n 个输入变量所有 2^n 个取值组合下对应的输出值计算出来，列成表格，就得到了逻辑函数的真值表。

逻辑函数 $F = f(A, B, C) = AB + C$ 的真值表如表 2-20 所示。

表 2-20 逻辑函数 $F = f(A, B, C) = AB + C$ 的真值表

A	B	C	F
0	0	0	0
0	0	1	1
0	1	0	0
0	1	1	1
1	0	0	0
1	0	1	1
1	1	0	1
1	1	1	1

（4）波形图

用逻辑电平的高、低变化来动态地表示逻辑函数的输入变量与输出变量之间的关系，按时间顺序依次排列出来，就得到了逻辑函数的波形图，也称为时序图。由于波形图是一种动态图形语言，非常直观，在数字系统分析和测试中，可以利用计算机仿真工具和逻辑分析仪等来分析逻辑函数。

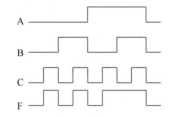

图 2-5 逻辑函数 $F = f(A, B, C) =$ $AB + C$ 的波形图

逻辑函数 $F = f(A, B, C) = AB + C$ 的波形图如图 2-5 所示。

2.2 逻辑代数的基本定律、规则和常用公式

根据逻辑代数中的与、或、非三种基本运算，可以推导出逻辑代数运算的一些基本定律、规则和常用公式。它们为逻辑函数的化简提供了理论依据，也为分析和设计逻辑电路提供了重要工具。

2.2.1 基本定律

根据 2.1.1 节的公理，可以推导出下列常用的定律。

定律 1 重叠律

$$A+A = A \qquad AA = A$$

证明：

$$
\begin{aligned}
A+A &= A \cdot 1 + A \cdot 1 && \text{（0-1 律）}\\
&= A \cdot (1+1) && \text{（分配律）}\\
&= A \cdot 1 && \text{（或运算法则）}\\
&= A && \text{（0-1 律）}
\end{aligned}
$$

该定律说明一个变量多次自与、自或的结果仍为其自身，即逻辑代数中不存在倍乘和方幂运算。

定律 2 吸收律

$$A+AB = A \qquad A(A+B) = A$$

证明：

$$
\begin{aligned}
A+AB &= A \cdot 1 + A \cdot B && \text{（分配律）}\\
&= A \cdot (1+B) && \text{（互补律）}\\
&= A \cdot 1 && \text{（0-1 律）}\\
&= A && \text{（0-1 律）}
\end{aligned}
$$

该定律说明逻辑表达式中某一项包含了式中另一项，则该项可以去掉。

定律 3 消去律

$$A+\overline{A}B = A+B \qquad A(\overline{A}+B) = AB$$

证明：

$$
\begin{aligned}
A+\overline{A}B &= (A+\overline{A})(A+B) && \text{（分配律）}\\
&= 1 \cdot (A+B) && \text{（互补律）}\\
&= A+B && \text{（0-1 律）}
\end{aligned}
$$

定律 4 并项律

$$AB+A\overline{B} = A \qquad (A+B)(A+\overline{B}) = A$$

证明：

$$
\begin{aligned}
AB+A\overline{B} &= A(B+\overline{B}) && \text{（分配律）}\\
&= A \cdot 1 && \text{（互补律）}\\
&= A && \text{（0-1 律）}
\end{aligned}
$$

定律 5 复原律

$$\overline{\overline{A}} = A$$

证明：令 $\overline{A}=X$，因而存在唯一的 X，使得

$$X\overline{A}=0, X+\overline{A}=1 \qquad \text{（互补律）}$$

但是

$$A\overline{A}=0, \ A+\overline{A}=1 \qquad \text{（互补律）}$$

这样，X 和 A 都满足互补律，因此根据互补律的唯一性，可得 A=X，即 $\overline{\overline{A}}=A$。

该定律说明了"否定的否定等于肯定"这一规律。

定律 6 冗余律

$$AB + \overline{A}C + BC = AB + \overline{A}C$$

$$(A+B)(\overline{A}+C)(B+C) = (A+B)(\overline{A}+C)$$

证明：

$AB + \overline{A}C + BC = AB + \overline{A}C + BC(A+\overline{A})$	（互补律）
$= AB + \overline{A}C + BCA + BC\overline{A}$	（分配律）
$= AB + \overline{A}C + ABC + \overline{A}BC$	（交换律）
$= AB(1+C) + \overline{A}C(1+B)$	（分配律）
$= AB + \overline{A}C$	（0-1 律）

该定律说明当逻辑表达式中的某个变量（如 A）分别以原变量和反变量的形式出现在两项中时，该两项中其他变量（如 B、C）组成的第三项（如 BC）是多余的，可从式中去掉。

冗余律的推广：

$$AB + \overline{A}C + BCX_1 X_2 \cdots X_n = AB + \overline{A}C$$

$$(A+B)(\overline{A}+C)(B+C+X_1+X_2+\cdots+X_n) = (A+B)(\overline{A}+C)$$

冗余律的推广说明若第三项中除了前两项的剩余部分以外，还含有其他部分，它仍然是多余的。

定律 7　摩根律

$$\overline{A+B} = \overline{A}\,\overline{B} \qquad \overline{AB} = \overline{A}+\overline{B}$$

证明：

$(\overline{A}\,\overline{B}) + (A+B) = (\overline{A}\,\overline{B} + A) + B$	（结合律）
$= (\overline{B} + A) + B$	（消去律）
$= A + (\overline{B} + B)$	（交换律、结合律）
$= A + 1$	（互补律）
$= 1$	（0-1 律）

而且	$(\overline{A}\,\overline{B})(A+B) = \overline{A}\,\overline{B}A + \overline{A}\,\overline{B}B$	（分配律）
	$= 0 + 0$	（互补律）
	$= 0$	（0-1 律）

这样 $\overline{A}\,\overline{B}$ 和 A+B 都能满足互补律，根据互补律的唯一性，可得 $\overline{A+B} = \overline{A}\,\overline{B}$。

摩根律的推广（*n* 变量摩根律）

$$\overline{X_1 + X_2 + \cdots + X_n} = \overline{X_1}\,\overline{X_2} \cdots \overline{X_n}$$

$$\overline{X_1 X_2 \cdots X_n} = \overline{X_1} + \overline{X_2} + \cdots + \overline{X_n}$$

以上定律的证明还可以通过真值表进行，读者可以自行尝试。

2.2.2　重要规则

逻辑代数有 4 条重要规则：代入规则、反演规则、对偶规则和展开规则。这些规则在逻辑运算中十分有用，可以将原有的定律和公式加以扩充与扩展。

1. 代入规则

代入规则是指在任何一个含有某变量（如 A）的逻辑等式中，如果将等式中所有出现该变量的地方都以同一个逻辑函数（如 F=B+C）代替，则等式仍然成立。

【例 2-1】 已知等式 A(B+C) = AB+AC，将 F=D+E 代替等式中的变量 B 后，试证明新等式仍然成立。

将 F=D+E 代替等式中的变量 B 后,有:

等式左边 $=A[(D+E)+C]=A(D+E+C)=AD+AE+AC$

等式右边 $=A(D+E)+AC=AD+AE+AC$

所以代入以后得到的新等式仍然成立。

代入规则在推导公式中有重要意义。利用这条规则可以将逻辑代数基本定律中的变量用任意逻辑函数代替,从而推导出更多的公式。

例如,利用代入规则可以推导出 n 变量的摩根律,即

$$\overline{X_1+X_2+\cdots+X_n}=\overline{X_1}\,\overline{X_2}\cdots\overline{X_n}$$
$$\overline{X_1 X_2 \cdots X_n}=\overline{X_1}+\overline{X_2}+\cdots+\overline{X_n}$$

证明:由于 $\overline{X_1+X_2}=\overline{X_1}\,\overline{X_2}$,将 $F=X_2+X_3$ 代替等式中的变量 X_2 后,根据代入规则,新等式仍然成立,可得

$$\overline{X_1+X_2+X_3}=\overline{X_1}\,\overline{X_2}\,\overline{X_3}$$

在将 $F=X_3+X_4$ 代替等式中变量 X_3 后,根据代入规则,新等式仍然成立,可得

$$\overline{X_1+X_2+X_3+X_4}=\overline{X_1}\,\overline{X_2}\,\overline{X_3}\,\overline{X_4}$$

依次类推,则可得 n 变量的摩根律:$\overline{X_1+X_2+\cdots+X_n}=\overline{X_1}\,\overline{X_2}\cdots\overline{X_n}$。

2. 反演规则

由原函数求反函数的过程称为反演。对于任何一个逻辑函数 F,在保持函数运算顺序不变的情况下,如果将函数表达式中所有的"·"变为"+"、"+"变为"·"、"0"变为"1"、"1"变为"0"、原变量变为反变量、反变量变为原变量,就得到了逻辑函数 F 的反函数 $\overline{F}$,即若逻辑函数 $F=f(X_1,X_2,\cdots,X_n,0,1,+,\cdot)$,则 $\overline{F}=f(\overline{X_1},\overline{X_2},\cdots,\overline{X_n},1,0,\cdot,+)$,这就是反演规则。

使用反演规则时要注意以下三点:

1)在应用反演规则时,需保持原函数表达式运算顺序不变。

2)在非运算符下有两个以上的变量时,非符号应保持不变。

3)反演规则实际上是摩根律的推广,用反演规则求得的反函数和用摩根律求得的反函数是一致的。

【例 2-2】 已知逻辑函数 $F=A\overline{B}+C\overline{D}$,求其反函数。

解:根据反演规则可求得其反函数为:$\overline{F}=(\overline{A}+B)(\overline{C}+D)$。

【例 2-3】 已知 $F=AB+\overline{ABC}+\overline{B}\,\overline{D}$,求其反函数。

解:根据反演规则可求得其反函数为:$\overline{F}=(\overline{A}+\overline{B})(\overline{\overline{A}+\overline{B}+\overline{C}})(B+D)$。

3. 对偶规则

对于任何一个逻辑函数 F,在保持函数运算顺序不变的情况下,如果将函数表达式中所有的"·"变为"+"、"+"变为"·"、"0"变为"1"、"1"变为"0",就得到了逻辑函数 F 的对偶函数 F',即若逻辑函数 $F=f(X_1,X_2,\cdots,X_n,0,1,+,\cdot)$,则 $F'=f(X_1,X_2,\cdots,X_n,1,0,\cdot,+)$,这就是对偶规则。

【例 2-4】 已知逻辑函数 $F=A\overline{B}+C\overline{D}$,求其对偶函数。

解:根据对偶规则可求得其对偶函数为:$F'=(A+\overline{B})(C+\overline{D})$。

【例 2-5】 已知 $F=AB+\overline{ABC}+\overline{B}\,\overline{D}$,求其对偶函数。

解:根据对偶规则可求得其对偶函数为:$F'=(A+B)(\overline{A+B+C})(\overline{B}+\overline{D})$。

对偶函数和原函数具有如下特点：

1）原函数与其对偶函数互为对偶函数，或者说原函数的对偶函数的对偶函数是原函数本身。

2）若两个逻辑函数相等，则它们的对偶函数也相等，反之亦然。

可以利用对偶规则的特点来证明两个函数相等。

【例 2-6】 利用对偶规则证明等式 $A+BC=(A+B)(A+C)$。

证明：令 $F_1=A+BC$，$F_2=(A+B)(A+C)$，则两个函数的对偶函数为：

$$F_1'=A(B+C)=AB+AC \qquad\qquad F_2'=AB+AC$$

由 $F_1'=F_2'$，可得 $F_1=F_2$，因此等式成立。

4. 展开规则

对于任何一个逻辑函数 $F=f(X_1,X_2,\cdots,X_n)$ 可以将其中任意一个变量（例如 X_1）分离出来，并展开成

$$\begin{aligned}F&=f(X_1,X_2,\cdots,X_n)\\&=\overline{X_1}f(0,X_2,\cdots,X_n)+X_1f(1,X_2,\cdots,X_n)\\&=[X_1+f(0,X_2,\cdots,X_n)][\overline{X_1}+f(1,X_2,\cdots,X_n)]\end{aligned}$$

这就是展开规则。展开规则的正确性验证可以令 $X_1=0$ 或 $X_1=1$ 分别代入便可得证。

【例 2-7】 化简函数 $F=A[AB+\overline{A}C+(A+D)(\overline{A}+E)]$。

解：根据展开规则有

$$\begin{aligned}F&=A[AB+\overline{A}C+(A+D)(\overline{A}+E)]\\&=\overline{A}\{0[0B+1C+(0+D)(1+E)]\}+A\{1[1B+0C+(1+D)(0+E)]\}\\&=0+A(B+E)\\&=A(B+E)\end{aligned}$$

2.3　逻辑函数表达式的形式与转换

任意一个逻辑函数对应一个唯一的真值表，但是其逻辑表达式却不是唯一的。本节将从理论分析的角度介绍逻辑函数表达式的基本形式、标准形式及其相互转换，作为后面逻辑函数化简的基础。

2.3.1　逻辑函数表达式的基本形式

对于同一个逻辑函数表达式可以有多种形式，例如与或式、或与式、与非式、或非式、与或非式，其中与或表达式（积之和）和或与表达式（和之积）是逻辑函数表达式的两种基本形式。

1. 与或表达式

一个逻辑函数表达式中包含若干个"与项"，每个"与项"中可有一个或多个以原变量或反变量形式出现的字母，所有这些"与项"的"或"就构成了该逻辑函数的与或表达式。而"与"运算对应的是"逻辑乘"运算，"与项"就对应了"乘积项"，"或"运算对应的是"逻辑加"运算，因此与或表达式又被称为"积之和"。

例如，逻辑函数 $F=AB+B\overline{C}$ 由 2 个"与项" AB 和 $B\overline{C}$ 组成，这 2 个"与项"又通过"或"运算形成了该逻辑函数表达式。

2. 或与表达式

一个逻辑函数表达式中包含若干个"或项"，每个"或项"中可有一个或多个以原变量或反变量形式出现的字母，所有这些"或项"的"与"就构成了该逻辑函数的或与表达式。而"或"运算对应的是"逻辑加"运算，"或项"就对应了"和项"，"与"运算对应的是"逻辑乘"运算，因此或与表达式又被称为"和之积"。

例如，逻辑函数 $F = (A+B)(B+\overline{C})$ 由 2 个"或项" $A+B$ 和 $B+\overline{C}$ 组成，这 2 个"或项"又通过"与"运算形成了该逻辑函数表达式。

逻辑函数还可以表示成其他形式，例如 $F = (AB+C)(BD+\overline{C})$ 既不是与或表达式，也不是或与表达式，但是所有的逻辑函数都可以转换成与或表达式或者或与表达式。

2.3.2 逻辑函数表达式的标准形式

通过前面的介绍可以看出，一个逻辑函数的真值表是唯一的，但是它的逻辑表达式不唯一，那么逻辑函数是否存在一个唯一的表达形式呢？答案是肯定的，这就是逻辑函数表达式的标准形式。逻辑函数表达式有两种标准形式：标准的与或表达式（最小项之和）和标准的或与表达式（最大项之积）。首先，先介绍最小项和最大项的概念与性质。

1. 最小项

对于一个具有 n 个变量的函数的与项，它包含全部 n 个变量，其中每个变量都以原变量或者反变量的形式出现且仅出现一次，这样的与项称为最小项。任何一个函数都可以用最小项之和的形式来表示，这种函数表达式称为标准的与或表达式（最小项之和）。

例如：一个三变量的逻辑函数 $F(A,B,C) = \overline{A}\overline{B}\overline{C} + A\overline{B}C + ABC$，其变量按 A、B、C 顺序排列，由 3 个最小项组成，这个函数表达式就是标准的与或表达式。

由最小项的定义可知，n 个变量的函数最多可以组成 2^n 个最小项。3 个变量最多可以组成 $2^3 = 8$ 个最小项：$\overline{A}\overline{B}\overline{C}$、$\overline{A}\overline{B}C$、$\overline{A}B\overline{C}$、$\overline{A}BC$、$A\overline{B}\overline{C}$、$A\overline{B}C$、$AB\overline{C}$ 和 ABC，其他不同的变量组合，例如 AB、$\overline{A}(B+C)$ 等都不满足最小项的条件，所以均不是最小项。

为了描述和书写方便，通常 m_i 表示最小项。按照最小项中的原变量记为 1，反变量记为 0，且当变量顺序确定后，1 和 0 按顺序排列成一个二进制数，而这个二进制数相对应的十进制数就是最小项的下标 i，表 2-21 列出了三变量函数的全部的最小项。

表 2-21　三变量函数中的最小项和最大项

变量的各组取值 A　B　C	对应的最小项及其编号		对应的最大项及其编号	
	最小项	编号	最大项	编号
0　0　0	$\overline{A}\,\overline{B}\,\overline{C}$	m_0	$A+B+C$	M_0
0　0　1	$\overline{A}\,\overline{B}C$	m_1	$A+B+\overline{C}$	M_1
0　1　0	$\overline{A}B\overline{C}$	m_2	$A+\overline{B}+C$	M_2
0　1　1	$\overline{A}BC$	m_3	$A+\overline{B}+\overline{C}$	M_3
1　0　0	$A\overline{B}\,\overline{C}$	m_4	$\overline{A}+B+C$	M_4
1　0　1	$A\overline{B}C$	m_5	$\overline{A}+B+\overline{C}$	M_5
1　1　0	$AB\overline{C}$	m_6	$\overline{A}+\overline{B}+C$	M_6
1　1　1	ABC	m_7	$\overline{A}+\overline{B}+\overline{C}$	M_7

因此，逻辑函数 $F(A,B,C)=\overline{A}B\overline{C}+AB\overline{C}+ABC=m_2+m_6+m_7$，若借用数学中常用的符号 "$\sum$" 表示累计的逻辑加运算，该函数也可以简写成如下形式：$F(A,B,C)=\sum m(2,6,7)$，其中符号 "$\sum$" 表示各项的或运算，后面括号内的数字表示函数的各最小项。等式左边括号内的字母列出所有的变量和它的排列顺序。变量的顺序是很重要的，一旦确定后，就不能任意改变，否则会造成表达式错误。

由表 2-21 可以看出最小项有以下性质：

1）对于任意一个最小项 m_i，只有一组变量的取值才能使其值为 1。

例如，最小项 $m_4=A\overline{B}\,\overline{C}$，只有当 ABC = 100 时，$m_4$ 的值才为 1，而对于 ABC 的其他取值，m_4 均为 0。

2）任意两个不同的最小项之积恒为 0，即 $m_i \cdot m_j \equiv 0$，$i \neq j$。

例如，对于三变量 A、B、C 的两个最小项 m_0 和 m_4，有 $m_0 \cdot m_4=(\overline{A}\,\overline{B}\,\overline{C})\cdot(A\overline{B}\,\overline{C})=0$。

3）n 个变量的全部最小项之和为 1，即 $\sum_{i=0}^{2^n-1} m_i = 1$。

例如，对于三变量 A、B、C，其所有的最小项之和为：

$$\sum_{i=0}^{2^3-1} m_i = m_0 + m_1 + m_2 + m_3 + m_4 + m_5 + m_6 + m_7$$
$$= \overline{A}\,\overline{B}\,\overline{C} + \overline{A}\,\overline{B}C + \overline{A}B\overline{C} + \overline{A}BC + A\overline{B}\,\overline{C} + A\overline{B}C + AB\overline{C} + ABC$$
$$= \overline{A}\,\overline{B} + \overline{A}B + A\overline{B} + AB$$
$$= \overline{A} + A = 1$$

4）n 个变量的任何一个最小项有 n 个相邻最小项。

所谓相邻最小项是指两个最小项中仅有一个变量不同，且该变量为同一变量的原变量和反变量。因此两个相邻最小项相加以后一定能合并成一项，并消去这一对以原变量和反变量形式出现的因子。例如，三变量 A、B、C 组成的最小项 m_0 和 m_1 为相邻最小项，$m_0+m_1=\overline{A}\,\overline{B}\,\overline{C}+\overline{A}\,\overline{B}C=\overline{A}\,\overline{B}(\overline{C}+C)=\overline{A}\,\overline{B}$。

2. 最大项

对于一个具有 n 个变量的函数的或项，它包含全部 n 个变量，其中每个变量都以原变量或者反变量的形式出现且仅出现一次，这样的或项称为最大项。任何一个函数都可以用最大项之积的形式来表示，这种函数表达式称为标准的或与表达式（最大项之积）。

例如：一个三变量的逻辑函数 $F(A,B,C)=(A+B+C)(A+B+\overline{C})(\overline{A}+B+\overline{C})$，其变量按 A、B、C 顺序排列，由 3 个最大项组成，这个函数表达式就是标准的或与表达式。

由最大项的定义可知，n 个变量的函数最多可以组成 2^n 个最大项。三个变量最多可以组成 $2^3=8$ 个最大项：$A+B+C$、$A+B+\overline{C}$、$A+\overline{B}+C$、$A+\overline{B}+\overline{C}$、$\overline{A}+B+C$、$\overline{A}+B+\overline{C}$、$\overline{A}+\overline{B}+C$ 和 $\overline{A}+\overline{B}+\overline{C}$，其他不同的变量组合，例如 $A+B$、$\overline{A}+BC$ 等都不满足最大项的条件，所以均不是最大项。

为了描述和书写方便，通常用 M_i 表示最大项。按照最大项中的原变量记为 0，反变量记为 1，且当变量顺序确定后，1 和 0 按顺序排列成一个二进制数，而于这个二进制数相对应的十进制数就是最大项的下标 i，表 2-21 列出了三变量函数的全部的最大项。

因此，逻辑函数 $F(A,B,C)=(A+B+C)(A+B+\overline{C})(\overline{A}+B+\overline{C})=M_0M_1M_5$，若借用数学中常用的符号 "$\prod$" 表示累计的逻辑加运算，该函数也可以简写成如下形式：$F(A,B,C)=$

$\prod$ M(0,1,5)，其中符号"$\prod$"表示各项的与运算，后面括号内的数字表示函数的各最大项。等式左边括号内的字母列出所有的变量和它的排列顺序。变量的顺序是很重要的，一旦确定后，就不能任意改变，否则会造成表达式错误。

由表 2-21 可以看出最大项有以下性质：

1）对于任意一个最大项 M_i，只有一组变量的取值才能使其值为 0。

例如，最大项 $M_3 = A+\overline{B}+\overline{C}$，只有当 ABC=011 时，$M_3$ 的值才为 0，而对于 ABC 的其他取值，M_3 均为 1。

2）任意两个不同的最大项之和恒为 1，即 $M_i + M_j \equiv 1$，$i \neq j$。

例如，对于三变量 A、B、C 的两个最大项 M_0 和 M_3，有 $M_0 + M_3 = (A+B+C)+(A+\overline{B}+\overline{C}) = 1$。

3）n 个变量的全部最大项之积为 0，即 $\prod\limits_{i=0}^{2^n-1} M_i = 0$。

例如，对于两变量 A、B，其所有的最大项之积为

$$\prod_{i=0}^{2^2-1} M_i = M_0 M_1 M_2 M_3 = (A+B)(A+\overline{B})(\overline{A}+B)(\overline{A}+\overline{B}) = A \cdot \overline{A} = 0$$

4）n 个变量的任何一个最大项有 n 个相邻最大项。

3. 最大项和最小项之间的关系

在同一逻辑问题中，下标相同的最小项和最大项之间存在互补关系，即有

$$M_i = \overline{m_i} \quad \text{或者} \quad m_i = \overline{M_i}$$

例如，对于三变量 A、B、C 的最小项 $m_0 = \overline{A}\ \overline{B}\ \overline{C}$，有 $\overline{m_0} = \overline{\overline{A}\overline{B}\overline{C}} = A+B+C = M_0$。

2.3.3　逻辑函数表达式的转换

虽然逻辑函数表达式的形式是多种多样的，但是各种表达式的形式是可以转换的，任何一个逻辑函数不管是什么形式，都可以将其转换成为标准的与或表达式及标准的或与表达式的形式。求一个函数表达式的标准形式有两种方法：代数转换法和真值表转换法。

1. 代数转换法

代数转换法是利用逻辑代数的公理、定律和规则对逻辑函数表达式的形式进行转换，得到逻辑函数的标准形式。

用代数转换法求一个逻辑函数的标准的与或表达式一般分两步：

第一步，将逻辑函数表达式转换成一般的与或表达式的形式。

第二步，反复使用形如 $A = A(B+\overline{B})$，将表达式中所有的非最小项的与项扩展成最小项。

【例 2-8】求逻辑函数 $F(A,B,C) = \overline{(A\overline{B}+B\overline{C})} \cdot AB$ 的标准的与或表达式形式。

解： 第一步，将逻辑函数表达式转换为一般的与或表达式，即

$$F(A,B,C) = \overline{(A\overline{B}+B\overline{C})} \cdot \overline{AB} = (\overline{A}+B)(\overline{B}+C)+AB = \overline{A}\ \overline{B}+\overline{A}C+BC+AB$$

第二步，把所有的与项扩展成最小项，若某与项中缺少函数变量 B，则用 $(B+\overline{B})$ "与"上这一项，再用分配律将其拆成两项。即

$$\begin{aligned}
F(A,B,C) &= \overline{A}\ \overline{B} + \overline{A}C + BC + AB \\
&= \overline{A}\ \overline{B}(C+\overline{C}) + \overline{A}C(B+\overline{B}) + BC(A+\overline{A}) + AB(C+\overline{C}) \\
&= \overline{A}\ \overline{B}C + \overline{A}\ \overline{B}\ \overline{C} + \overline{A}BC + \overline{A}\ \overline{B}C + ABC + \overline{A}BC + ABC + AB\overline{C}
\end{aligned}$$

$$= \overline{A}\ \overline{B}\ \overline{C} + \overline{A}\ \overline{B}C + \overline{A}BC + AB\overline{C} + ABC$$

$$= m_0 + m_1 + m_3 + m_6 + m_7$$

$$= \sum m(0,1,3,6,7)$$

与之类似，用代数转换法求一个逻辑函数的标准的或与表达式也分两步：

第一步，将逻辑函数表达式转换成一般的或与表达式的形式。

第二步，反复使用形如 $A = (A+B)(A+\overline{B})$，将表达式中所有的非最大项的或项扩展成最大项。

【例2-9】求逻辑函数 $F(A,B,C) = AB + \overline{AC} + B\overline{C}$ 的标准的或与表达式形式。

解： 第一步，将逻辑函数表达式转换为一般的或与表达式，即

$$F(A,B,C) = AB + \overline{AC} + B\overline{C}$$

$$= (\overline{A}+\overline{B})(A+\overline{C}) + B\overline{C}$$

$$= [(\overline{A}+\overline{B})(A+\overline{C})+\overline{B}][(\overline{A}+\overline{B})(A+\overline{C})+C]$$

$$= (\overline{A}+\overline{B}+\overline{B})(A+\overline{C}+\overline{B})(\overline{A}+\overline{B}+C)(A+\overline{C}+C)$$

$$= (\overline{A}+\overline{B})(A+\overline{B}+\overline{C})(\overline{A}+\overline{B}+C)$$

第二步，把所有的或项扩展成最大项。即

$$F(A,B,C) = (\overline{A}+\overline{B})(A+\overline{B}+\overline{C})(\overline{A}+\overline{B}+C)$$

$$= (\overline{A}+\overline{B}+C)(\overline{A}+\overline{B}+\overline{C})(A+\overline{B}+\overline{C})(\overline{A}+\overline{B}+C)$$

$$= (\overline{A}+\overline{B}+C)(\overline{A}+\overline{B}+\overline{C})(A+\overline{B}+\overline{C})$$

$$= M_6 + M_7 + M_3$$

$$= \prod M(3,6,7)$$

2. 真值表转换法

逻辑函数如果用真值表表示，那么真值表的每一行变量组合就对应了一个最小项。如果对应该行的函数值为1，则函数的标准与或表达式中应该包含对应该行的最小项；如果对应该行的函数值为0，则函数的标准与或表达式中不包含对应该行的最小项，因此，求一个逻辑函数的标准与或表达式时，可以列出该函数的真值表，然后根据真值表写出逻辑函数的标准与或表达式。

【例2-10】求逻辑函数 $F(A,B,C) = A\overline{B} + B\overline{C}$ 的标准与或表达式形式。

解： 首先，列出逻辑函数 F 的真值表如表2-22所示。

表2-22　逻辑函数 $F(A,B,C) = A\overline{B} + B\overline{C}$ 的真值表

A	B	C	F
0	0	0	0
0	0	1	0
0	1	0	1
0	1	1	0
1	0	0	1
1	0	1	1
1	1	0	1
1	1	1	0

由表 2-22 的真值表可知，逻辑函数 F 的函数值为 1 的行有第 3、5、6、7 行，所对应的最小项为 m_2、m_4、m_5、m_6，则逻辑函数的标准与或表达式为

$$F(A,B,C) = \sum m(2,4,5,6)$$

类似地，逻辑函数真值表的每一行变量组合也对应了一个最大项。如果对应该行的函数值为 0，则函数的标准或与表达式中应该包含对应该行的最大项；如果对应该行的函数值为 1，则函数的标准或与表达式中不包含对应该行的最大项。因此，求一个逻辑函数的标准或与表达式时，可以列出该函数的真值表，然后根据真值表写出逻辑函数的标准或与表达式。

【例 2-11】 求逻辑函数 $F(A,B,C) = \overline{A}C + A\overline{B}\,\overline{C}$ 的标准或与表达式形式。

解： 首先，列出逻辑函数 F 的真值表如表 2-23 所示。

表 2-23 逻辑函数 $F(A,B,C) = \overline{A}C + A\overline{B}\,\overline{C}$ 的真值表

A	B	C	F
0	0	0	0
0	0	1	1
0	1	0	0
0	1	1	1
1	0	0	1
1	0	1	0
1	1	0	0
1	1	1	0

由表 2-23 的真值表可知，逻辑函数 F 的函数值为 0 的行有第 1、3、6、7、8 行，所对应的最小项为 M_0、M_2、M_5、M_6、M_7，则逻辑函数的标准或与表达式为

$$F(A,B,C) = \prod M(0,2,5,6,7)$$

2.4 逻辑函数的化简

逻辑函数表达式有各种不同的表示形式，即使同一类型的表达式也可能有繁有简。对于某一个逻辑函数来说，尽管函数表达式的形式不同，但它们所描述的逻辑功能却是相同的。在数字系统中，逻辑函数的表达式和逻辑电路是一一对应的，表达式越简单，用逻辑电路去实现也就越简单。通常，从逻辑问题直接归纳出的逻辑函数表达式不一定是最简单的，因此为了降低系统成本、减小复杂度、提高可靠性，必须对逻辑函数进行化简。

逻辑函数表达式是什么形式才能认为是最简呢？通过衡量逻辑函数最简表达式的标准是表达式中的项数最少，每项中包含的变量最少。这样用逻辑电路去实现时，用的逻辑门的数量最少，每个逻辑门的输入端也最少。

逻辑函数化简的方法有很多种，最常用的方法是代数化简法和卡诺图法。

2.4.1 代数化简法

代数化简法是利用逻辑代数的公理、定律和规则对逻辑函数表达式进行化简。一个逻辑函数可以有多种表达形式，而最基本的就是与或表达式。如果有了最简与或表达式，通过逻辑函数的基本定律和规则进行变换，就可以得到其他形式的最简表达式。

1. 与或表达式的化简

最简的与或表达式应满足两个条件：

1）表达式中的与项个数最少；

2）在满足上述条件的前提下，每个与项中的变量的个数最少。

下面介绍化简与或表达式的常用方法。

（1）并项法

利用逻辑代数的并项律 $AB+A\bar{B}=A$，将两个与项合并成一个与项，合并后消去一个变量，例如：$ABC+AB\bar{C}=AB$，$AB\bar{C}+A\bar{B}\bar{C}=A\bar{C}$。

（2）吸收法

利用逻辑代数的吸收律 $A+AB=A$，消去多余的项，例如：$B+ABC=B$，$A\bar{B}+A\bar{B}CD(E+F)=A\bar{B}$。

（3）消去法

利用逻辑代数的消去律 $A+\bar{A}B=A+B$，消去多余的变量，例如：
$$AB+\bar{A}C+\bar{B}C=AB+(\bar{A}+\bar{B})C=AB+\overline{AB}C=AB+C$$

（4）配项法

利用公理0-1律的 $A\cdot1=A$ 和公理互补律的 $A+\bar{A}=1$，先从函数表达式中选择某些与项，并配上所缺少的一个合适的变量，然后再利用并项法、吸收法和消去法等方法进行化简。例如：
$$A\bar{B}+\bar{B}C+\bar{B}\bar{C}+\bar{A}B=A\bar{B}+\bar{B}C+\bar{B}C(A+\bar{A})+\bar{A}B(C+\bar{C})$$
$$=A\bar{B}+\bar{B}C+A\bar{B}C+\bar{A}\bar{B}C+\bar{A}BC+\bar{A}B\bar{C}$$
$$=(A\bar{B}+A\bar{B}C)+(\bar{B}C+\bar{A}\bar{B}C)+(\bar{A}\bar{B}C+\bar{A}B\bar{C})$$
$$=A\bar{B}+\bar{B}C+\bar{A}C$$

（5）冗余法

利用逻辑代数的冗余律 $AB+\bar{A}C+BC=AB+\bar{A}C$，消去多余的变量，例如：
$$\bar{A}BCD+\bar{A}E+BE+CDE=\bar{A}BCD+E(\bar{A}+B)+CDE$$
$$=\bar{A}BCD+E\overline{A\bar{B}}+CDE$$
$$=\bar{A}BCD+E\overline{A\bar{B}}$$
$$AD+\bar{A}C+\bar{B}C+BC\bar{D}=AD+C(\bar{A}+\bar{B})+BC\bar{D}$$
$$=AD+C\overline{AB}+BC\bar{D}$$
$$=C\overline{AB}+AD+BC\bar{D}+ABC$$
$$=(C\overline{AB}+ABC)+AD+BC\bar{D}$$
$$=C+AD$$

上面介绍的例子比较简单，而实际中遇到的逻辑函数往往比较复杂，化简时应灵活地使用逻辑代数的公理、定律和规则，综合运用各种方法。下面给出几个相对复杂一些的例子。

【例 2-12】 化简逻辑函数 $F=A\bar{C}+ABC+AC\bar{D}+CD$。

解：$F=A\bar{C}+ABC+AC\bar{D}+CD=A(\bar{C}+BC)+C(A\bar{D}+D)$

$=A(\bar{C}+B)+C(A+D)=A\bar{C}+AB+AC+CD=(A\bar{C}+AC)+AB+CD$

$=A+AB+CD=A+CD$

【例 2-13】 化简逻辑函数 $F=AC+\bar{B}C+B\bar{D}+C\bar{D}+A(B+\bar{C})+\bar{A}BC\bar{D}+ABDE$。

解： $F = AC + \overline{B}C + B\overline{D} + C\overline{D} + A(B + \overline{C}) + \overline{A}BCD + \overline{A}BDE$

$\qquad = AC + \overline{B}C + B\overline{D} + (C\overline{D} + \overline{A}BC\overline{D}) + \overline{A}BC + \overline{A}BDE$

$\qquad = AC + (\overline{B}C + \overline{A}BC) + B\overline{D} + C\overline{D} + \overline{A}BDE$

$\qquad = AC + \overline{B}C + A + B\overline{D} + C\overline{D} + \overline{A}BDE$

$\qquad = A + \overline{B}C + B\overline{D} + C\overline{D}$

$\qquad = A + \overline{B}C + B\overline{D}$

【**例 2-14**】化简逻辑函数 $F = A(B + \overline{C}) + \overline{A}(\overline{B} + C) + BCDE + \overline{B}\,\overline{C}(D + E)F$。

解： $F = A(B + \overline{C}) + \overline{A}(\overline{B} + C) + BCDE + \overline{B}\,\overline{C}(D + E)F$

$\qquad = AB + A\overline{C} + \overline{A}\,\overline{B} + \overline{A}C + BCDE + \overline{B}\,\overline{C}(D + E)F$

$\qquad = (AB + A\overline{C} + BCDE) + [\overline{A}C + \overline{A}\,\overline{B} + \overline{B}\,\overline{C}(D + E)F]$

$\qquad = AB + A\overline{C} + \overline{A}C + \overline{A}\,\overline{B}$

$\qquad = AB + A\overline{C} + \overline{A}C(B + \overline{B}) + \overline{A}\,\overline{B}(C + \overline{C})$

$\qquad = AB + A\overline{C} + \overline{A}BC + \overline{A}\,\overline{B}\,C + \overline{A}\,\overline{B}C + \overline{A}\,\overline{B}\,\overline{C}$

$\qquad = (AB + AB\overline{C}) + (\overline{A}C + \overline{A}BC) + (\overline{A}\,\overline{B}\,C + \overline{A}\,\overline{B}\,\overline{C})$

$\qquad = AB + \overline{A}C + +\overline{B}\,\overline{C}$

2. 或与表达式的化简

同与或表达式的化简类似，最简的或与表达式也应满足两个条件：

1）表达式中的或项个数最少。

2）在满足上述条件的前提下，每个或项的变量的个数最少。

用代数化简法化简或与表达式可直接运用公理、定律中的或与形式，并综合运用前面介绍的与或表达式化简时提出的各种方法进行化简。但是如果对于公理、定律中的或与形式不太熟悉，也可以利用对偶规则对逻辑函数两次求对偶的方法来化简，即：首先对逻辑函数的或与表达式求对偶，得到其对偶函数的与或表达式，再按与或表达式化简的方法求出对偶函数的最简与或表达式，最后对最简的对偶函数再求对偶，即可得到逻辑函数的最简的或与表达式。

【**例 2-15**】化简逻辑函数 $F = (A + B)(A + \overline{B})(B + C)(A + C + D)$。

解： 逻辑函数 F 的对偶函数为

$$F' = AB + A\overline{B} + BC + ACD = A + BC + ACD = A + BC$$

再对 F′ 求对偶，可得：$F = A(B + C)$。

2.4.2　卡诺图化简法

卡诺图是美国工程师 Karnaugh 于 20 世纪 50 年代提出的。卡诺图是逻辑函数真值表的一种图形表示。

1. 卡诺图的结构

卡诺图是由 2^n 个小方格构成的正方形或长方形的图形，其中 n 表示变量的个数。每个小方格对应一个最小项，并按照在逻辑上相邻的最小项在几何上也相邻的原则进行排列。两个最小项的逻辑相邻是指这两个最小项只有一个变量互为反变量，其余变量都完全相同，因此要实现逻辑相邻的最小项在几何上也相邻，就需要卡诺图上的变量按照格雷码的顺序排列。

图 2-6 为二变量的卡诺图，它由 $2^2 = 4$ 个方格组成。每一列和每一行上的 0 和 1 分别代表变量 A 和 B 的值。

类似，可以画出三变量、四变量和五变量的卡诺图，如图2-7、图2-8、图2-9所示。

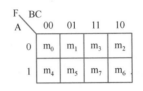

图2-6 二变量的卡诺图　　图2-7 三变量的卡诺图　　图2-8 四变量的卡诺图

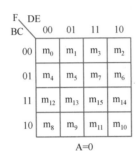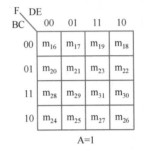

图2-9 五变量的卡诺图

2. 卡诺图的表示

卡诺图实际上是由真值表变换而来的，真值表有多少行，卡诺图就有多少个小方格，而卡诺图上的每个小方格就代表着真值表上的一行，也代表着一个最小项或最大项。将逻辑函数用卡诺图表示，需分以下4种情况。

（1）最小项表达式

因为构成逻辑函数的每一个最小项，其逻辑取值都是使函数值为1的最小项，所以填写卡诺图时，在构成函数的每个最小项相应的小方格中填上1，而其他方格填上0即可。也就是说，任何一个逻辑函数都等于它的卡诺图中填1的那些最小项之和。

【例2-16】 画出逻辑函数 $F(A,B,C,D) = \sum m(1,3,6,7)$ 的卡诺图。

解： 先画一个四变量的卡诺图，在对应最小项 m_1、m_3、m_6 和 m_7 的小方格填入1，其余小方格中填入0，得到逻辑函数 $F(A,B,C,D) = \sum m(1,3,6,7)$ 的卡诺图如图2-10所示。

（2）最大项表达式

因为相同编号的最小项和最大项之间存在互补关系，所以使逻辑函数值为0的那些最小项的编号与构成函数的最大项表达式中的那些最大项的编号相同，按这些最大项的编号在卡诺图的相应小方格中填入0，其余方格填入1即可。

【例2-17】 画出逻辑函数 $F(A,B,C,D) = \prod M(3,4,8,9,11,15)$ 的卡诺图。

解： 先画一个四变量的卡诺图，在对应最大项 M_3、M_4、M_8、M_9、M_{11} 和 M_{15} 的小方格填入0，其余小方格中填入1，得到逻辑函数 $F(A,B,C,D) = \prod M(3,4,8,9,11,15)$ 的卡诺图如图2-11所示。

（3）任意与或表达式

对于任意的与或表达式，可以先将其转换为标准的与或表达式，再按最小项表达式的方法填入卡诺图。另外，也可以不经转换直接填写。任意的与或表达式填入卡诺图的方法是：首先分别将每个与项的原变量用 1 表示，反变量用 0 表示，在卡诺图上找出交叉的小方格并填入 1，没有交叉点的小方格填入 0。

【例 2-18】画出逻辑函数 $F(A,B,C,D) = AB+BC+CD$ 的卡诺图。

解：先画一个四变量的卡诺图，与项 AB 用 11 表示，对应的最小项为 m_{12}、m_{13}、m_{14} 和 m_{15}，在卡诺图对应小方格中填入 1。与项 BC 用 11 表示，对应的最小项为 m_6、m_7、m_{14} 和 m_{15}，在卡诺图对应小方格中填入 1。与项 CD 用 11 表示，对应的最小项为 m_3、m_7、m_{11} 和 m_{15}，在卡诺图对应小方格中填入 1。

所以，逻辑函数 $F(A,B,C,D) = AB+BC+CD$ 的最小项包含 m_3、m_6、m_7、m_{11}、m_{12}、m_{13}、m_{14} 和 m_{15}，其卡诺图如图 2-12 所示。

F＼CD AB	00	01	11	10
00	0	1	1	0
01	0	0	1	1
11	0	0	0	0
10	0	0	0	0

图 2-10　逻辑函数 $F(A,B,C,D) = \sum m(1,3,6,7)$ 的卡诺图

F＼CD AB	00	01	11	10
00	1	1	0	1
01	0	1	1	1
11	1	1	1	0
10	0	0	0	1

图 2-11　逻辑函数 $F(A,B,C,D) = \prod M(3,4,8,9,11,15)$ 的卡诺图

F＼CD AB	00	01	11	10
00	0	0	1	0
01	0	0	1	1
11	1	1	1	1
10	0	0	1	0

图 2-12　逻辑函数 $F(A,B,C,D) = AB+BC+CD$ 的卡诺图

（4）任意或与表达式

与任意的与或表达式类似，对于任意的或与表达式只要当任意一项的或项为 0 时，函数的取值就为 0。要使或项为 0，只需将组成该或项的原变量用 0、反变量用 1 代入即可。故任意或与表达式对应的卡诺图的填入方法是：首先将每个或项的原变量用 0、反变量用 1 代入，在卡诺图上找出交叉的小方格并填入 0，然后在其余小方格填入 1 即可。

【例 2-19】画出逻辑函数 $F(A,B,C,D) = (A+C)(\overline{B}+\overline{D})(C+D)$ 的卡诺图。

解：先画一个四变量的卡诺图，或项 A+C 对应的最大项为 M_0、M_1、M_4 和 M_5，在卡诺图对应小方格中填入 0。或项 $\overline{B}+\overline{D}$ 对应的最大项为 M_5、M_7、M_{13} 和 M_{15}，在卡诺图对应小方格中填入 0。或项 C+D 对应的最大项为 M_0、M_4、M_8 和 M_{12}，在卡诺图对应小方格中填入 0。

所以，逻辑函数 $F(A,B,C,D) = (A+C)(\overline{B}+\overline{D})(C+D)$ 的最大项包含 M_0、M_1、M_4、M_5、M_7、M_8、M_{12}、M_{13} 和 M_{15}，其卡诺图如图 2-13 所示。

3. 卡诺图的性质

卡诺图的特点是任意两个逻辑相邻的最小项（或最大项）在几何上也相邻。在卡诺图中，相邻项有以下 3 种形式。

（1）几何相邻

几何相邻即几何位置上相邻的最小项，如四变量卡诺图中与 m_0 相邻的最小项 m_1 和 m_4，这些最小项对应的小方格与 m_0 对应的小方格分别相连。如图 2-14 所示。

（2）相对相邻

同一行的两端以及同一列的两端为相对相邻，如四变量卡诺图中 m_0 相对相邻的最小项 m_2 和 m_8，m_0 和 m_2 处于同一行的两端，m_0 和 m_8 处于同一列的两端。如图 2-15 所示。

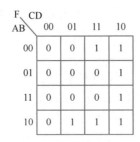

图 2-13　逻辑函数 $F(A,B,C,D)=$
$(A+C)(\overline{B}+\overline{D})(C+D)$ 的卡诺图

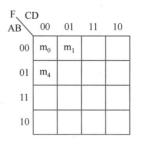

图 2-14　几何相邻

（3）重叠相邻

图 2-9 五变量卡诺图中的 m_3 与 m_1、m_2、m_7 为几何相邻，与 m_{11} 相对相邻，与 m_{19} 则是重叠相邻。对这种情形，可将卡诺图左右两边的矩形重叠，凡上下重叠的最小项即为重叠相邻。只有 5 个及其以上变量的卡诺图中可能存在重叠相邻。如图 2-16 所示。

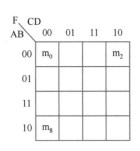

图 2-15　相对相邻

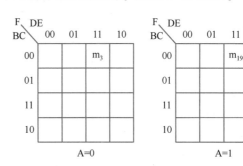

图 2-16　重叠相邻

4. 用卡诺图化简逻辑函数

用卡诺图进行逻辑函数化简的一般步骤如下：

1）函数化为基本形式之一（与或表达式、或与表达式）。

2）画出函数对应的卡诺图，在相应的格子里填入 0 和 1。

3）找出可以合并的相邻项。每 2^m 个相邻项可以合并为一个卡诺图。先画大的卡诺圈，后画小的卡诺圈，每次画圈时尽量圈未被圈过的格子，以提高画圈的效率；至少要圈一个以前没有圈过的格子，以避免重复画圈。如果是求最简与或表达式，则圈为 1 的格子；求最简或与表达式，则圈为 0 的格子。

4）检查第 3）步画圈的情况，确保每个需要圈的格子至少被圈一次，不要遗漏。

5）最后还要检查有没有多余的卡诺圈，即它所圈的那个格已经都被其他卡诺圈圈过。

6）根据卡诺图写最简形式。

【例 2-20】用卡诺图化简逻辑函数 $F(A,B,C,D)=ABC+AB\overline{C}D+\overline{A}BCD+\overline{B}CD$，求出其最简的与或表达式。

解： 逻辑函数 $F(A,B,C,D)=ABC+AB\overline{C}D+\overline{A}BCD+\overline{B}CD$ 对应的卡诺图如图 2-17a 所示。根据卡诺图化简的方法，圈卡诺圈，如图 2-17b 所示。

因此逻辑函数的最简与或表达式为 $F(A,B,C,D)=ABC+ABD+CD$。

【例 2-21】用卡诺图化简逻辑函数 $F(A,B,C,D)=\sum m(3,4,5,6,7,9,11,13,15)$，求

出其最简的与或表达式。

解：逻辑函数 $F(A,B,C,D) = \sum m(3,4,5,6,7,9,11,13,15)$ 对应的卡诺图如图 2-18a 所示。根据卡诺图化简的方法，圈卡诺圈，如图 2-18b 所示。

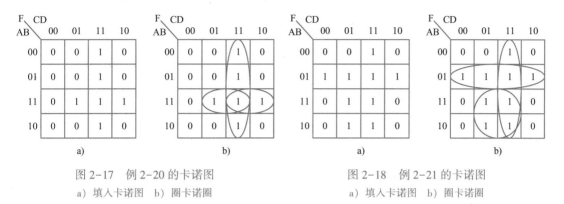

图 2-17 例 2-20 的卡诺图
a）填入卡诺图 b）圈卡诺圈

图 2-18 例 2-21 的卡诺图
a）填入卡诺图 b）圈卡诺圈

因此逻辑函数的最简与或表达式为 $F(A,B,C,D) = \overline{A}B + AD + CD$。

【例 2-22】 用卡诺图化简逻辑函数 $F(A,B,C,D) = \prod M(3,4,6,7,11,12,13,14,15)$，求出其最简的与或表达式。

解：逻辑函数 $F(A,B,C,D) = \prod M(3,4,6,7,11,12,13,14,15)$ 对应的卡诺图如图 2-19a 所示。根据卡诺图化简的方法，圈卡诺圈，如图 2-19b 所示。

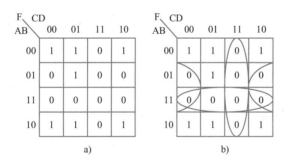

图 2-19 例 2-22 的卡诺图
a）填入卡诺图 b）圈卡诺圈

因此逻辑函数的最简与或表达式为 $F(A,B,C,D) = (\overline{A}+\overline{B})(\overline{B}+D)(\overline{C}+\overline{D})$。

2.4.3 包含无关项的逻辑函数的化简

对于一个逻辑函数来说，如果针对逻辑变量的每一组取值，逻辑函数都有一个确定的值相对应，则这类逻辑函数称为完全描述逻辑函数。但是，在某些实际问题中，其输出并不是与 2^n 种输入组合都有关，而是仅与其中的一部分输入组合有关，而与另一部分的输入组合无关。例如，一个电路输入为 8421BCD 码，则其输入变量中的 16 种组合中 1010 ~ 1111 不会出现。当函数输出与某些输入组合无关时，这些输入组合就称无关项，又称任意项或约束项。这里的"无关"有两个含义：这些输入组合在正常操作中不会出现；即使这些输入组合可能出现，但输出实质上与它们无关。换句话说，当输入出现这些组合时，其所对应的输出值可以为 0，也可以为 1。

41

与无关项相关的函数就称为包含无关项的逻辑函数，或称为具有约束条件的逻辑函数。若以 d_i 表示无关项，则约束条件（或称约束方程）表示为 $\sum d_i = 0$。所以，无关最小项可以随意加到函数表达式中或不加到函数表达式中，并不影响函数的实际逻辑功能。根据这一特点，化简含有无关项的逻辑函数时，只要使得表达式最简，无关项可以取 0，也可以取 1。

【**例 2-23**】用卡诺图化简逻辑函数 $F(A,B,C,D) = \sum m(0,1,5,7) + \sum d(4,6)$，求出其最简的与或表达式。

解：逻辑函数 $F(A,B,C,D) = \sum m(0,1,5,7) + \sum d(4,6)$ 对应的卡诺图如图 2-20a 所示。根据卡诺图化简的方法，圈卡诺圈，如图 2-20b 所示。

因此逻辑函数的最简与或表达式为 $F(A,B,C,D) = \overline{A}B + \overline{A}\,\overline{C}$。

【**例 2-24**】用卡诺图化简逻辑函数 $F(A,B,C,D) = \sum m(0,4,5,9,13,15) + \sum d(1,7,11,12)$，求出其最简的与或表达式。

解：逻辑函数 $F(A,B,C,D) = \sum m(0,4,5,9,13,15) + \sum d(1,7,11,12)$ 对应的卡诺图如图 2-21a 所示。根据卡诺图化简的方法，圈卡诺圈，如图 2-21b 所示。

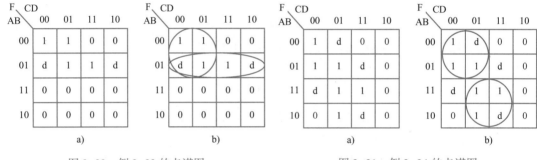

图 2-20　例 2-23 的卡诺图　　　　　　图 2-21　例 2-24 的卡诺图
a）填入卡诺图　b）圈卡诺圈　　　　　　a）填入卡诺图　b）圈卡诺圈

因此逻辑函数的最简与或表达式为 $F(A,B,C,D) = \overline{A}\,\overline{C} + AD$。

【**例 2-25**】用卡诺图化简逻辑函数 $F(A,B,C,D) = \sum m(4,5,6,13,14,15) + \sum d(8,9,10,12)$，分别求出其最简的与或表达式和最简的或与表达式。

解：逻辑函数 $F(A,B,C,D) = \sum m(4,5,6,13,14,15) + \sum d(8,9,10,12)$ 对应的卡诺图如图 2-22a 所示。根据卡诺图化简的方法，求最简与或表达式需要圈 1，而 d 可取 0 也可取 1，则如图 2-22b 所示。因此逻辑函数的最简与或表达式为 $F = B\overline{C} + AB + B\overline{D}$。

根据卡诺图化简的方法，求最简或与表达式需要圈 0，而 d 可取 0 也可取 1，则如图 2-22c 所示。因此逻辑函数的最简与或表达式为 $F = B(A + \overline{C} + \overline{D})$。

2.4.4　多输出逻辑函数的化简

对于单个逻辑函数的化简问题，已经进行了系统讨论。但在实际问题中，存在着根据一组相同输入变量产生多个输出函数的情况。对于一个具有相同输入变量的多输出逻辑电路，如果只是孤立地将单个输出函数一一化简，然后直接拼接在一起，通常并不能保证整个电路最简,因为各输出函数之间往往存在可共享的部分,这就要求在化简时把多个输出函数当作一个整体考虑,以整体最简为目标。下面以与或表达式为例来介绍多输出函数的化简。

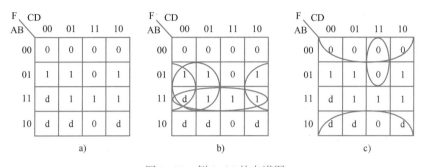

图 2-22 例 2-25 的卡诺图
a) 填入卡诺图 b) 求与或表达式 c) 求或与表达式

衡量多输出函数最简的标准是:

1) 所有逻辑表达式中包含的不同与项总数最少。

2) 在满足上述条件的前提下,各不同与项中所含的变量的总数最少。

多输出函数化简的关键是充分利用各函数之间可供共享的部分(公共项)。例如,某逻辑电路有两个输出函数

$$F_1(A,B,C) = A\overline{B} + A\overline{C}$$
$$F_2(A,B,C) = AB + BC$$

其对应的卡诺图如图 2-23 所示。从卡诺图可以看出,就单个函数而言,F_1 和 F_2 均已达到最简。此时,两个函数表达式共含 4 个不同的与项,4 个不同的与项所包含的变量总数为 8 个。

假如按图 2-24 所示的卡诺图化简上述函数,则可得到函数表达为

$$F_1(A,B,C) = A\overline{B} + AB\overline{C}$$
$$F_2(A,B,C) = AB\overline{C} + BC$$

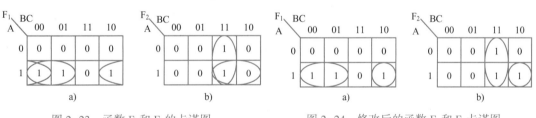

图 2-23 函数 F_1 和 F_2 的卡诺图
a) F_1 的卡诺图 b) F_2 的卡诺图

图 2-24 修改后的函数 F_1 和 F_2 卡诺图
a) F_1 的卡诺图 b) F_2 的卡诺图

这样处理以后,尽管从单个函数来看,上述两个表达式均未达到最简。但从整体来说,由于恰当地利用了两个函数的共享部分,使两个函数表达式中不同与项的总数由原来的 4 个减少为 3 个,各不同与项中包含变量总数由 8 个减少为 7 个,从而使整体得到了进一步简化。

用卡诺图化简多输出函数一般分为两步进行。首先按单个函数的化简方法用卡诺图对各函数逐个进行化简。然后,在卡诺图上比较两个以上函数的相同 1 方格部分,看是否能够通过改变卡诺图的画法找出公共项。在进行后一步时要注意:第一,卡诺圈的变动必须在两个或多个卡诺图的相同 1 方格部分进行,只有这样,对应的项才能供两个或多个函数共享;第

二，卡诺圈的变动必须以使整体得到进一步简化为原则。

【例 2-26】用卡诺图化简多输出函数

$$F_1(A,B,C,D) = \sum m(2,3,5,7,8,9,10,11,13,15)$$

$$F_2(A,B,C,D) = \sum m(2,3,5,6,7,10,11,14,15)$$

$$F_3(A,B,C,D) = \sum m(6,7,8,9,13,14,15)$$

解：画出三个函数的卡诺图如图 2-25 所示。

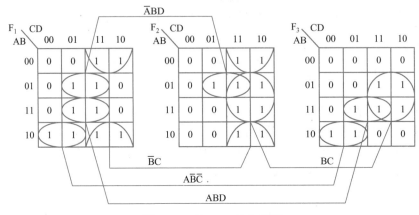

图 2-25　例 2-26 的卡诺图

考虑到各函数共享问题，可按图 2-25 所示的卡诺圈的画法，使函数从整体上得到进一步简化，化简结果为

$$F_1(A,B,C,D) = \overline{A}BD + ABD + A\overline{B}\,\overline{C} + \overline{B}C$$

$$F_2(A,B,C,D) = \overline{A}BD + \overline{B}C + BC$$

$$F_3(A,B,C,D) = ABD + A\overline{B}\,\overline{C} + BC$$

2.5　本章小结

本章首先学习了逻辑代数的基本概念，介绍了逻辑代数的定义、基本运算、复合运算和逻辑函数的表示，其次学习了逻辑代数的基本定律、规则和常用公式，介绍了逻辑函数表达式的基本形式和标准形式，最后学习了逻辑函数常用的化简方法：代数化简法和卡诺图化简法，并且介绍了逻辑函数化简在实际工程中的一些典型问题。

具体关键知识点梳理如下：

1）逻辑代数定义了三种基本运算：与、或、非，由与、或、非之间不同组成可构成很多复合运算。

2）逻辑代数有很多基本定律、规则和常用公式，利用它们可以证明逻辑等式、变换逻辑函数表达式的形式和化简逻辑函数。

3）逻辑函数的反演规则可以用来求解逻辑函数的反函数，逻辑函数的对偶规则可以用来求解逻辑函数的对偶函数。

4）逻辑函数表达式有两种标准的表达形式：最小项之和（标准与或表达式）和最大项之积（标准或与表达式），最小项和最大项的性质都是设计与分析数字电路的基础。

5）本书介绍了两种最常用的逻辑函数化简方法：代数化简法和卡诺图化简法，代数化简法是利用逻辑代数的各种定律、规则和公式，以数学推导的形式对逻辑函数表达式进行化简；卡诺图化简法是利用画卡诺图、圈卡诺圈和合并相邻项的图形方法，对逻辑函数表达式进行化简。逻辑函数表达式在后续的数字电路设计和分析中对应的是实际电路，因此逻辑函数表达式的形式的复杂程度直接关系到电路的复杂程度，因此逻辑函数化简是优化数字电路设计的有效手段之一。

2.6 习题

1. 用真值表证明下列等式。

（1）$A+\overline{A}B=A+B$

（2）$A\overline{B}+\overline{A}B=(\overline{A}+\overline{B})(A+B)$

2. 用逻辑代数证明下列等式。

（1）$A\overline{B}+A\overline{C}+\overline{(A+C)}D+CD=A\overline{B}+A\overline{C}+D$

（2）$AB+AC+BC+A\overline{(B+C)}=A+BC$

（3）$\overline{A}\ \overline{C}+A\ \overline{B}+BC+\overline{A}\ \overline{C}\ D=\overline{A}+BC$

（4）$BC+D+\overline{D}(\overline{B}+\overline{C})(AD+B)=B+D$

3. 用代数化简法化简下列函数为与或表达式。

（1）$F=(A+B)(\overline{A}+C)(B+C)+A\overline{B}$

（2）$F=\overline{B}+AB+\overline{A}$

（3）$F=\overline{(AB+C)}(A+C)$

（4）$F=\overline{(A+B+C)(A+C)}+BC$

4. 写出下列函数的对偶函数和反演函数。

（1）$F=\left[(AB+C)D+E\right]\overline{B}$

（2）$F=AB+(A+C)(\overline{C}+DE)$

5. 已知函数 F 的对偶函数 $F'=AB+C\overline{D}+\overline{B}C$，写出 F 及 $\overline{F}$ 的代数表达式。

6. 根据函数表达式，画出对应的卡诺图。

（1）$F=\overline{A}\ B\overline{C}+\overline{B}\ \overline{D}$

（2）$F=A\overline{B}\ C\overline{D}+BD+A\overline{C}\cdot\overline{D}$

（3）$F=(\overline{B}+C+\overline{D})(A+\overline{D})$

（4）$F=(A+B+C)(B+\overline{C}+\overline{D})(\overline{A}+\overline{B}+D)$

7. 根据如图 2-26 所示的卡诺图，写出最简与或表达式。

F_1 \ CD AB	00	01	11	10
00	0	0	1	1
01	0	0	1	1
11	1	0	0	1
10	1	0	0	1

a)

F_2 \ CD AB	00	01	11	10
00	1	0	0	1
01	0	0	0	0
11	1	1	0	0
10	1	1	1	1

b)

图 2-26 习题 7 图

8. 写出函数 $F=A\overline{B}+\overline{B}(A+C)$ 的真值表。

9. 用卡诺图化简法化简下列函数，写出最简与或表达式。

(1) $F=\sum m(2,3,6,7,8,10,12,13,14,15)$

(2) $F=AB+\overline{A}\ C+A\overline{B}\ D+\overline{A}\ \overline{B}\ \overline{C}\ D$

(3) $F(A,B,C,D)=\sum m(1,2,6,9,10)+\sum d(5,7,14)$

(4) $F(A,B,C,D)=\prod M(0,1,2,4,6,8,9,10)\cdot D(3,5)$

10. 根据下列表达式画出对应的卡诺图，写出最简与或表达式。

(1) $F=\sum m(0,3,4,6,7,11,14)$

(2) $F=\sum m(1,5,6,12)+d(7,9,15)$

(3) $F=\prod M(0,1,4,5,13)$

(4) $F=\prod M(1,2,4,6,9,11,15)\cdot D(0,3,8,10,12)$

11. 分别用代数法和卡诺图法将下列函数化为最简与或表达式。

(1) $F=A\overline{B}+\overline{A}\ C+\overline{C}\ \overline{D}+D$

(2) $F=(A+\overline{C})(B+D)(B+\overline{D})$

12. 将 $F=A+\overline{B}+CD$ 化为最小项之和的形式。

13. 画出下列函数的卡诺图。

(1) $F=[(A+B)\oplus C](A+\overline{D})$

(2) $F=(A\oplus B)\oplus C+A\overline{C}\cdot\overline{D}$

14. 将 $F=AB+\overline{C}\ D$ 化为最大项之积的形式。

15. 将 $F(A,B,C)=ABC+\overline{B}\cdot\overline{C}+\overline{A}\cdot\overline{B}\ C+BC$ 化为最简或与表达式。

16. 将 $F=AB+CD$ 化为与非形式。

17. 将 $F=\overline{A}\ C+BD$ 化为或非形式。

18. 根据表 2-24 所示的真值表，写出函数 F 的最简与或表达式。

表 2-24　真值表

A	B	C	F
0	0	0	0
0	0	1	1
0	1	0	1
0	1	1	0
1	0	0	1
1	0	1	1
1	1	0	0
1	1	1	0

19. 根据表 2-25 所示的真值表，写出函数 F 的最简与或表达式。

表 2-25　真值表

A	B	C	F
0	0	0	1
0	0	1	d
0	1	0	0
0	1	1	1
1	0	0	d
1	0	1	1
1	1	0	0
1	1	1	d

20. 请画出函数 $F = A\overline{C} + \overline{B}\,C$ 所对应的输入输出波形图。

21. 某电路的输入信号 A、B、C 和输出信号 F 的波形关系如图 2-27 所示,请写出输出 F 的函数表达式,并化简为最简与或表达式。

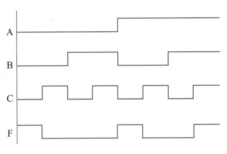

图 2-27　习题 21 图

22. 用卡诺图判断下列函数 F 和 G 的关系。

(1) $F = AB\overline{C} + \overline{A}\,\overline{B}\,C$, $G = A\overline{B} + BC + \overline{A}\overline{C}$

(2) $F = AB + BC + AC$, $G = \overline{A}\,\overline{B} + \overline{B}\,\overline{C} + \overline{A}\overline{C}$

(3) $F = (A\overline{B} + \overline{A}B)\overline{C} + (\overline{AB} + AB)C$, $G = \overline{(AB + BC + AC)}(A + B + C) + ABC$

23. 根据下面的叙述建立真值表。

(1) 设有一个 3 变量逻辑函数 $F(A,B,C)$,当变量组合中出现偶数个 1 时,$F = 1$,否则 $F = 0$。

(2) 设有一个 3 变量逻辑函数 $F(A,B,C)$,当变量取值完全一致时,$F = 1$,否则 $F = 0$。

(3) 设有一个 4 变量逻辑函数 $F(A,B,C,D)$,当变量组合中有奇数个 1 时,$F = 1$,否则 $F = 0$。

24. 用卡诺图化简下列多输出逻辑函数。

(1) $F_1(A,B,C,D) = \sum m(0,2,4,5,7,8,10,13,15)$

(2) $F_2(A,B,C,D) = \sum m(0,2,5,7,8,10)$

(3) $F_3(A,B,C,D) = \sum m(2,4,6,13,15)$

第3章
集成门电路

集成门电路是数字系统的基本单元。在数字系统设计中，合理地选择逻辑门和逻辑器件是非常重要的一步，因此需要了解各种逻辑门和逻辑器件及其特性。本章首先介绍了分立元件门电路的结构和特点，然后介绍了 TTL 和 CMOS 等逻辑门和逻辑器件的结构、工作原理以及特性参数等知识。

由第 2 章中可知，实现基本逻辑运算和常用的复合逻辑运算的电子电路称为逻辑门电路。例如前面已经了解的与门、或门、非门、与非门、或非门、与或非门、异或门和同或门等。逻辑门电路是构成数字电路的基本单元之一。

目前使用的集成门电路有以下两类：一类是用双极型晶体管构成的电路；另一类是 MOS 管构成的集成门电路。

常用的双极型晶体管逻辑电路有以下几类：

1）晶体管-晶体管逻辑（Transistor Transistor Logic，TTL）电路。TTL 电路具有中等开关速度，每级门的传输延迟时间大约为 $3\sim7\,\text{ns}$（$10^{-9}\,\text{s}$），扇出系数（带同类门的个数）一般为 8；电路的功耗较大（$5\sim10\,\text{mW}$）。TTL 电路的性价比较为理想，在数字系统中，TTL 电路得到广泛使用。

2）射极耦合逻辑（Emitter Coupled Logic，ECL）电路。电路特点是速度快，电路速度可达 ns 量级；功耗大；负载能力强；抗干扰能力弱；具有互补输出。

3）双极性晶体管逻辑电路还有高阈值逻辑（High Threshold Logic，HTL）电路和集成注入逻辑（Integrated Injection Logic，I^2L）电路。

4）MOS 逻辑（Metal Oxide Semiconductor Logic，MOSL）电路其按沟道类型来分有 N 沟道和 P 沟道；按工作类型来分有耗尽型和增强型；按栅极材料来分有铝栅和硅栅。而由 N 沟道和 P 沟道电路就组成了 CMOS 电路。

根据集成电路规模的大小，通常将它们分为小规模集成电路（Small Scale Integration，SSI）（含逻辑门数小于 10 门）、中规模集成电路（Medium Scale Integration，MSI）（含逻辑门数 $10\sim99$ 门）、大规模集成电路（Large Scale Integration，LSI）（含逻辑门数 $100\sim9999$ 门）、超大规模集成电路（Very Large Scale Integration，VLSI）（含逻辑门数大于 10000 门）。随着大规模和超大规模集成电路的发展，可编程逻辑器件（ASIC、PLD）的应用越来越广泛。可编程逻辑器件是由厂家提供，只有构成数字逻辑电路的基本单元电路，用户可以根据需要用专门的硬件描述语言将其构成实用的系统电路。

3.1 正逻辑和负逻辑

如果把逻辑电路的输入、输出电压的低电平"L"赋值为逻辑"0"；把高电平"H"赋值为逻辑"1"，这种对应关系就是正逻辑关系。

如果把逻辑电路的输入、输出电压的低电平"L"赋值为逻辑"1"；把高电平"H"赋值为逻辑"0"，这种对应关系就是负逻辑关系。

对于同一电路，可以采用正逻辑，也可以采用负逻辑。正负逻辑的规定不会涉及逻辑电路的结构与性能好坏，但不同的规定可使同一电路具有不同的逻辑功能。

假设有一逻辑门电路，它的两个输入端 A、B 中只要有一个为低电平时，输出 F 就为低电平；当两个输入均为高电平时，输出 F 为高电平。该电路的功能表如表 3-1 所示，如果以正逻辑关系来描述则可得如表 3-2 所示的真值表，根据真值表可写出输出的逻辑表达式为 $F=AB$，电路输出和输入之间为"与"运算。如果按负逻辑关系来描述则可得如表 3-3 的真值表，根据真值表可写出输出的逻辑表达式为 $F=A+B$，电路输出和输入之间为"或"运算。

表 3-1　功能表

A	B	F
L	L	L
L	H	L
H	L	L
H	H	H

表 3-2　正逻辑真值表

A	B	F
0	0	0
0	1	0
1	0	0
1	1	1

表 3-3　负逻辑真值表

A	B	F
1	1	1
1	0	1
0	1	1
0	0	0

从上述可见，同一个逻辑门，在正逻辑下实现的是"与"运算，而在负逻辑下实现的是"或"运算。即正逻辑的与门就是负逻辑下的或门。表 3-4 列出了正负逻辑下对应的门电路类型。注意，本书所采用的都是正逻辑描述。由表 3-4 可知，同一个逻辑电路，正逻辑和负逻辑下的表达式互为对偶式。

表 3-4　正负逻辑所对应的逻辑门

正逻辑	负逻辑
与门	或门
或门	与门
与非门	或非门
或非门	与非门
异或门	同或门
同或门	异或门

3.2　分立元件门电路

门电路是构成逻辑系统的主要产品之一，也是由中大规模集成电路组成的数字系统和微机系统中不可缺少的电路。

3.2.1　与门

图 3-1 所示为一个二输入的二极管与门。二极管具有正向导通、反向截止的特性，因此由图可知，当输入 A、B 均为高电平时，二极管 VD_1 和 VD_2

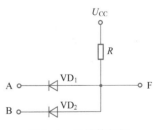

图 3-1　二极管与门

截止，则输出 F 为"1"；当输入 A、B 中至少有一个为低电平时，二极管 VD_1 和 VD_2 中至少有一个是导通的，使输出 F 为"0"。因此，实现了"与"逻辑功能。

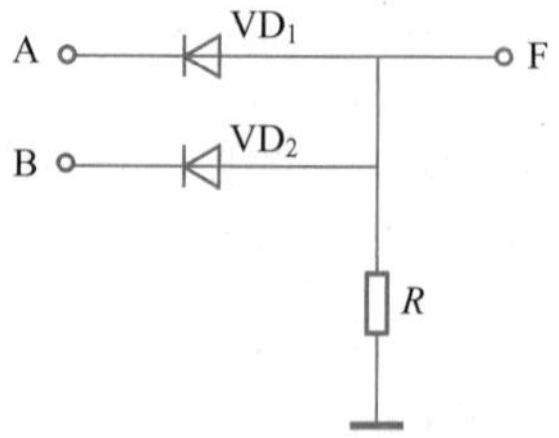

3.2.2　或门

图 3-2 所示为一个二输入的二极管或门。由图可知，当输入 A、B 均为低电平时，VD_1 和 VD_2 截止，则输出 F 为"0"；当输入 A、B 中至少有一个为高电平时，二极管 VD_1 和 VD_2 中至少有一个是导通的，使输出 F 为"1"。因此，实现了"或"逻辑功能。

图 3-2　二极管或门

3.2.3　非门

图 3-3 所示为一个晶体管非门，也称为晶体管反相器。根据晶体管的工作特性，由图可知，当输入 A 为高电平时，晶体管 VT 处于饱和状态（即导通），则输出 F 为"0"；当输入 A 为低电平时，晶体管 VT 处于截止状态，则输出 F 为"1"。因此，实现了"非"逻辑功能。

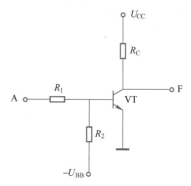

3.3　TTL 逻辑门电路

图 3-3　三极管非门

TTL 门电路是构成逻辑系统的主要产品之一，它是由中大规模集成电流组成的数字系统和微机系统中不可缺少的电路。

3.3.1　TTL 与非门

"与非"门是门电路中最重要的器件之一（由于它具备逻辑完备性）。图 3-4 是典型的"与非"门的电路结构图。

从图 3-4 可见，与非门的"与"功能是由多发射极晶体管 VT_1 来实现的。这里，VT_1 的发射极是"与"输入端，VT_1 的集电极是"与"输出端。若 VT_1 有一个输入为"0"，则电源经 R_1 流过的电流便经过 VT_1 的发射极流向"0"输入端，由于此时 VT_1 的集电极电流为零，所以 VT_1 处于深饱和状态，其集电极为低电平，"与"输出为"0"。若 VT_1 的输入均为"1"，则电源经 R_1 流过的电流便经过 VT_1 的集电极流向 VT_2 的基极，使

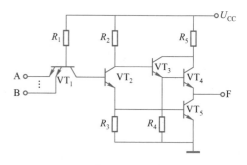

图 3-4　典型 TTL 与非门电路

VT_2、VT_5 导通。此时 VT_1 处于倒置工作状态（$U_{be}<0$，$U_{bc}>0$），"与"输出等效为"1"。

VT_2 为分相极，基极是它的输入，而集电极和发射极是它的两个输出。集电极电压和发射极电压是反相的，但发射极电压是跟随基极电压的。所以 VT_2 的集电极和发射极的逻辑状态是反相的。可见，VT_2 的集电极实现"与非"逻辑，而 VT_2 的发射极实现与逻辑。

VT_3、VT_4 组成射极跟随电路，构成"1"输出级；VT_5（反相器）构成"0"输出级。

这样 VT$_3$、VT$_4$ 和 VT$_5$ 就组成了与非门的推拉输出结构。这两个输出级分别是由分相级的两个输出来驱动的。

当与非门输入有一个或几个为 "0" 时，VT$_2$ 和 "0" 输出级均截止。此时，VT$_2$ 的集电极电压为 U_{CC}，使 VT$_3$、VT$_4$ 组成射极跟随电路导通，从而把 VT$_2$ 集电极的 "与非" 逻辑（此时为 "1"）传送到与非门的输出。由于射极跟随器的输出阻抗很低，因此电路对后级负载有较强的驱动能力（拉电流负载）。

当与非门输入均为 "1" 时，VT$_1$ 反向导通，VT$_2$、VT$_5$ 也都导通，VT$_5$ 处于深饱和状态。而由于此时 VT$_2$ 的集电极电压大约为 1 V 左右，这只能使 VT$_3$ 微通，但 VT$_4$ 是截止的。"0" 输出级的作用为：使分相级的射极输出 "1" 反相，从而实现输出对输入的 "与非" 逻辑；另外就是提高电路的驱动能力（灌电流负载）。

与非门电路的结构保证了电路有较快的开关速度，其主要原因有：

1) 当与非门输入由全 "1" 变为有输入 "0" 时，由于 VT$_1$ 射极突然接 "0"，使 VT$_1$ 处于放大状态，这时有一股较大的电流 $\beta_1 I_{R1}$（这里 β_1 是 VT$_1$ 的共射电流放大倍数，I_{R1} 是流经 VT$_1$ 基极的电流）从 VT$_2$ 基极流向 VT$_1$ 集电极，使 VT$_2$ 基区存储的电荷迅速消散，从而加快了 VT$_2$ 截止的速度。待 VT$_2$ 基区的电荷消散完后，VT$_1$ 集电极电流为零，VT$_1$ 处于深饱和状态。

2) 与非门的 "0" 输出级和 "1" 输出级组成了推拉输出结构。当输入由 "1" 向 "0" 转换时，在 VT$_2$ 截止过程中，VT$_2$ 集电极电压迅速上升，"1" 输出级给尚未脱离饱和的 VT$_5$ 提供较大的集电极电流，使 VT$_5$ 集区的存储电荷迅速消散，从而使 VT$_5$ 很快脱离饱和。此后，大部分的电流都流向与非门的输出负载电容，使输出电压迅速上升。输入由 "0" 向全 "1" 转换时，输出由 "1" 变为 "0"，其负载电容上的电荷是通过低阻的 "0" 输出级 VT$_5$ 来泄放的。这使得输出电压很快降为低电平。

3) 当电路输出由 "0" 向 "1" 转换时，"0" 输出级的基极电阻 R_3 便为 VT$_5$ 基区存储电荷的消散提供了通路，从而加快了 VT$_5$ 的截止。

当 TTL 与非门在不同的输入情况下，VT$_1$～VT$_5$ 的各极电位如表 3-5 和 3-6 所示。其中，U_b 为基极电位，U_c 为集电极电位，U_e 为发射极电位。

表 3-5　输入为 "0" 时 TTL 与非门的工作情况

各极电位	U_b (V)	U_c (V)	U_e (V)	工作状态
VT$_1$	1.0	0.4	0.3	深饱和
VT$_2$	0.4	5.0	0.0	截止
VT$_3$	5.0	4.9	4.3	浅饱和
VT$_4$	4.3	4.9	3.6	放大
VT$_5$	0.0	3.6	0.0	截止

表 3-6　输入为全 "1" 时 TTL 与非门的工作情况

各极电位	U_b (V)	U_c (V)	U_e (V)	工作状态
VT$_1$	2.1	1.4	3.6	倒置
VT$_2$	1.4	1.0	0.7	饱和
VT$_3$	1.0	5.0	0.3	放大
VT$_4$	0.3	5.0	0.3	截止
VT$_5$	0.7	0.3	0.0	深饱和

3.3.2　TTL 逻辑门的外特性

从应用的角度出发，TTL 逻辑门的外特性是很重要的。TTL 逻辑门的主要外部特性参数有输出逻辑电平、开门电平、关门电平、扇入系数、扇出系数、平均延迟时间和空载功耗等。

1. 标称逻辑电平

门电路的逻辑功能是通过指定低电平表示"0"、高电平表示"1"来实现的。这种表示逻辑值"0"和"1"的理想电平值记为 $U(0)$ 和 $U(1)$，称为标称逻辑电平。标称逻辑电平分别为 $U(0)=0\,V$，$U(1)=5\,V$。

2. 开门电平 U_{ON} 和关门电平 U_{OFF}

实际门电路中，低电平或高电平都不可能是标称逻辑电平，而是偏离这一数值的一个范围内。若用 $\Delta U(0)$ 和 $\Delta U(1)$ 分别表示低、高电平的两个允许偏离值，那么低电平在 $U(0)\sim[U(0)+\Delta U(0)]$ 范围时都表示逻辑"0"，高电平在 $U(1)\sim[U(1)-\Delta U(1)]$ 范围时都表示逻辑"1"。此时电路仍能实现正常的逻辑功能。我们把表示逻辑值"0"的最大低电平 U_{OFF}（约 1 V）称为关门电平，把表示逻辑值"1"的最小高电平 U_{ON}（约 1.4 V）称为开门电平。关门电平的大小反映了低电平抗干扰能力，U_{OFF} 越大，在输入低电平时的抗干扰能力就越强。而开门电平的大小反映了高电平抗干扰能力，U_{ON} 越小，在输入高电平时的抗干扰能力越强。

3. 输出高低电平

输出低电平 U_{OL} 是指输入全为高电平时的输出电平。U_{OL} 的典型值是 0.3 V，产品规范值是 $U_{OL}\leq0.4\,V$。输出高电平 U_{OH} 是指输入至少有一个为低电平时的输出电平。U_{OH} 的典型值是 3.6 V，产品规范值是 $U_{OH}\geq2.4\,V$。

4. 输入高电平电流（I_{IH}）和输入低电平电流（I_{IL}）

作为负载的门电路，当某一输入端接高电平时，流入该输入端的电流称为 I_{IH}（74LS 型的约为 20 μA）。即拉出前级门电路输出端的电流。

作为负载的门电路，当某一输入端接低电平时，从该输入端流出的电流称为 I_{IL}（74LS 型的约为 0.4 mA）。即灌入前级门电路输出端的电流。

5. 输出高电平电流（I_{OH}）和输出低电平电流（I_{OL}）

I_{OH}（74LS 型的约为 0.4 mA）是指输出高电平时流出该输出端的电流，它反映了门电路带拉电流负载的能力。

I_{OL}（74LS 型的约为 8 mA）是指输出低电平时，灌入该输出端的电流，它反映了门电路带灌电流的能力。

6. 扇入系数 N_I 和扇出系数 N_O

门电路允许的输入端数目，称为该门电路的扇入系数。一般门电路的扇入系数 N_I 为 1～5，最多不超过 8。实际应用中若要求门电路的输入端数目超过它的扇入系数，可使用"与扩展器"或者"或扩展器"来增加输入端的数目。也可以使用分级实现的方法来减少对门电路输入端数目的要求。若使用中所要求的输入端数比门电路的扇入系数小时，可将多余输入端接 U_{CC}（与门、与非门）或接地（或门、或非门）。

门电路通常只有一个输出端，但它能与下一级的多个输入端连接。一个门的输出端所能连接的下一级门的个数，称为该门电路的扇出系数。TTL 门电路的扇出系数 N_O 一般为 8。但驱动门的扇出系数可达 25。

7. 平均延迟时间 t_{pd}

平均延迟时间是反映门电路工作速度的一个重要参数。以与非门为例，在输入端加一矩形波，则需经过一定的时间延迟才能从输出端得到一个负矩形波。输入和输出之间的关系如图 3-5 所示。若定义输入波形前沿的 50% 到输出波形前沿的 50% 之间的间隔为前沿延迟 t_{pHL}；同样定义 t_{pLH} 为后沿延迟，则它们的平均值就为 $t_{pd} = (t_{pHL} + t_{pLH})/2$，称为平均延迟时间。

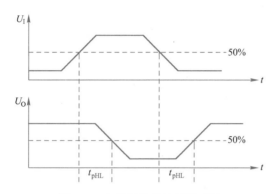

图 3-5　与非门的传输延迟时间

8. 空载功耗 P

空载功耗是当前逻辑门空载时电源总电流 I_{CC} 和电源电压 U_{CC} 的乘积。输出为低电平时的功耗称为空载导通功耗 P_{ON}，输出为高电平时的功耗称为空载截止功耗 P_{OFF}。P_{ON} 总是比 P_{OFF} 大的。平均功耗 $P = (P_{ON} + P_{OFF})/2$。一般 $P < 50\,\text{mW}$。

9. TTL 逻辑门的封装和管脚排列

图 3-6 给出了 TTL 与非门 74LS00、74LS30 的引脚排列图。它们都是 14 引脚，双列直插式，以集成块左边缺口为标记，14 引脚接 U_{CC}，7 号引脚接地，其余的引脚作为门电路的输入或输出。

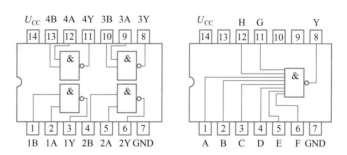

图 3-6　两种 TTL 与非门的引脚排列图

3.3.3　集电极开路输出门（OC 门）

下面以两个分立元件反相器（非门）为例来看逻辑门输出端直接相连的情况。图 3-7 为两个反相器输出端的连接，由图可见，当输入信号 A 或 B 处于逻辑高电平时，输出 F 为逻辑低电平。只有在 A 和 B 同时为逻辑低电平时，输出 F 才为逻辑高电平。由此可得到输出与输入的逻辑关系为 $F = F_1 \cdot F_2 = \overline{A} \cdot \overline{B}$。

而使用推拉输出结构的逻辑门时，是不能将两个门的输出端直接连在一起的，否则会将逻辑门损坏。这是因为推拉输出结构无论门电路是处于开态或关态，输出都呈现低阻抗，这将会有一个很大的电流流过两个门的输出级，这个电流大大超过了晶体管的允许值，而会使芯片烧坏。但 OC 门（Open Collector Gate）就可将多个门的输出相互连接组成"线与"电路。

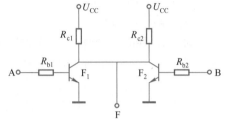

图 3-7　分立元件非门的线与

图 3-8a、b 分别给出了集电极开路与非门的电路结构图和逻辑符号，逻辑符号中的菱形 ◇ 表示输出开路，下端横杠表示输出低电平时为低阻抗。下面给出 OC 门使用时需注意的问题和它的特点。

1）OC 门必须外接上拉电阻 R_L 才能正常工作。

2）多个 OC 门的输出可连接在一起构成"线与"逻辑，如图 3-9 所示。

3）若改变上拉电阻连接的电源可实现电平转换。

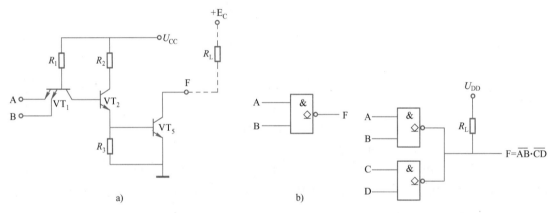

图 3-8　集电极开路与非门的电路结构和逻辑符号　　图 3-9　用 OC 门实现"线与"

图 3-9 是将两个 OC 结构与非门输出并联（线与）的例子，只要上拉电阻 R_L 和电源的数值选择恰当，就能够保证输出的高、低电平符合要求，而且流经输出晶体管的负载电流又不过大。由图可知 $F = \overline{AB} \cdot \overline{CD} = \overline{AB + CD}$，这表明两个 OC 结构的与非门线与连接就可得到与或非的逻辑功能。

下面讨论 OC 门外接上拉电阻 R_L 的计算方法。在图 3-10a 中，假设将 n 个 OC 门的输出线与连接，其负载是 m 个 TTL 与非门的输入端。

当所有的 OC 门输入都为低电平时，输出为高电平。为了保证输出高电平不低于规定的 U_{OH} 值，R_L 的选值应满足下式

$$U_{CC} - (nI_{OH} + mI_{IH})R_L \geqslant U_{OH}$$

所以

$$R_{Lmax} \leqslant \frac{U_{CC} - U_{OH}}{nI_{OH} + mI_{IH}} \tag{3-1}$$

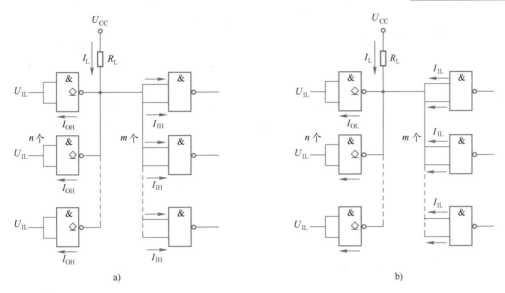

图 3-10　上拉电阻的计算

式中 U_{CC} 是外接电源电压，I_{OH} 是每个 OC 门输出高电平电流，I_{IH} 是负载门每个输入端的输入高电平电流。这在逻辑门的参数中作过介绍。

在图 3-10b 中，OC 门中只有一个输入为高电平时，输出为低电平。这时负载电流全部都流入导通的那个 OC 门。为了保证输出低电平不高于规定的 U_{OL} 值，R_L 的选值应满足下式：

$$\frac{U_{CC}-U_{OL}}{R_L}+mI_{IL}\leqslant I_{OL}$$

所以
$$R_{Lmin}\geqslant\frac{U_{CC}-U_{OL}}{I_{OL}-mI_{IL}} \tag{3-2}$$

式中 I_{IL} 是输入低电平电流，I_{OL} 是输出低电平电流。这些都在逻辑门的参数中作过介绍。

最后选定的 R_L 值应介于 R_{Lmax} 和 R_{Lmin} 之间。

3.3.4　三态输出门（TS 门）

三态输出门简称三态门（Three State Gate）、TS 门。它有三种输出状态：输出高电平、输出低电平和输出高阻态。前两种状态为工作态时的输出。而后一种状态表示该门处于禁止状态，在禁止状态下，其输出高阻态相当于开路，表示此时该门电路与其他电路的传送无关。

图 3-11a、b 分别给出了一个三态与非门的电路结构和逻辑符号。逻辑符号中的三态控制端 $\overline{EN}$ 表示 $\overline{EN}=0$ 时该与非门处于工作态，$\overline{EN}=1$ 时该与非门处于高阻态。若三态控制端写成 EN，则表示 EN=1 时该与非门处于工作态，EN=0 时该与非门处于高阻态。

三态门主要用于总线传输，这既可用于单向传送，也可用于双向传送。图 3-12a 为用三态门构成的单向数据总线；图 3-12b 为用三态门构成的双向数据传送。需要注意的是在三态门构成的数据总线中，任一时刻只允许一个门处于工作态，其余的门必须处于高阻态。这样才能保证 n 个数据的分时传送。

多路数据通过三态门共享总线，实现数据分时传送的方法，在计算机和数字系统中被广泛使用。

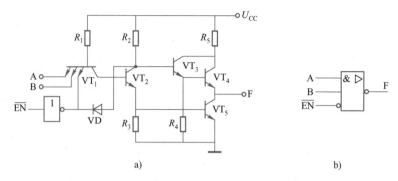

图 3-11　三态输出与非门电路结构图和逻辑符号

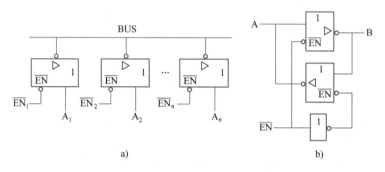

图 3-12　用三态门构成数据总线

3.4　CMOS 集成逻辑门电路

以 MOS 管作为开关元件的门电路称为 MOS 门电路。由于 MOS 门电路具有制造工艺简单、集成度高、功耗小、抗干扰能力强等优点，所以在数字集成电路产品中占有相当大的比例。与 TTL 门电路相比，MOS 门电路的主要缺点是工作速度低。

MOS 门电路有三种类型：使用 P 沟道管的 PMOS 电路；使用 N 沟道管的 NMOS 电路；用 P 沟道管和 N 沟道管组合而成的 CMOS 电路。当前，CMOS 逻辑门是应用较广泛的逻辑电路之一。本节仅对 CMOS 电路进行讨论。

3.4.1　CMOS 反相器（非门）

图 3-13 为由一个 N 沟道增强型 MOS 管和一个 P 沟道增强型 MOS 管构成的 CMOS 反相器。两管的栅极连接起来作为输入端，两管的漏极连接起来作为输出。N 沟道管的源极接地，P 沟道管的源极接电源 U_{DD}。

由图可见，若输入电压 $U_i < U_{TN}$（U_{TN} 为 N 沟道管的开启电压，约为+2 V）则 VT_1 截止，VT_2 导通，输出 $U_o = V_{DD} =$ "1"。若 $U_I > U_{DD} - |U_{TP}|$（U_{TP} 为 P 沟道管的开启电压，约为-2 V）则 VT_1 导通，VT_2 截止，输出 $U_o = 0V =$ "0"。因此实现了"非"的逻辑功能。

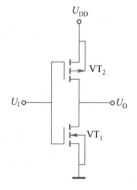

图 3-13　CMOS 反相器电路

3.4.2　CMOS 与非门

图 3-14 是一个两输入端的 CMOS 与非门电路，它由两个并行连接的 PMOS 管和两个串行连接的 NMOS 管构成。两个输入端均分别由一个 PMOS 和一个 NMOS 的栅极相连而得。当输入 A、B 中至少有一个为"0"时，对应的 NMOS 管中至少有一个是截止的，PMOS 管中至少有一个是导通的，输出 F = "1"；当输入 A、B 均为高电平时，NMOS 管都导通，而 PMOS 管均截止，输出 F = "0"。故该电路实现了"与非"逻辑功能。

3.4.3　CMOS 或非门

图 3-15 是一个两输入端的 CMOS 或非门电路，它由两个并联的 NMOS 管和两个串联的 PMOS 管构成。两个输入端均分别由一个 PMOS 和一个 NMOS 的栅极相连而得。当输入 A、B 中至少有一个为"1"时，则对应的 NMOS 管中必有一个是导通的，PMOS 管中至少有一个是截止的，使 F = "0"；当输入 A、B 均为"0"时，NMOS 管均截止，PMOS 管均导通，使 F = "1"。故该电路实现了"或非"功能。

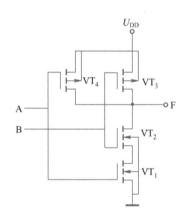

图 3-14　CMOS 与非门电路

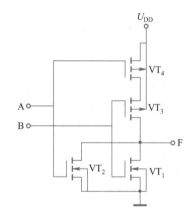

图 3-15　CMOS 或非门电路

3.4.4　CMOS 三态非门

图 3-16 是一个低电平使能控制的三态非门电路，该电路实际就是在 CMOS 非门的基础上增加了一个反相器、一个 NMOS 管和一个 PMOS 管构成的。当使能控制端 $\overline{\text{EN}}$ = 0 时，VT_1 和 VT_4 同时导通，非门正常工作，实现 F = $\overline{A}$ 的功能；当使能控制端 $\overline{\text{EN}}$ = 1 时，VT_1 和 VT_4 均截止，使输出呈高阻状态。

3.4.5　CMOS 漏极开路输出门（OD 门）

图 3-17a、b 是漏极开路输出的与非门的电路结构和逻辑符号，和 OC 门一样，工作时也必须外接上拉电阻，电路才能工作，同样 OD 门也可实现"线与"，通过改变上拉电阻所接的电源也可实现电平转换。图 3-18 是两个 OD 门实现

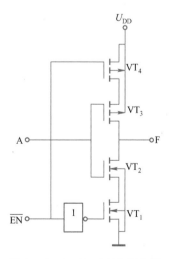

图 3-16　CMOS 三态非门电路

"线与"连接的电路图。

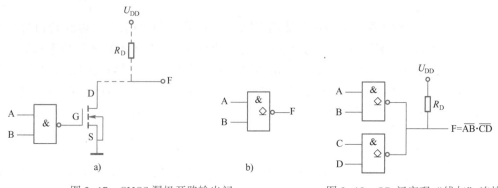

图 3-17　CMOS 漏极开路输出门　　　　　　图 3-18　OD 门实现"线与"连接

3.4.6　CMOS 传输门

图 3-19a 是一个 CMOS 传输门的电路图，它由一个 NMOS 管和一个 PMOS 管并接而成，其逻辑符号如图 3-19b 所示。

图中，两管的源极连接在一起作为传输门的输入端，漏极连接在一起作为输出端。NMOS 管的衬底接地，PMOS 管的衬底接电源，两管的栅极分别与一对互补的控制信号 C 和 $\overline{C}$ 相连。由于 MOS 管的结构是对称的，所以信号可以双向传输。传输门实际是一种可以传送模拟信号和数字信号的压控开关。

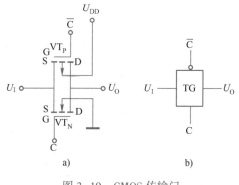

图 3-19　CMOS 传输门

当 C = "1"，$\overline{C}$ = "0" 时，若输入信号 U_I 在 0 V ~ U_{DD} 范围内变化，则两管中至少有一个是导通的，输入和输出之间呈低阻状态，相当于开关接通，输入信号可通过传输门到达截止端。

当 C = "0"，$\overline{C}$ = "1" 时，输入信号 U_I 在 0 V ~ U_{DD} 范围内变化，由于两管始终处于截止状态，输入和输出之间是截止的。

传输门导通时，其导通内阻只有几百欧；截止时，其关断电阻在 10^9 Ω 以上。

3.5　TTL 和 CMOS 之间的接口电路

一般情况下人们在安装集成电路装置时，最好是用同一极性的集成电路，即全用 TTL 型或者全用 CMOS 型。这样在前级与后级连接时由于是同一极性的集成电路，所以输入、输出的高低电平数值也相同，连接起来就很方便。但是有时因电路需要，一个装置中既有 CMOS 型的集成电路，又有 TTL 型的集成电路，因此在互相连接时就不能直接把前级的输出端接在后级的输入端上，必须要采取一定措施，才能使 TTL 型与 CMOS 型的集成电路正确连接，否则就会使电路工作异常，甚至烧坏集成电路。

3.5.1　用 TTL 门驱动 CMOS 门

当 TTL 和 CMOS 都采用 5 V 电源电压时，可以把 TTL 的输出端直接接到 CMOS 的输入端，因为此时 TTL 的扇出系数是足够大的。当 U_{CC} 和 U_{DD} 不相等时，则可采用图 3-20 的处理方法。处于接口处的 TTL 门可以采用 OC 门，利用外接上拉电阻 R_L，使输出 F0 的高电平提升至 U_{DD} 的值，便可驱动后级的 CMOS 电路。当然也可采用专用的 TTL 至 CMOS 电平转移接口电路，比如 MC14504。

3.5.2　用 CMOS 门驱动 TTL 门

同样当 TTL 和 CMOS 采用同样的 5 V 电源电压时，可以将 CMOS 的输出端直接接到 TTL 的输入端，当然此时还要考虑驱动能力，一般 CMOS 可以驱动 10 个 LSTTL 门，但只能驱动 2 个 STTL 门。图 3-21 是 CMOS 门驱动 TTL 门的情况，图中采用了专门的反相缓冲器 MC14049，由于它内部加大了末级输出电流，故可以更可靠地完成驱动任务。

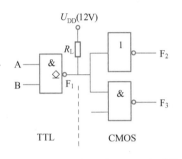

图 3-20　TTL 电路驱动 CMOS 电路接口

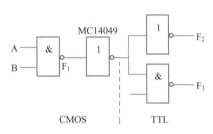

图 3-21　CMOS 电路驱动 TTL 电路接口

3.6　本章小结

本章学习了正逻辑和负逻辑的概念，介绍了数字电路中常用的各种门电路是如何用晶体管或者场效应管设计和实现的，给出了逻辑门的外特性以及在实际工程使用时需要注意的问题。

具体关键知识点梳理如下：

1）正逻辑和负逻辑的概念以及同一个电路在不同逻辑假设条件下对应的逻辑函数表达式之间的关系。

2）TTL 逻辑门电路的常见输出形式有三种：推拉输出、集电极开路输出（OC）和三态输出（TS），不同的输出形式在工程应用中需要注意的问题不同。

3）与 TTL 逻辑门类似，CMOS 逻辑门电路的常见输出形式也有三种：推拉输出、漏极开路输出（OD）和三态门（TS）。

3.7　习题

1. TTL 与非门的主要性能参数有哪些？

2. 在 TTL 电路中，"推拉"输出、"集电极开路"输出（OC 输出）和"三态"输出（TS 输出）有何不同？各有何主要应用？

3. 有两个型号相同的 TTL 与非门，测得门 A 的关门电平为 1.1 V，开门电平为 1.3 V；门 B 的关门电平为 0.9 V，开门电平为 1.7 V，试问在输入相同低电平时，哪个门抗干扰能力强？在输入相同高电平时，哪个门抗干扰能力强？

4. TTL 与非门的多余输入端悬空时，该端逻辑上等效为什么电平？多余输入端应怎么处理？

5. 多个推拉输出结构的 TTL 门的输出端为什么不能直接连在一起使用？OC 门为什么可以"线与"连接？

6. 用 OC 与非门实现逻辑函数 $F = \overline{AC + BD + \overline{AB}}$。

7. 试写出图 3-22 所示电路输出信号的逻辑函数表达式。

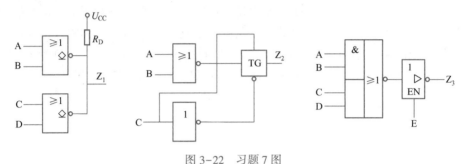

图 3-22　习题 7 图

8. 门电路如图 3-23 所示，试根据输入波形画出输出波形。

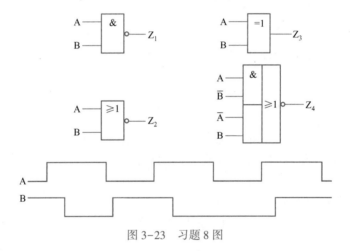

图 3-23　习题 8 图

9. 门电路如图 3-24 所示，试根据输入波形画出输出波形。

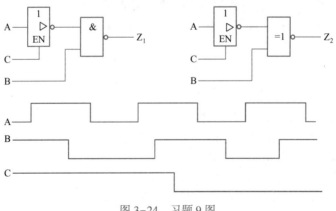

图 3-24　习题 9 图

10. TTL 三态门电路如图 3-25 所示，试根据输入波形画出输出波形。

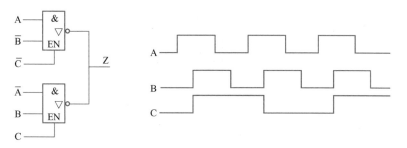

图 3-25　习题 10 图

11. 利用正负逻辑的置换关系，写出图 3-26 中输出端的负逻辑函数表达式。

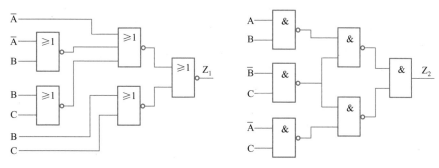

图 3-26　习题 11 图

12. 试分析图 3-27 所示电路，哪些能正常工作，哪些不能。写出能正常工作的电路输出端的逻辑函数表达式。

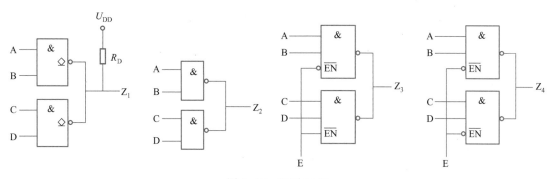

图 3-27　习题 12 图

13. 门电路如图 3-28 所示电路，试根据输入波形画出输出 Z_1 和 Z_2 的波形。

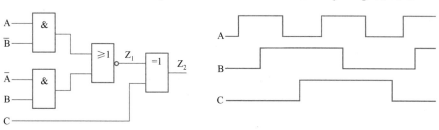

图 3-28　习题 13 图

14. 试计算图 3-29 所示 TTL 非门组成的环形振荡器的振荡频率，每个门的平均传输延迟时间 $t_{pd} = 10\,\text{ns}$。

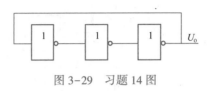

图 3-29　习题 14 图

15. TTL 门电路如图 3-30 所示，试分析哪些电路可实现 $Z = \overline{A}$ 的功能。

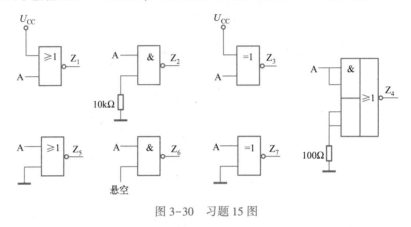

图 3-30　习题 15 图

第4章
组合逻辑电路

基于第 2 章和第 3 章的学习我们知道，逻辑代数中的变量称为逻辑变量。逻辑变量作为输入与输出的数字分析系统，称为数字逻辑电路。根据电路的输出对输入依赖关系的即时性，数字系统中的逻辑电路可分为组合逻辑电路和时序逻辑电路。如果逻辑电路的输出仅取决于输入变量的即时值，而与输入的历史无关，则称为组合逻辑电路；否则，称为时序逻辑电路。本章首先介绍组合逻辑电路分析与设计的基本步骤；然后对各种常见的中、大规模组合逻辑电路的工作原理及其分析、设计方法进行详细阐述，主要包括编码器、译码器、数据选择器和数据分配器等。目前，组合逻辑电路主要通过集成电路来实现，因此，将有少数实例涉及应用集成电路芯片。最后，将介绍组合电路的竞争和冒险现象，以及险态等相关问题。本章在讨论一般组合逻辑电路分析和设计的基础上，还对各种常见的中、大规模组合逻辑电路模块的功能及应用进行了介绍。

4.1　组合逻辑电路的基本概念

组合逻辑电路是数字电路中最简单的一类逻辑电路，其基本特点是结构上无反馈、功能上无记忆，电路在任何时刻的输出都由该时刻的输入信号完全确定。

如图 4-1 所示，为组合逻辑电路的通用结构示意框图。组合逻辑电路通常包含 n 个输入变量（记为 X_0、X_1、$\cdots$、X_{n-1}）和 m 个输出变量（记为 F_0、F_1、$\cdots$、F_{m-1}）。该电路任意时刻的输出，只取决于当前输入变量的取值，这样的逻辑电路就称为组合逻辑电路，简称为组合电路。输出变量和输入变量之间的逻辑关系一般表示为：

$$F_0 = f_0(X_0, X_1, \cdots, X_{n-1})$$
$$F_1 = f_1(X_0, X_1, \cdots, X_{n-1})$$
$$\vdots$$
$$F_{m-1} = f_{m-1}(X_0, X_1, \cdots, X_{n-1})$$

图 4-1　组合逻辑电路示意框图

从电路结构来看，组合电路具有以下两个特点：

1）电路由逻辑门电路组成，不包含任何记忆元件，没有记忆能力。

2）输入信号是单向传输的，电路中不存在任何反馈电路。

在组合逻辑电路的实际使用中，有两个方面的问题被广泛关注：一个是组合逻辑电路的分析，另一个是组合逻辑电路的设计与综合。对于一个已知的逻辑电路，应用逻辑函数来描述它的工作、研究它的工作特性和逻辑功能，称为分析。根据逻辑要求或者描述逻辑功能的函数，确定用什么逻辑电路来实现其功能，称为设计。显然，分析和设计是两个相反的过程。要解决这两个方面的问题，必须把基本门电路和逻辑代数的知识紧密地联系起来。

组合电路的应用十分广泛。它不但能独立完成各种功能复杂的逻辑操作，而且也是时序逻辑电路的重要组成部分。因此，它在逻辑电路中占有相当重要的地位。一些常用的组合逻辑电路，如加法器、比较器、编码器、译码器、数据选择器和数据分配器等，有现成的模块，并不需要用逻辑门来设计。

本章的另一个内容就是介绍各种常用的中规模组合逻辑电路（MSI）及其实现原理和应用方法。

实现组合逻辑功能的基本单元是逻辑门，故而本章也将从基本逻辑门组成的组合逻辑电路出发，讨论组合逻辑电路的分析与设计的方法。随着学习的深入，也会进一步剖析组合逻辑电路在实际应用中遇到的竞争、险象等问题。

4.2 组合逻辑电路的分析

本节主要讨论组合逻辑电路的分析方法。虽然目前中、大规模集成电路发展较快，人们也不再单纯地使用门电路来组成复杂的数字系统，但是门电路是构成中、大规模集成电路的基础，而且门电路作为一种基本的逻辑元件，仍是各种数字系统不可缺少的组成部分。因此，详细讨论由门电路构成的组合逻辑电路仍然很有必要。

4.2.1 组合电路分析方法

组合逻辑电路分析的根本目的，就是通过分析推导出给定电路输入与输出变量之间的逻辑关系，进而确定电路的逻辑功能。

组合逻辑电路由基本逻辑门构成，根据其没有反馈路径和存储单元的电路特点，从输入端出发，逐级分析每个点的逻辑运算，写出逻辑表达式，并不困难。其分析过程通常包含以下几个步骤：

1）根据指定的逻辑图，写出输出函数逻辑表达式。

2）根据推导出的逻辑表达式，列出真值表。

3）根据逻辑表达式或真值表，推断电路的逻辑功能。

值得注意的是，在步骤1）中，根据指定电路写出的逻辑表达式通常不是最简形式，为了便于分析，要对逻辑函数进行化简。

以上是组合逻辑电路的一般分析步骤。在实际工作中，针对复杂电路的分析还需借助分析者的实际工作经验。因此，只有多实践，分析起来才能得心应手。

4.2.2 组合电路分析示例

【例4-1】试分析图4-2所示电路。

该电路是由4个与非门构成的三级门电路结构。组合逻辑电路中的"级"数，是指从某一输入信号发生变化，到引起输出也发生变化，而经历的逻辑门的最大数目。图4-2中，第1个与非门是第1级，并列的2个与非门是第2级，最后的1个与非门是第3级，该电路具体分析如下。

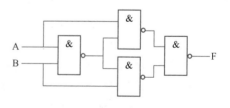

图4-2 例4-1的逻辑电路

解：

1）该电路有两个输入变量A、B和一个输出变量F。F的逻辑表达式为

$$F = \overline{\overline{AB} \cdot A} \cdot \overline{\overline{AB} \cdot B}$$

进一步化简，可得

$$F = \overline{\overline{AB} \cdot A} + \overline{\overline{AB} \cdot B} = (\overline{A} + \overline{B})A + (\overline{A} + \overline{B})B = A\overline{B} + \overline{A}B = A \oplus B$$

2）根据 F 的表达式，列出其真值表，如表 4-1 所示。

表 4-1　例 4-1 真值表

A	B	F
0	0	0
0	1	1
1	0	1
1	1	0

3）由化简后的表达式和其真值表可知，该电路能实现异或门的功能。

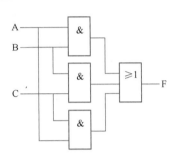

图 4-3　例 4-2 的逻辑电路

【例 4-2】试分析图 4-3 所示电路。

解：

1）写出输出函数的逻辑表达式。电路有三个输入变量 A、B、C 和一个输出变量 F。F 逻辑表达式为

$$F = AB + BC + AC$$

2）根据 F 表达式，列出其真值表，见表 4-2。

表 4-2　例 4-2 真值表

A	B	C	F
0	0	0	0
0	0	1	0
0	1	0	0
0	1	1	1
1	0	0	0
1	0	1	1
1	1	0	1
1	1	1	1

3）分析逻辑功能。由真值表可知，三个输入变量中，只要有两个或两个以上的输入变量为 1，则输出 F=1，否则 F=0。可见电路的功能实质上是对"多数"作判决。如果将 A、B、C 分别看作是三个人对某一个提案的表决，"1"表示赞成，"0"表示反对；将函数 F 看作是对该提案的表决结果，"1"表示该提案获得通过，"0"表示该提案未获得通过，则该电路实现了"表决"功能。所以，该电路称为"多数表决电路"。

【例 4-3】试分析图 4-4 所示电路。

解：

1）电路有三个输入变量 A、B、C 和一

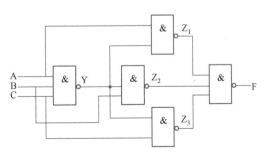

图 4-4　例 4-3 的逻辑电路

个输出变量 F。F 的逻辑表达式为

$$F = \overline{Z_1 Z_2 Z_3}$$

$$= \overline{\overline{AY} \cdot \overline{BY} \cdot \overline{CY}}$$

$$= \overline{\overline{A \cdot \overline{ABC}} \cdot \overline{B \cdot \overline{ABC}} \cdot \overline{C \cdot \overline{ABC}}}$$

为了便于分析，利用摩根定律先将 F 展成最小项表达式

$$F = A \cdot \overline{ABC} + B \cdot \overline{ABC} + C \cdot \overline{ABC}$$

$$= \overline{ABC}(A+B+C)$$

$$= \overline{ABC} \cdot \overline{\overline{A} \cdot \overline{B} \cdot \overline{C}}$$

2）再根据最小项表达式列出真值表（见表 4-3）。

表 4-3 例 4-3 真值表

A	B	C	F
0	0	0	0
0	0	1	1
0	1	0	1
0	1	1	1
1	0	0	1
1	0	1	1
1	1	0	1
1	1	1	0

3）由真值表可看出，ABC = 000 或 ABC = 111 时，F = 0；而 A、B、C 取值不全相同时，F = 1。故这种电路称为"不一致"电路。

注意：分析组合逻辑电路的目的是确定它的逻辑功能。而一个组合逻辑电路的逻辑功能可以用多种形式来描述，如逻辑函数表达式、真值表、时序图和文字叙述等。其中，用真值表反映逻辑功能最直观、最全面。所以，组合逻辑电路分析的最后一步在没有特殊要求的情况下通常要列出真值表。

【例 4-4】已知图 4-5a 电路的输出 F = (A+B)(B+C)，图 4-5b 是该电路的真值表，但经安装后，测量的结果是 F′，试诊断其故障。

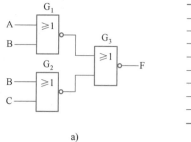

图 4-5 例 4-4 电路的故障分析

a) 例 4-4 电路原理图　b) 例 4-4 电路对应真值表

解：

由真值表可见，测得的 F′有 0 有 1，故可判断门 G_3 输出端是无故障的。

当输入 ABC 为 001 时，F′为 1，而不是 F 应得到的 0，说明电路存在故障，从输出反推，因 F′=1 说明门 G_3 的两个输入均为 0；但从输入看，门 G_2 的输出是 0，而门 G_1 的输出应为 1。所以，可以认为是门 G_1~G_3 的连线可能发生了短路到地的故障。

4.3　组合逻辑电路的设计

组合逻辑电路设计是将指定的功能需求用逻辑函数进行抽象，再用具体的逻辑器件和电路实现的过程。同时，根据工业和实际的设计要求，尽可能优化该电路。逻辑电路设计是分析的逆过程，其基本要求是功能正确，所用元件最少。本章的最后将会对电路设计的优化问题进行专门讨论和分析。

4.3.1　组合电路设计方法

组合电路的逻辑功能可以采用硬件逻辑方式来实现，如基本逻辑门、中规模集成组件或专用集成电路 ASIC 等数字器件；也可采用程序逻辑方式，即用某一种硬件编程语言，使用计算机实现其逻辑功能。同时，设计的方法灵活多样，针对同一个问题，不同的设计者、不同的设计步骤、不同的元器件，设计结果也不相同，但最终得到的逻辑功能一定是相同的。

基于逻辑门设计组合逻辑电路，一般需要经过以下几个步骤。

1. 逻辑抽象

1）分析设计要求，推断输入、输出之间的逻辑关系。

2）用英文字母表示输入和输出变量。

3）状态赋值，即用 0 和 1 表示输入和输出的相关状态。

4）根据功能要求列出待设计电路的真值表。

2. 化简

用卡诺图法或公式法进行化简。

3. 画逻辑电路

1）根据要求使用的门电路类型，将输出函数表达式转化成与之适应的形式。

2）根据最后得到的函数表达式画出逻辑电路图。

4.3.2　组合电路的设计示例

这里以基本逻辑门构成的组合逻辑电路的设计为例，以实际设计中常遇到的几类典型问题为样本，通过实践不断领悟组合逻辑电路设计的核心思想。

1. 基本逻辑电路的设计示例

下面通过几个具体实例，介绍基本逻辑电路的设计方法。

【例 4-5】试设计一个组合电路，其输出为 8421BCD 码。当输入对应的十进制数 3≤X≤6 时，电路有指示。分别用与非门和或非门实现，允许有反变量输入。

解：

设 8421BCD 码输入变量为 A、B、C、D，其中 A 为最高有效位。设输出指示变量为 F，且规定 3≤X≤6 时 F=1，否则 F=0。根据题意，可列出该电路的真值表（见表 4-4）。

表 4-4 例 4-5 的真值表

A	B	C	D	F	A	B	C	D	F
0	0	0	0	0	1	0	0	0	0
0	0	0	1	0	1	0	0	1	0
0	0	1	0	0	1	0	1	0	d
0	0	1	1	1	1	0	1	1	d
0	1	0	0	1	1	1	0	0	d
0	1	0	1	1	1	1	0	1	d
0	1	1	0	1	1	1	1	0	d
0	1	1	1	0	1	1	1	1	d

　　F 的卡诺图如图 4-6 所示。由于用"与非"门实现需圈"1",而用"或非"门实现需圈"0"。故用两个卡诺图给出示范。求出最简与或式和最简或与式后,可以用摩根定律将其变换为"与非-与非"式和"或非-或非"式,然后就可以实现用相应的逻辑门来实现。

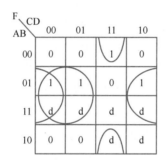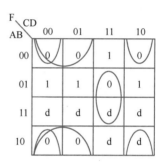

图 4-6　例 4-5 的卡诺图

　　从图 4-6 可读出最简与或表达式为 $F=\overline{B}CD+B\overline{C}+B\overline{D}$,利用摩根定律对其变换,得

$$F=\overline{\overline{\overline{B}CD+B\overline{C}+B\overline{D}}}=\overline{\overline{B}CD}\cdot\overline{B\overline{C}}\cdot\overline{B\overline{D}}$$

由此得到用与非门实现的电路,如图 4-7 所示。

　　从图 4-6 可读出的最简或与表达式为 $F=(B+D)(B+C)(\overline{B}+\overline{C}+\overline{D})$,利用摩根定律对其变换,得:

$$F=\overline{\overline{(B+D)(B+C)(\overline{B}+\overline{C}+\overline{D})}}=\overline{\overline{(B+D)}\cdot\overline{(B+C)}\cdot\overline{(\overline{B}+\overline{C}+\overline{D})}}$$

由此得到用或非门实现的电路,如图 4-8 所示。

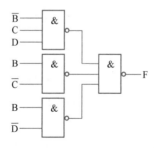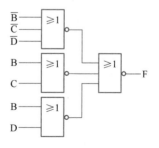

图 4-7　用与非门实现　　　　　　　图 4-8　用或非门实现

【例 4-6】 某多功能逻辑运算电路的功能表如表 4-5 所示。该电路具有功能选择开关 K_1、K_0,两个输入变量 A、B,一个输出变量 F,在 K_1、K_0 的控制下按表 4-5 所示功能进行逻辑运算。试用逻辑门设计该电路。

表 4-5　例 4-6 的功能表

K_1	K_0	F
0	0	A+B
0	1	AB
1	0	A⊕B
1	1	$\overline{AB}$

解:

根据功能表(表 4-5),可得对应的真值表,如表 4-6 所示。

表 4-6　例 4-6 的真值表

K_1	K_0	A	B	F
0	0	0	0	0
0	0	0	1	1
0	0	1	0	1
0	0	1	1	1
0	1	0	0	0
0	1	0	1	0
0	1	1	0	0
0	1	1	1	1
1	0	0	0	0
1	0	0	1	1
1	0	1	0	1
1	0	1	1	0
1	1	0	0	1
1	1	0	1	1
1	1	1	0	1
1	1	1	1	0

根据真值表得到的卡诺图,如图 4-9 所示。

经化简后可得

$$F = \overline{K_0}\,\overline{A}B + \overline{K_1}AB + \overline{K_0}A\overline{B} + K_1A\overline{B} + K_1K_0\overline{A}$$

据此可得如图 4-10 所示的电路图。

2. 多输出逻辑电路设计实例

下面通过几个具体实例,介绍多输出逻辑电路的设计方法。

【例 4-7】 某飞机有三台发动机,当其中任何一台运转时,用一盏绿灯 G 点亮来指示。当其中任意两台同时运转时,用一盏红灯 R 点亮来指示。当三台同时运转时,用红、绿灯均点亮来指示。试设计一个组合电路来实现其功能,要求用最少的逻辑门。

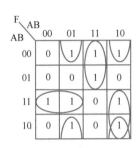

图 4-9　例 4-6 的卡诺图

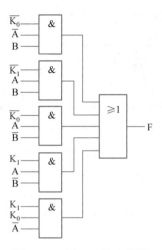

图 4-10　例 4-6 的电路图

解：

设用 A、B、C 表示三台发动机，当发动机运转时用"1"表示，不运转时用"0"表示。灯亮用"1"表示，灯灭用"0"表示。由此列出电路的真值表（见表 4-7）。

表 4-7　例 4-7 的真值表

A	B	C	G	R
0	0	0	0	0
0	0	1	1	0
0	1	0	1	0
0	1	1	0	1
1	0	0	1	0
1	0	1	0	1
1	1	0	0	1
1	1	1	1	1

G 和 R 的卡诺图如图 4-11 所示。由于需用最少的门实现，同时该逻辑需求是多输出函数 G 和 R，故应用第 2 章讲到的"多输出逻辑函数的化简"方法，充分利用各函数直接可共享的部分（公共项）。具体化简和操作如下。

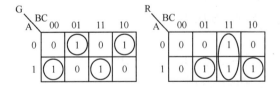

图 4-11　例 4-7 的卡诺图

从图 4-11 可读出 G、R 为

$$G = \overline{A}\,\overline{B}C + \overline{A}B\overline{C} + A\overline{B}\,\overline{C} + ABC = \overline{A}(B \oplus C) + A(\overline{B \oplus C}) = A \oplus B \oplus C$$

$$R = BC + A\overline{B}C + AB\overline{C} = BC + A(B \oplus C)$$

由此得到的电路图，如图 4-12 所示。

【例 4-8】有一个操作码生成器，如图 4-13 所示。当按下+，-，×三个操作键时，分别产生加法操作码 01、减法操作码 10 和乘法操作码 11。试设计一个组合电路来实现其电路功能，要求用最少逻辑门。

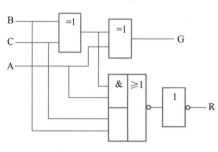

图 4-12　例 4-7 的电路图

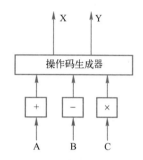

图 4-13　操作码生成器框图

解：

首先根据题意，将三个输入键 "+，-，×" 对应的三个变量分别用 A，B，C 来表示，输出对应操作码的输出函数分别用 X 和 Y 表示。当按下某一按键时，相应输入变量的取值为 1，否则取值为 0。X，Y 分别对应 01、10 和 11 的高位与低位。在正常操作下，每次只允许按下一个键，不允许同时按两个或两个以上的按键。因此 A，B，C 三个变量中同时有两个或两个以上取值为 1 的情况，就作为随意项处理。由此列出电路真值表，如表 4-8 所示。

表 4-8　例 4-8 的真值表

A	B	C	X	Y
0	0	0	0	0
0	0	1	1	1
0	1	0	1	0
0	1	1	d	d
1	0	0	0	1
1	0	1	d	d
1	1	0	d	d
1	1	1	d	d

其次，由真值表写出函数表达式

$$X = \sum m(1,2) + \sum d(3,5,6,7)$$

$$Y = \sum m(1,4) + \sum d(3,5,6,7)$$

则卡诺图如图 4-14 所示。

由卡诺图化简得

$$X = B + C$$

$$Y = A + C$$

所以，用 "或" 门来实现，则电路图如图 4-15 所示。

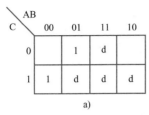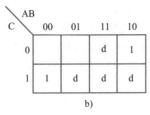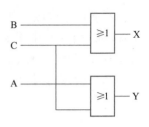

图 4-14 操作码生成器卡诺图
a) X 卡诺图 b) Y 卡诺图

图 4-15 用"或"门实现
操作码生成器的电路图

【例 4-9】某工厂有 a，b，c 三个车间和一个自备电站，站内有两台发电机 g1 和 g2，g1 的容量是 g2 的两倍。如果一个车间开工，只需 g2 运行即可满足要求；如果两个车间开工，只需 g1 运行；如果三个车间同时开工，则 g1 和 g2 均需运行。试画出控制 g1 和 g2 运行的逻辑图，用与非门实现。

解：

1）根据逻辑要求写出真值表。

假设 A、B、C 分别表示三个车间的开工状态，开工为 1，不开工为 0；G_1、G_2 分别表示 g1 和 g2 的运行状态，运行为 1，不运行为 0。由此列出电路真值表，如表 4-9 所示。

表 4-9 例 4-9 的真值表

A	B	C	G_1	G_2
0	0	0	0	0
0	0	1	0	1
0	1	0	0	1
0	1	1	1	0
1	0	0	0	1
1	0	1	1	0
1	1	0	1	0
1	1	1	1	1

2）根据真值表画出 G_1 和 G_2 的卡诺图，分别如图 4-16a 和图 4-16b 所示。

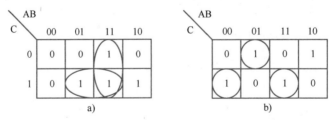

图 4-16 卡诺图
a) G_1 的卡诺图 b) G_2 的卡诺图

写出逻辑表达式

$$G_1 = AB + BC + AC$$

72

$$G_2 = \overline{A}\,\overline{B}C + \overline{A}B\overline{C} + A\overline{B}\,\overline{C} + ABC$$

3）用"与非"门构成逻辑电路

$$G_1 = \overline{\overline{AB} \cdot \overline{BC} \cdot \overline{AC}}$$

$$G_2 = \overline{\overline{A}\,\overline{B}C \cdot \overline{\overline{A}B\overline{C}} \cdot \overline{A\overline{B}\,\overline{C}} \cdot \overline{ABC}}$$

4）画出逻辑电路图，如图 4-17 所示。

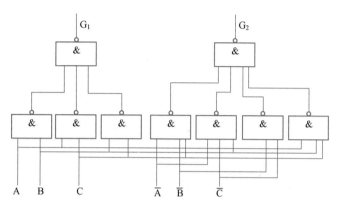

图 4-17　用与非门实现的电路图

【例 4-10】 如图 4-18 所示，水箱由大小两台水泵M_L、M_S供水，A、B、C 为三个水位检测元件，水位低于检测元件时检测元件给出高电平，否则给出低电平。

要求：

1）水位超过 C 时，水泵停止供水。

2）水位在 C-B 之间，M_S单独供水。

3）水位在 B-A 之间，M_L单独供水。

4）水位在 A 以下，两个水泵同时供水。

请画出逻辑电路图。

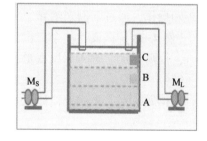

图 4-18　水箱示意图

解：

1）根据逻辑要求写出真值表。

设高电平为 1，低电平为 0；水泵供水为 1，停止供水为 0。由此列出电路真值表，如表 4-10 所示。

表 4-10　例 4-10 的真值表

A	B	C	M_L	M_S
0	0	0	0	0
0	0	1	0	1
0	1	0	d	d
0	1	1	1	0
1	0	0	d	d
1	0	1	d	d
1	1	0	d	d
1	1	1	1	1

2）根据真值表画出M_L、M_S的卡诺图，如图4-19所示。

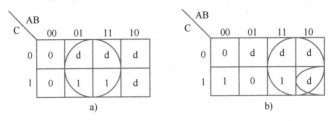

图4-19 卡诺图

a）M_L的卡诺图 b）M_S的卡诺图

写出逻辑表达式：

$$M_L = B$$
$$M_S = A + BC$$

3）画出逻辑电路图，如图4-20所示。

3. 只有原变量输入条件下逻辑电路设计实例

在组合逻辑电路的设计过程中，有时输入变量的条件只有原变量而没有反变量，以及使

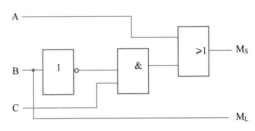

图4-20 控制水泵的逻辑电路图

用器件的条件因素，基于最简与或式或者最简或与式实现的电路并非最佳电路结构。此时，通常采用尾部因子替代法（或称尾部因子消去法），在逻辑函数的化简过程中，将电路最优化。尾部因子是指电路逻辑函数表达式中乘积项带非号部分的因子。尾部因子替代法的具体原理和操作，通过下例来阐释。

【**例4-11**】试设计一个三位二进制数判别电路，当对应的二进制数$3 \leqslant X \leqslant 6$时，函数$F = 1$，否则$F = 0$。输入无反变量提供，试用最少的与非门实现该电路。

解：

根据题意列出真值表，如表4-11所示。

表4-11 例4-11的真值表

A	B	C	F
0	0	0	0
0	0	1	0
0	1	0	0
0	1	1	1
1	0	0	1
1	0	1	1
1	1	0	1
1	1	1	0

根据此真值表得到的卡诺图，如图4-21所示。

经化简后可得

$$F = A\bar{B} + A\bar{C} + \bar{A}BC$$

合并前两项中的头部（原变量部分）得

$$F = A(\bar{B} + \bar{C}) + \bar{A}BC = A\overline{BC} + \bar{A}BC$$

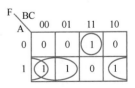

图4-21 例4-11的卡诺图

将头部（原变量部分）插入尾部（反变量部分）中可得

$$F = AA\overline{BC} + BC\overline{AB}C$$

将等式化为可用与非门实现的形式

$$F = AA\overline{BC} + BC\overline{AB}C = \overline{\overline{AA\overline{BC}} + \overline{BC\overline{AB}C}} = \overline{AA\overline{BC} \cdot BC\overline{AB}C}$$

据此得到的电路如图 4-22 所示。

根据上例可以总结出，不能提供反变量时由与非门实现逻辑函数的方法如下：

1）求出函数的最简与或表达式。

2）合并头部（原变量部分）相同的逻辑与项。

3）将头部插入尾部（逻辑与项中的反变量部分），得到合适的尾部因子。

4）求得的尾部因子最好能被多个头部所共享（如上例中的$\overline{ABC}$）。

5）利用摩根定律将函数变换为"与非-与非"的形式。

同样，我们可以得到不能提供反变量时由或非门实现逻辑函数的方法如下：

1）求出函数的最简或与表达式。

2）合并头部（原变量部分）相同的逻辑或项。

3）将头部插入尾部（逻辑或项中的反变量部分），得到合适的尾部因子。

4）求得的尾部因子最好能被多个头部所共享。

5）利用摩根定律将函数变换为"或非-或非"的形式。

【例 4-12】只有原变量输入没有反变量输入的条件下，用与非门实现函数

$$F(A,B,C,D) = \sum m(4,5,6,7,8,9)$$

解：

用卡诺图对上述函数 $F(A,B,C,D)$ 进行化简，如图 4-23 所示。

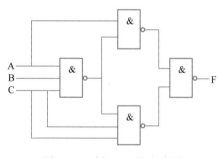

图 4-22　例 4-11 的电路图

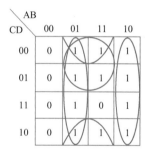

图 4-23　例 4-12 卡诺图

化简结果为

$$F = \overline{A}B + A\overline{B} + B\overline{C} + A\overline{D}$$

两次求反得

$$F = \overline{\overline{A}B \cdot A\overline{B} \cdot B\overline{C} \cdot A\overline{D}}$$

如果既有原变量，又有反变量输入，则该函数只需要 5 个与非门即可完成功能需求。但这里没有反变量输入，则 $\overline{A}$、$\overline{B}$、$\overline{C}$、$\overline{D}$ 需用 4 个反相器完成，所以其逻辑电路如图 4-24 所示，电路为 3 级门电路结构，共需 9 个基本逻辑门来实现。

这里图 4-24 是否最佳呢？如果对 F 的化简结果进行合并，可得

$$F = A\overline{B} + \overline{A}B + B\overline{C} + A\overline{D}$$
$$= A(\overline{B} + \overline{D}) + B(\overline{A} + \overline{C})$$
$$= \overline{A\overline{BD}} + \overline{B\overline{AC}}$$
$$= \overline{\overline{A\overline{BD}} \cdot \overline{B\overline{AC}}}$$

此时，初步判断这次优化后的电路，只需要 5
个与非门完成。但仍然不是最佳结果。因为

$$\overline{A}B + A\overline{D} = \overline{A}B + B\overline{D} + A\overline{D}$$
$$\overline{A}B + B\overline{C} = \overline{A}B + B\overline{C} + A\overline{C}$$

$B\overline{D}, A\overline{C}$ 为尾部因子，加入这些项，函数值不会
变化，因此原函数化简结果为

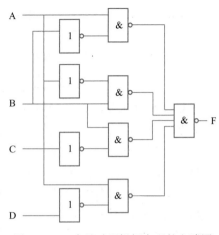

图 4-24　9 个基础逻辑门实现的电路图

$$F = A\overline{B} + B\overline{C} + A\overline{C} + \overline{A}B + B\overline{D} + A\overline{D}$$
$$= A(\overline{B} + \overline{C} + \overline{D}) + B\overline{A}\overline{C}\overline{D}$$
$$= \overline{A\overline{ABCD}} + \overline{B\overline{ABCD}}$$
$$= \overline{\overline{A\overline{ABCD}} \cdot \overline{B\overline{ABCD}}}$$

显然，这个化简过程进一步应用了尾部因子替代法。由这个结果可画出电路图，如
图 4-25 所示。可见该电路仍然是 3 级门结构，却只需要 4 个与非门，至此实现该函数的
最佳结果。

【例 4-13】 试用最少的或非门实现下列函数，输入端不能提供反变量。

$$F = (A + \overline{B})(A + \overline{C})(\overline{A} + B + C)$$

解：
合并前两项中的头部（原变量部分）得

$$F = (A + \overline{B} \cdot \overline{C})(\overline{A} + B + C) = (A + \overline{B + C})(\overline{A} + B + C)$$

将头部插入尾部得到适当的尾部因子为

$$F = (A + \overline{A + B + C})(\overline{A + B + C} + B + C)$$

将等式化为可用或非门实现的形式

$$F = \overline{\overline{(A + \overline{A + B + C})(\overline{A + B + C} + B + C)}} = \overline{\overline{A + \overline{A + B + C}} + \overline{\overline{A + B + C} + B + C}}$$

由此得到图 4-26 所示电路。

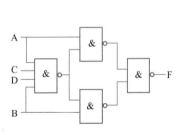

图 4-25　例 4-12 最优实现电路图

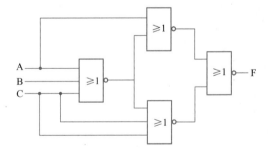

图 4-26　例 4-13 的电路图

4.3.3　组合逻辑电路设计的优化问题

本节讲解组合逻辑电路设计的优化问题。在实际设计中，由于工艺、成本的要求，甚至

是客户的特定需求，需要为降低硬件成本、增加工艺的健壮性或集成电路的可靠性，不断优化逻辑电路。

下面是设计中经常遇见的几个问题。

1. 多余输入端的处理

多余输入端的处理一般分为两种情况：

第一种情况是 TTL 电路输入端为"与"逻辑时，可以将多余输入端接高电平，或者与其他输入端并接，或者悬空。但是，在信号会受到严重干扰的场景，不能选择悬空。对于 CMOS 电路的输入端为"与"逻辑时，只能接成高电平或输入端并接，不能悬空。

第二种情况是输入端为"或"逻辑时，无论是 TTL 电路还是 CMOS 电路，都可将多余输入端接低电平或者与其他输入端并接。

2. 电路提供的输入端少于实际需要的输入端

当组合逻辑电路的输入端少于实际需要的输入端时，通常采用分组策略或分层机制来解决。如图 4-27 所示，要实现 4 输入"与非"关系，但实际提供的集成电路只有 2 输入"与非门"。

3. 扇出问题

在电路的设计与实现时，最终的电路可能存在一个门电路的输出负载非常多，甚至超出了器件的

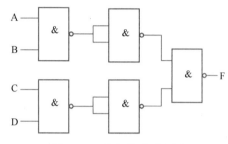

图 4-27 分组策略示意图

负载能力的情况，该问题称为"扇出问题"。扇入和扇出是反映门电路的输入端数目和输出驱动能力的指标。扇入指一个门电路所能允许的输入端个数，扇出是指一个门电路所能驱动的同类门的数目。通常采用两种方法来解决：一种是采用扇出系数大的门作为输出（称为"带缓冲的门"），提前预防；另一种是采用分组策略增加驱动能力，如图 4-27 所示。

电路设计优化关心的另一个问题是电路的时间复杂度与器件成本的平衡。电路的时间复杂度一般指电路完成功能需求的及时特性；器件成本与电路的扇入和扇出系数有关。例如，某个四舍五入电路的实现，方案 A 需要 0.05 ms，而方案 B 仅需要 0.01 ms。显然，方案 B 的时间复杂度更低。但是，器件间进位传递时间的节省以逻辑电路的复杂性为代价。随着位数的增加，所需电路元件也迅速增加，门电路的扇入和扇出系数也会增大。因此，为了提升时间效率同时又降低电路门器件数量，也会采用分组策略或者减少不同种类逻辑门的使用。

总之，电路设计的优化没有所谓的最优，能达到相对最优即可。

4.4 经典逻辑运算电路

在第 1 章中，数字电路根据集成度的不同可分为小规模、中规模、大规模和超大规模集成电路。集成度在 10 个逻辑门以内的，称为小规模集成电路，如常见的或与门、或非门、与或非门等；集成度在 10~100 个逻辑门的，称为中等规模集成电路，如译码器、编码器及数据选择器等。

本章 4.4 节到 4.8 节，主要介绍中规模集成电路的工作原理、逻辑功能及应用。使用中规模集成电路实现的更复杂的逻辑电路，具有结构简单、功耗低、可靠性高等特点。本节主要介绍经典的逻辑运算电路，包括半加器、全加器和全减器。

4.4.1　半加器

加法器是一种最基本的算术运算电路，其功能是实现二进制数的加法运算。计算机 CPU 中的运算器，就包含了加法器单元。通常使用较多的为全加器，而全加器又是从半加器发展而来。下面首先学习半加器的工作原理和功能。

只考虑本位的两个 1 位二进制数 A_i 和 B_i，而不考虑相邻低位进位的加法器，称为半加器（Half Adder）。半加器的真值表如表 4-12 所示，表中 A_i 和 B_i 分别表示被加数和加数，S_i 为本位和输出，C_i 为向相邻高位的进位输出。

表 4-12　半加器的真值表

A_i	B_i	S_i	C_i
0	0	0	0
0	1	1	0
1	0	1	0
1	1	0	1

由真值表可以直接写出输出逻辑函数表达式，如下

$$S_i = \overline{A_i}B_i + A_i\overline{B_i} = A_i \oplus B_i$$

$$C_i = A_iB_i$$

半加器的逻辑电路图和逻辑符号如图 4-28 所示。

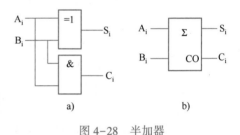

图 4-28　半加器

4.4.2　全加器

数字系统的基本任务之一是算术逻辑运算，而加、减、乘、除均是基于加法运算实现的，所以加法器便成为数字系统中最基本的运算单元。在实际的加法运算中，除最低位外，其他各位都需要考虑低位向本位的进位。这种能够对两个 1 位二进制数相加，并考虑低位进位的加法运算称为全加，实现全加运算的电路称为全加器（Full Adder）。

1. 1 位全加器

两个 1 位二进制数全加功能的真值表，如表 4-13 所示。表中 A_i 和 B_i 分别表示被加数和加数，C_{i-1} 表示来自相邻低位的进位，S_i 为本位和输出，C_i 为向相邻高位的进位输出。

表 4-13　全加器的真值表

A_i	B_i	C_{i-1}	S_i	C_i
0	0	0	0	0
0	0	1	1	0
0	1	0	1	0
0	1	1	0	1
1	0	0	1	0
1	0	1	0	1
1	1	0	0	1
1	1	1	1	1

根据真值表可以写出 S_i 和 C_i 的输出逻辑函数表达式，如下

$$S_i = \overline{A_i}B_iC_{i-1} + \overline{A_i}B_i\overline{C_{i-1}} + A_i\overline{B_i}C_{i-1} + A_iB_iC_{i-1}$$
$$= \overline{A_i}(B_i \oplus C_{i-1}) + A_i(\overline{B_i \oplus C_{i-1}}) = A_i \oplus B_i \oplus C_{i-1}$$
$$C_i = A_i\overline{B_i}C_{i-1} + A_iB_i\overline{C_{i-1}} + B_iC_{i-1} = A_i(B_i \oplus C_{i-1}) + B_iC_{i-1}$$

1 位全加器的逻辑电路图和逻辑符号，如图 4-29 所示。

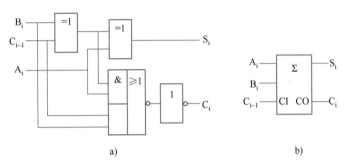

图 4-29 1 位全加器的逻辑电路图和逻辑符号

关于 1 位二进制全加器的设计与实现，方案有很多种，除了本方法中用到的"与或非"门，也可以使用"或非"门实现，甚至采用半加器、"与非"门等。每个方案都实现了相同的逻辑功能，但不同方案优先考虑进位速度、电路成本等不同因素。

对于集成芯片，设计的一个基本原则是尽可能增加引脚和模具的利用率。故而针对一位全加器，工业上通常使用 DIP 封装模式，将两个全加器集成在一个 14 引脚的芯片上，如集成全加器 74183。

集成全加器 74183 的外引脚排列图如图 4-30 所示。在 74183 芯片上集成了完全独立的两个一位全加器，其中 1、3、4 号引脚分别对应第 1 个全加器的 A_i、B_i 和 C_{i-1}，5、6 号引脚则对应第 1 个全加器的 C_i 和 S_i。同理，13、12、11、10、8 号引脚分别对应第 2 个全加器的 A_i、B_i、C_{i-1}、C_i 和 S_i。每个全加器具有独立的全加和进位输出，既可单独使用，又可将两个全加器级联起来使用。

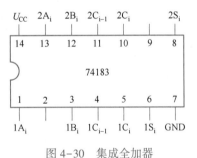

图 4-30 集成全加器

2. 4 位二进制加法器

介绍完两个一位二进制数相加的全加器，考虑：如果有两个 n 位的二进制数相加，需要 n 位全加器，那么具体如何实现？

实现多位二进制数相加的电路称为加法器。根据进位方式不同，加法器分为串行进位加法器和超前进位加法器。下面分别讨论这两种加法器的设计。

（1）串行进位加法器

将 4 个全加器依次级联起来，就构成了 4 位串行进位加法器，电路如图 4-31 所示。这种加法器最大优点是电路简单、连接方便，最大缺点是运算速度太慢。从图中可以看出，被加数和加数同时加到各位的输入端，而全加器的进位输入则是按照由低向高逐级串行传送的，形成一个进位链。因为每一位相加的和都与本位的进位输入有关，所以最高位必须等到各低位全部完成相加并送来进位信号才能产生运算结果。显然，这种加法器的位数越多，运

算速度就越慢。

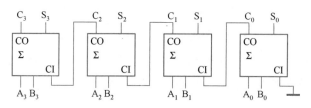

图 4-31　4 位串行进位加法器

（2）超前进位加法器

由串行加法器可知，为了提高运算速度，必须设法减小或消除由进位信号逐级传递所浪费的时间。这就要求各位的进位信号能事先知道。

对于 4 位加法器，第 1 位全加器的进位信号表达式由表 4-13 可写为

$$C_0 = A_0 B_0 + A_0 C_{0-1} + B_0 C_{0-1} = A_0 B_0 + (A_0 + B_0) C_{0-1}$$

第 2 位全加器的进位信号表达式可写为

$$C_1 = A_1 B_1 + (A_1 + B_1) C_0 = A_1 B_1 + (A_1 + B_1) [A_0 B_0 + (A_0 + B_0) C_{0-1}]$$

第 3 位全加器的进位信号表达式可写为

$$C_2 = A_2 B_2 + (A_2 + B_2)$$

$$C_1 = A_2 B_2 + (A_2 + B_2) \{A_1 B_1 + (A_1 + B_1) [A_0 B_0 + (A_0 + B_0) C_{0-1}]\}$$

第 4 位全加器的进位信号可写为

$$C_3 = A_3 B_3 + (A_3 + B_3) C_2$$

$$= A_3 B_3 + (A_3 + B_3) \{A_2 B_2 + (A_2 + B_2) \{A_1 B_1 + (A_1 + B_1) [A_0 B_0 + (A_0 + B_0) C_{0-1}]\}\}$$

可见，只要 $A_3 A_2 A_1 A_0$、$B_3 B_2 B_1 B_0$ 和 C_{0-1} 给出，便可按以上表达式确定 C_3、C_2、C_1、C_0。如果用逻辑门实现上述逻辑函数表达式，并将结果送到相应全加器的进位输入端，则每一级的全加运算就不需要等待。4 位超前进位加法器就是由 4 个全加器和相应的进位逻辑电路构成的，据此构成的集成芯片标记为 74LS283 或 74283。

图 4-32 是 4 位二进制超前进位加法器的 74283 引脚图。其中 $A_3 A_2 A_1 A_0$ 和 $B_3 B_2 B_1 B_0$ 分别是 4 位二进制被加数和加数输入，C_{0-1} 为低位的进位输入，C_3 为相加后的进位输入，$S_3 S_2 S_1 S_0$ 为相加结果的 4 位和输出，U_{CC} 接电源，GND 接地端。

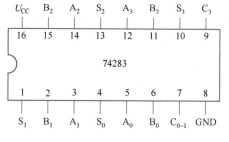

图 4-32　4 位二进制超前进位加法器

（3）加法器的应用示例

本小节通过几个具体实例，介绍加法器的应用。

【例 4-14】8421BCD 码转换为余三码。

解：

假设 8421BCD 码的输入为 ABCD，输出的余三码为 WXYZ。则 8421BCD 码转换为余三码，如图 4-33 所示。

【例 4-15】余三码转换为 8421BCD 码。

解：

将减 3 变为加（-3），即加 1101（-3 的二进制补码）。则余三码转换为 8421BCD 码，如图 4-34 所示。

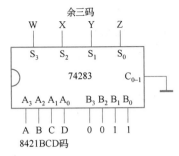

图 4-33 8421BCD 码转换成余三码加法器

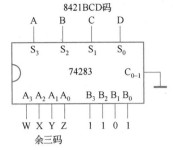

图 4-34 余三码转换为 8421BCD 码加法器

【例 4-16】用二进制加法器实现十进制加法运算。

解：

为了简便起见，只讨论一位十进制数的加法运算问题。两个一位 8421BCD 码相加，实质上是两个小于等于 9 (1001) 的 4 位二进制数的相加。按 8421BCD 码的要求，相加后仍应是 8421BCD 码；而按二进制数相加其结果却是二进制数，这就需要进行校正处理。表 4-14 列出了按两种运算规则相加的结果。从表中可见，若相加的结果是 0~9 之间的数，则二者相同；若相加的结果是 10~18 之间的数，则二进制数相加和比对应的用 8421BCD 码表示的相加和等效的二进制值固定相差为 6 (0110)。因此，若要得出用 8421BCD 码表示的相加和，就需要对实际的相加结果加 6 (0110) 进行校正。

表 4-14 两种运算规则相加的结果

十进制数 N	二进制数相加和					8421BCD 码相加和				
	C_3	S_3	S_2	S_1	S_0	C_{10}	S_8	S_4	S_2	S_1
0	0	0	0	0	0	0	0	0	0	0
1	0	0	0	0	1	0	0	0	0	1
2	0	0	0	1	0	0	0	0	1	0
3	0	0	0	1	1	0	0	0	1	1
4	0	0	1	0	0	0	0	1	0	0
5	0	0	1	0	1	0	0	1	0	1
6	0	0	1	1	0	0	0	1	1	0
7	0	0	1	1	1	0	0	1	1	1
8	0	1	0	0	0	0	1	0	0	0
9	0	1	0	0	1	0	1	0	0	1
10	0	1	0	1	0	1	0	0	0	0
11	0	1	0	1	1	1	0	0	0	1
12	0	1	1	0	0	1	0	0	1	0
13	0	1	1	0	1	1	0	0	1	1
14	0	1	1	1	0	1	0	1	0	0
15	0	1	1	1	1	1	0	1	0	1
16	1	0	0	0	0	1	0	1	1	0
17	1	0	0	0	1	1	0	1	1	1
18	1	0	0	1	0	1	1	0	0	0
19	1	0	0	1	1	1	1	0	0	1

根据上表分析，先用一片74283将两个一位的8421BCD码相加，并对所得的和数进行判断，决定是否需要进行校正。设校正标志函数为Z，并设相加和数大于9（1001）时Z=1，表示需要做加6（0110）校正；否则Z=0，表示不需要校正。由表4-14可知，需要校正的和数为01010~10011。可见函数$Z=C_3+S_3S_2+S_3S_1$。

在得出Z的函数式后，再利用一片74283进行加6（0110）校正运算。此时，参加运算的两个数是$S_3S_2S_1S_0$和$0ZZ0$。相加的和作为8421BCD码的个位输出，而Z则作为8421BCD码的十位输出。电路如图4-35所示。

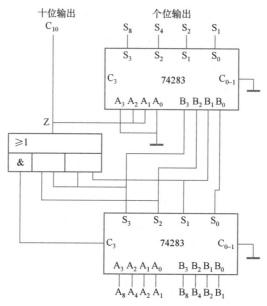

图4-35 一位8421BCD码加法器电路

4.4.3 全减器

利用"加补"的概念，可实现用加法表达减法。因此，全加器除了可作加法运算外，还可用于二进制的减法运算、乘法运算、数码比较和奇偶校验等。对于补码的减法运算，其运算的规则为

$$[A-B]_补=[A]_补+[-B]_补$$

因此，只要求出$[-B]_补$，即可将减法变为加法来实现。对于二进制定点整数，$[-B]_补=\bar{B}+1$，即只要将B各位取反，再加"1"，可得$[-B]_补$；$[A]_补$仍为A本身。因此，任意n位二进制全减器，可由n位二进制全加器实现。图4-36为4位二进制全加器构成的4位全减器电路图。

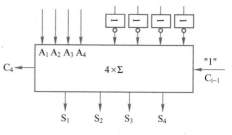

图4-36 全加器实现二进制全减器电路

4.5 代码转换电路

在第1章中，我们接触并学习了不同的编码方式，如8421BCD码、2421码、余3码，甚至B码（指二进制码）。当两种不同代码需要转换时，就要用到代码转换电路。该类电路

对各种数字设备及计算机中多种类型间代码的转化，十分重要。实现这种转换的方法多种多样，这里介绍基于组合逻辑的实现方法。

4.5.1　代码转换电路的设计

将一种二进制代码转换成其他代码，通常采用真值表分析法，推导出逻辑函数表达式，得到电路设计图。当真值表十分庞大时，首先分析其逻辑关系，然后化简逻辑函数。当两种代码间存在某种数量上的关系时，利用逻辑运算电路（如加法器等）可以很方便地实现它们之间的转换。

4.5.2　代码转换电路的应用

本小节通过几个具体实例，介绍代码转换电路的应用。

【例 4-17】4 位二进制 B 码转换成 Gray 码。

解：

首先根据题意，列出真值表，如表 4-15 所示。

表 4-15　B 码转换成 Gray 码真值表

B_8	B_4	B_2	B_1	G_4	G_3	G_2	G_1
0	0	0	0	0	0	0	0
0	0	0	1	0	0	0	1
0	0	1	0	0	0	1	1
0	0	1	1	0	0	1	0
0	1	0	0	0	1	1	0
0	1	0	1	0	1	1	1
0	1	1	0	0	1	0	1
0	1	1	1	0	1	0	0
1	0	0	0	1	1	0	0
1	0	0	1	1	1	0	1
1	0	1	0	1	1	1	1
1	0	1	1	1	1	1	0
1	1	0	0	1	0	1	0
1	1	0	1	1	0	1	1
1	1	1	0	1	0	0	1
1	1	1	1	1	0	0	0

其次，由真值表可直接得到

$$G_4 = B_8, G_3 = B_8 \oplus B_4, G_2 = B_4 \oplus B_2, G_1 = B_2 \oplus B_1$$

最后可以画出图 4-37 所示电路图。

【例 4-18】8421BCD 码转换为余三码。

解：

首先根据题意，列出真值表，如表 4-16 所示。

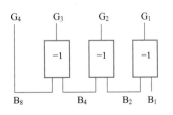

图 4-37　B 码换成 Gray 码的电路

表 4-16　8421BCD 码转换为余三码

A	B	C	D	W	X	Y	Z
0	0	0	0	0	0	1	1
0	0	0	1	0	1	0	0
0	0	1	0	0	1	0	1
0	0	1	1	0	1	1	0
0	1	0	0	0	1	1	1
0	1	0	1	1	0	0	0
0	1	0	0	1	0	0	1
0	1	1	1	1	0	1	0
1	0	0	0	1	0	1	1
1	0	0	1	1	1	0	0
1	0	1	0	d	d	d	d
1	0	1	1	d	d	d	d
1	1	0	0	d	d	d	d
1	1	0	1	d	d	d	d
1	1	1	0	d	d	d	d
1	1	1	1	d	d	d	d

根据真值表，分别画出 W、X、Y、Z 的卡诺图，如图 4-38 所示。

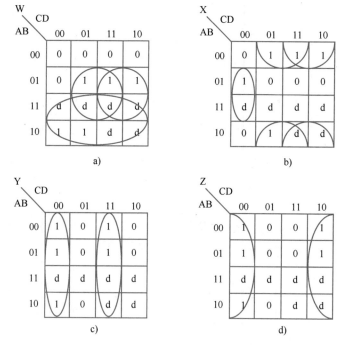

图 4-38　8421BCD 码转换成余三码的卡诺图

a）W 的卡诺图　b）X 的卡诺图　c）Y 的卡诺图　d）Z 的卡诺图

接下来，根据卡诺图写出逻辑表达式

$$W = A + BD + BC$$
$$X = B\overline{C}\,\overline{D} + \overline{B}D + \overline{B}C$$
$$Y = CD + \overline{C}\,\overline{D}$$

$$Z = \overline{D}$$

最后，根据逻辑表达式画出逻辑电路图，如图 4-39 所示。

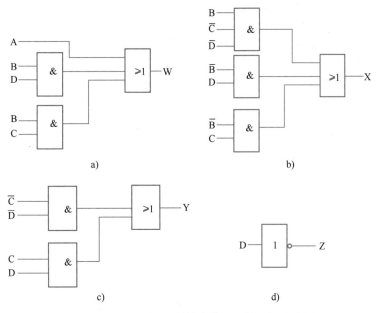

图 4-39　8421BCD 码转换成余三码的逻辑电路图

a）W 的逻辑电路图　b）X 的逻辑电路图　c）Y 的逻辑电路图　d）Z 的逻辑电路图

4.6　数值比较电路

图 4-40　比较器通用逻辑符号

在数字系统中，经常需要比较两个数的大小。对位数相同的二进制数进行比较，并判断其大小关系的算术运算电路，称为数值比较器（简称为"比较器"）。其通用逻辑符号如图 4-40 所示。

4.6.1　1 位数值比较器

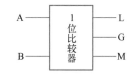

图 4-41　1 位比较器框图

1 位数值比较器的输入是两个 1 位二进制数，分别用 A、B 表示；输出是比较的结果，包含 3 种情况，即 A>B、A=B、A<B，分别用 L、G、M 表示。规定：当 A>B 时，L=1；A=B 时，G=1；A<B 时，M=1。图 4-41 是 1 位数值比较器的示意框图。

根据比较器的定义，满足相应条件时令输出为 1，不满足条件时令输出为 0，可得表 4-17 所示的真值表。

表 4-17　1 位数值比较器的真值表

A	B	L	G	M
0	0	0	1	0
0	1	0	0	1
1	0	1	0	0
1	1	0	1	0

由表 4-17 可得

$$L = A\,\overline{B}$$
$$G = \overline{A}\,\overline{B} + AB$$
$$M = \overline{A}B$$

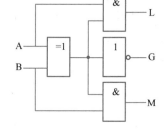

所以，可得图 4-42 所示的 1 位数值比较器的逻辑电路图。

4.6.2　4 位数值比较器

在 1 位数值比较器的基础上，可进一步构成 4 位数值并行
比较器。工业上，一般将此类数值比较器封装成芯片 7485，即 74LS85 或 7485。图 4-43 为
其外引脚图。

图 4-42　1 位数值比较器

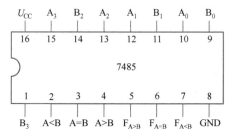

图 4-43　集成数值比较器 7485 外引脚图

其中，$A_3 \sim A_0$ 和 $B_3 \sim B_0$ 是两个待比较的 4 位二进制数，A<B，A = B，A>B 为 3 个级联输
入端，$F_{A<B}$，$F_{A=B}$，$F_{A>B}$ 为比较结果输出端。表 4-18 列出了该比较器的功能真值表。

表 4-18　4 位数值比较器的功能真值表

比较器输入				级 联 输 入			输　　出		
A_3B_3	A_2B_2	A_1B_1	A_0B_0	A>B	A<B	A = B	$F_{A>B}$	$F_{A<B}$	$F_{A=B}$
$A_3>B_3$	d	d	d	d	d	d	1	0	0
$A_3<B_3$	d	d	d	d	d	d	0	1	0
$A_3=B_3$	$A_2>B_2$	d	d	d	d	d	1	0	0
$A_3=B_3$	$A_2<B_2$	d	d	d	d	d	0	1	0
$A_3=B_3$	$A_2=B_2$	$A_1>B_1$	d	d	d	d	1	0	0
$A_3=B_3$	$A_2=B_2$	$A_1<B_1$	d	d	d	d	0	1	0
$A_3=B_3$	$A_2=B_2$	$A_1=B_1$	$A_0>B_0$	d	d	d	1	0	0
$A_3=B_3$	$A_2=B_2$	$A_1=B_1$	$A_0<B_0$	d	d	d	0	1	0
$A_3=B_3$	$A_2=B_2$	$A_1=B_1$	$A_0=B_0$	1	0	0	1	0	0
$A_3=B_3$	$A_2=B_2$	$A_1=B_1$	$A_0=B_0$	0	1	0	0	1	0
$A_3=B_3$	$A_2=B_2$	$A_1=B_1$	$A_0=B_0$	0	0	1	0	0	1

由功能真值表可见，要判定 A 大于或小于 B，可从最高位开始逐位比较。具体而言，4
位数值比较器的原理为：若两数的最高位不相等，则最高位的比较结果就是最后的结果；若
两数的最高位相等，则依次比较次高位，直到两数的某位不相等；若 A、B 两数各位均相
等，则输出状态取决于级联输入的状态。所以，在没有更低位参与比较时，芯片的级联输入
端（A>B）（A<B）（A = B）应接 001，以便在 A、B 两数相等时，输出 A = B 的比较结果。

4 位数值比较器可用于比较 4 位或少于 4 位的两个二进制数的大小。但当位数多于 4

时，则需采用 7845 芯片，将多个比较器级联。利用三个级联输入端，可以方便地实现比较器功能的扩展。

4.6.3 集成比较器的应用

利用集成比较器，可以实现一些特殊的数字电路。

1. 8 位二进制比较器

8 位二进制数比较器的电路，如图 4-44 所示。

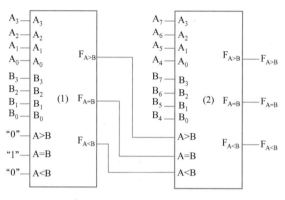

图 4-44 8 位二进制数比较器

图中，芯片（1）对低 4 位进行比较，因没有更低的比较结果输入，其级联输入端接 "010"；芯片（2）对高 4 位进行比较，级联端接低位比较器的比较结果输出。当 $A_7A_6A_5A_4$ $\neq B_7B_6B_5B_4$ 时，8 位比较器的比较结果由高 4 位进行决定，对芯片（1）的比较结果不产生影响；当 $A_7A_6A_5A_4 = B_7B_6B_5B_4$ 时，8 级比较器的比较结果由低 4 位决定；当 $A_7A_6A_5A_4A_3A_2$ $A_1A_0 = B_7B_6B_5B_4B_3B_2B_1B_0$ 时，比较结果由芯片（1）的级联输入端决定；当该级联输入是 "010" 时，最终比较结果为 A=B。

2. 四舍五入判别电路的构成

用一个 4 位比较器可以构成一个四舍五入判别电路。当输入二进制数 $B_3B_2B_1B_0 \geqslant$ $(0101)_2$ 时，判别电路输出 F 为 1，否则 F 为 0。电路结构如图 4-45 所示。

输入二进制数 $B_3B_2B_1B_0$ 与 $(0100)_2$ 进行比较。将 4 位比较器的一个输入端接 $B_3B_2B_1B_0$，另一个接 $(0100)_2$，则当输入二进制数 $B_3B_2B_1B_0 \geqslant$ $(0101)_2$ 时，比较器 $F_{A>B}$ 端输出为 1。因此，可用 $F_{A>B}$ 端作为四舍五入判别电路的输出 F。

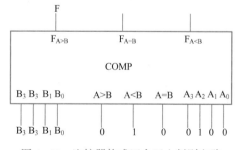

图 4-45 比较器构成四舍五入判别电路

3. 输血指示器的应用与设计

利用 4 位比较器与基本逻辑门可以设计实现输血指示器功能。设该输血指示器的输入是一对要求 "输血-受血" 的血型，当符合对应的输—受关系时，电路输出为 "1"。在人类的 4 种基本血型中，O 型血可输给任意血型的人，但他自己只能接受 O 型；AB 型可接受任意血型，却只能输给 AB 型；A 型能输给 A 型或 AB 型，可接受 O 型和 A 型；B 型能输给 B 型或者 AB 型，可接受 B 型和 O 型。

设用二进制数 00 表示 O 型血；01 代表 A 型血；10 代表 AB 型血；11 代表 B 型血。这样对应输血和受血就需要4个输入变量，设用 AB 代表输送血型，CD 代表接受血型。另外，用 F 表示输出函数，并用 F=1 表示可以输血，F=0 表示不可以输血。由此可得表 4-19 所示的真值表。

表 4-19 输血指示器真值表

输 送 血 型		接 受 血 型		输 血 指 示
A	B	C	D	F
0	0	0	0	1
0	0	0	1	1
0	0	1	0	1
0	0	1	1	1
0	1	0	0	0
0	1	0	1	1
0	1	1	0	1
0	1	1	1	0
1	0	0	0	0
1	0	0	1	0
1	0	1	0	1
1	0	1	1	0
1	1	0	0	0
1	1	0	1	0
1	1	1	0	1
1	1	1	1	1

由以上描述可知，输血包含以下 3 种情况：

1) 血型相同，即 AB=CD，则 F=1。

2) 输送方为 O 型血，即 AB=00，则 F=1。

3) 接受方为 AB 型血，即 CD=10，F=1。

其他情况均不可输血。由此得出的基于 4 位数码比较器及门电路的输血指示器如图 4-46 所示。

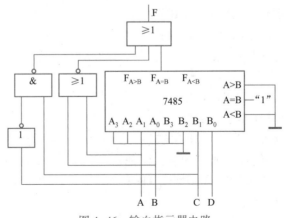

图 4-46 输血指示器电路

4.7　编码器和译码器

在数字系统中，经常需要将具有特定含义的数字信号转换成二进制代码。这种用二进制代码表示特定信号的过程，称为编码；而把一组二进制代码的特定含义译出来的过程，称为译码。这里的编码特指为一组选定的二值代码赋予特定的含义，如用二进制码或 BCD 码将十进制数表示出来。完成编码的电路称为编码器。按照被编码信号的特点，可分为二进制编码器、优先编码器和二-十进制编码器。

4.7.1　编码器的设计

1 位二进制数可以表示 "0" 和 "1" 两种状态，n 位二进制数则可表示 2^n 种状态，这 2^n 种状态相应地能表示 2^n 个不同的信息或数据，编码正是基于此。例如，3 位二进制数有 $2^3=8$ 种状态，它们可以表示十进制数 0~7，也可以对应 8 种特定含义。由此可见，相同种类、不同的指定含义，其编码方案也不尽相同。最常用的二进制编码有良好的规律性，便于记忆，有利于电路的设计与综合。下面，首先讲解二进制编码器电路的设计。

1. 二进制编码器

用 n 位二进制代码对 2^n 个信号进行编码的电路，称为二进制编码器。3 位二进制编码器的真值表和逻辑框图分别如表 4-20 和图 4-47 所示。图中输入端处的小圆圈表示低电平有效，这是一种约定，即该小圆圈和 $\overline{R}$、$\overline{S}$ 一起是强调输入低电平有效，而不是 "非" 了又 "非"。这里输入 $\overline{I_0} \sim \overline{I_7}$ 采用 8 取 1 码，逻辑 0 有效；输出 $Y_2 Y_1 Y_0$ 是 3 位二进制码。

表 4-20　3 位二进制编码器真值表

$\overline{I_0}$	$\overline{I_1}$	$\overline{I_2}$	$\overline{I_3}$	$\overline{I_4}$	$\overline{I_5}$	$\overline{I_6}$	$\overline{I_7}$	$\overline{Y_2}$	$\overline{Y_1}$	$\overline{Y_0}$
0	1	1	1	1	1	1	1	0	0	0
1	0	1	1	1	1	1	1	0	0	1
1	1	0	1	1	1	1	1	0	1	0
1	1	1	0	1	1	1	1	0	1	1
1	1	1	1	0	1	1	1	1	0	0
1	1	1	1	1	0	1	1	1	0	1
1	1	1	1	1	1	0	1	1	1	0
1	1	1	1	1	1	1	0	1	1	1

编码器输入有 8 个变量，可能的组合有 256 种。这里只用了 8 种，其余 248 种可视为约束条件，即任一时刻只允许一个输入为 "0"。故可得：

$$\begin{cases} \overline{\overline{I_i}+\overline{I_j}} = \overline{1} \quad (i \neq j) \cdots\cdots 约束条件 \\ I_i \cdot I_j = 1 \end{cases}$$

图 4-47　编码器框图

下面求该编码器的逻辑表达式为：

$$Y_2 = \overline{I_0} \, \overline{I_1} \, \overline{I_2} \, \overline{I_3} \, I_4 \, \overline{I_5} \, I_6 \, \overline{I_7} + \overline{I_0} \, \overline{I_1} \, \overline{I_2} \, \overline{I_3} \, \overline{I_4} I_5 \, \overline{I_6} \, \overline{I_7} + \overline{I_0} \, \overline{I_1} \, \overline{I_2} \, \overline{I_3} \, \overline{I_4} \, \overline{I_5} I_6 \, \overline{I_7} + \overline{I_0} \, \overline{I_1} \, \overline{I_2} \, \overline{I_3} \, \overline{I_4} \, \overline{I_5} \, \overline{I_6} I_7$$

令

$$A = \overline{I_0} \, \overline{I_1} \, \overline{I_2} \, \overline{I_3} I_4 \, \overline{I_5} \, \overline{I_6} \, \overline{I_7} \qquad B = \overline{I_0} \, \overline{I_1} \, \overline{I_2} \, \overline{I_3} \, \overline{I_4} I_5 \, \overline{I_6} \, \overline{I_7}$$

$$C = \overline{I_0} \, \overline{I_1} \, \overline{I_2} \, \overline{I_3} \, \overline{I_4} \, \overline{I_5} I_6 \, \overline{I_7} \qquad D = \overline{I_0} \, \overline{I_1} \, \overline{I_2} \, \overline{I_3} \, \overline{I_4} \, \overline{I_5} \, \overline{I_6} I_7$$

根据约束条件，可得

$$A = \overline{I_0}\,\overline{I_1}\,\overline{I_2}\,\overline{I_3}I_4\,\overline{I_5}\,\overline{I_6}\,\overline{I_7}+I_0I_4+I_1I_4+I_2I_4+I_3I_4+I_5I_4+I_6I_4+I_7I_4$$

$$= I_4\left[\,\overline{I_0}\,\overline{I_1}\,\overline{I_2}\,\overline{I_3}\,\overline{I_5}\,\overline{I_6}\,\overline{I_7}+(I_0+I_1+I_2+I_3+I_5+I_6+I_7)\,\right]$$

$$= I_4\left[\,\overline{I_0}\,\overline{I_1}\,\overline{I_2}\,\overline{I_3}\,\overline{I_5}\,\overline{I_6}\,\overline{I_7}+\overline{\overline{I_0}\,\overline{I_1}\,\overline{I_2}\,\overline{I_3}\,\overline{I_5}\,\overline{I_6}\,\overline{I_7}}\,\right] = I_4$$

同样可得

$$B=I_5 \quad C=I_6 \quad D=I_7$$

故

$$Y_2 = I_4+I_5+I_6+I_7 = \overline{\overline{I_4}\,\overline{I_5}\,\overline{I_6}\,\overline{I_7}}$$

同样的方法可求得

$$Y_1 = I_2+I_3+I_6+I_7 = \overline{\overline{I_2}\,\overline{I_3}\,\overline{I_6}\,\overline{I_7}}$$

$$Y_0 = I_1+I_3+I_5+I_7 = \overline{\overline{I_1}\,\overline{I_3}\,\overline{I_5}\,\overline{I_7}}$$

可见，用3个4输入与非门就可实现这种8线-3线二进制编码器。

在该编码器中，对$\overline{I_0}$的编码是隐含编码。即当$\overline{I_1}\sim\overline{I_7}$均处于无效状态时，编码器输出的就是对$\overline{I_0}$的编码。

2. 优先编码器

在前面介绍的二进制编码器中，一次只允许一个输入信号有效，即有约束条件；而优先编码器允许一次有多个输入端有编码有效信号的输入。但是，优先编码器对全部编码输入信号规定了不同的优先等级。当多个输入信号有效时，它能够根据事先安排好的优先顺序，只对优先级最高的有效输入信号进行编码；当优先级高的输入没有编码请求时，编码器才对低优先的输入进行编码。图4-48是优先编码器74LS148的电路图和逻辑符号，表4-21给出了74LS148的功能真值表。

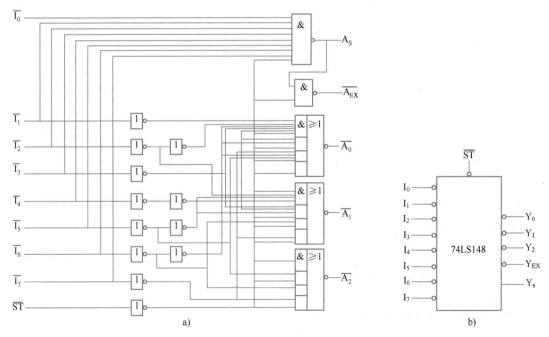

图4-48　优先编码器74LS148的电路与逻辑符号

a）电路图　b）逻辑符号图

表 4-21 优先编码器 74LS148 真值表

$\overline{ST}$	$\overline{I_0}$	$\overline{I_1}$	$\overline{I_2}$	$\overline{I_3}$	$\overline{I_4}$	$\overline{I_5}$	$\overline{I_6}$	$\overline{I_7}$	$\overline{Y_2}$	$\overline{Y_1}$	$\overline{Y_0}$	$\overline{Y_{EX}}$	Y_S
1	d	d	d	d	d	d	d	d	1	1	1	1	1
0	1	1	1	1	1	1	1	1	1	1	1	1	0
0	d	d	d	d	d	d	d	0	0	0	0	0	1
0	d	d	d	d	d	d	0	1	0	0	1	0	1
0	d	d	d	d	d	0	1	1	0	1	0	0	1
0	d	d	d	d	0	1	1	1	0	1	1	0	1
0	d	d	d	0	1	1	1	1	1	0	0	0	1
0	d	d	0	1	1	1	1	1	1	0	1	0	1
0	d	0	1	1	1	1	1	1	1	1	0	0	1
0	0	1	1	1	1	1	1	1	1	1	1	0	1

由真值表可以看出，编码器输入信号 $\overline{I_0} \sim \overline{I_7}$ 均为低电平有效，且 $\overline{I_7}$ 的优先权最高，$\overline{I_6}$ 次之，$\overline{I_0}$ 最低。编码输出信号 $\overline{Y_2}$、$\overline{Y_1}$ 和 $\overline{Y_0}$ 则为反码输出。$\overline{ST}$ 为选通输入端（使能输入端），当 $\overline{ST} = 0$ 时，编码器处于工作态；当 $\overline{ST} = 1$ 时，输出 $\overline{Y_2}$、$\overline{Y_1}$、$\overline{Y_0}$ 和 $\overline{Y_{EX}}$、Y_S 均被封锁，编码器不工作，编码输出 $\overline{Y_2}$、$\overline{Y_1}$ 和 $\overline{Y_0}$ 全为 1。Y_S 是选通输出端，级联使用时，高片位的 Y_S 端与低片位的 $\overline{ST}$ 端连接起来，可以对优先编码器进行扩展。$\overline{Y_{EX}}$ 为优先拓展输出端，级联使用时，可作为输出端的扩展位。

从真值表还可以看出，$Y_S = 0$，表示编码器处于工作态，但无有效编码信号输入；如果 $Y_S = 1$，则表示编码器不工作，或工作且有有效编码信号输入。如果 $\overline{Y_{EX}} = 0$，表示编码器处于工作态且有有效编码信号输入；如果 $\overline{Y_{EX}} = 1$；则表示编码器不工作，或编码器工作，但无有效编码信号输入。利用使能输出端和扩展输出端，可以很方便地实现编码器的扩展。74LS148 优先编码器的函数表达式为：

$$\overline{Y_2} = \overline{ST(I_4 + I_5 + I_6 + I_7)}$$

$$\overline{Y_1} = \overline{ST(I_2\,\overline{I_4}\,\overline{I_5} + I_3\,\overline{I_4}\,\overline{I_5} + I_6 + I_7)}$$

$$\overline{Y_0} = \overline{ST(I_1\,\overline{I_2}\,\overline{I_4}\,\overline{I_6} + I_3\,\overline{I_4}\,\overline{I_6} + I_5\,\overline{I_6} + I_7)}$$

$$Y_S = \overline{\overline{I_0}\,\overline{I_1}\,\overline{I_2}\,\overline{I_3}\,\overline{I_4}\,\overline{I_5}\,\overline{I_6}\,\overline{I_7}ST}$$

$$\overline{Y_{EX}} = \overline{\overline{I_0}\,\overline{I_1}\,\overline{I_2}\,\overline{I_3}\,\overline{I_4}\,\overline{I_5}\,\overline{I_6}\,\overline{I_7}ST \cdot ST}$$

优先编码器对于工业实际应用以及扩展使用极为方便。

3. 二-十进制编码器

所谓二-十进制编码，指的是将表示十进制数的 10 个输入信号，通过编码器转换成对应二进制表示的 BCD 码。实现该功能的组合逻辑电路，称为二-十进制编码器。对应的常用集成芯片是 74LS147，其逻辑图如图 4-49 所示。由图可见，该集成芯片输入信号是低电平有效，输出 BCD 码采用反码形式。

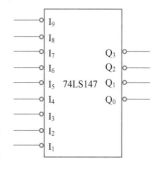

图 4-49 74LS147 逻辑图

74LS147 的功能表如表 4-22 所示。在表中可见，74LS147 芯片允许同时有多个输入端送入编码信号，且只对优先级别高的输入进行编码。其中，$\overline{I_9}$ 级别最高，$\overline{I_8}$次之，其余依次递减，$\overline{I_1}$的级别最低。当$\overline{I_9}$~$\overline{I_1}$各输入均为高电平时，为无效编码信号，则输出$\overline{Q_3Q_2Q_1Q_0}=1111$，正好对应$I_0$编码，故而 74LS147 中省去了 I_0 的信号输入线，这点在使用中需要注意。

表 4-22　74LS147 功能表

输　　入									输　　出			
$\overline{I_1}$	$\overline{I_2}$	$\overline{I_3}$	$\overline{I_4}$	$\overline{I_5}$	$\overline{I_6}$	$\overline{I_7}$	$\overline{I_8}$	$\overline{I_9}$	$\overline{Q_3}$	$\overline{Q_2}$	$\overline{Q_1}$	$\overline{Q_0}$
1	1	1	1	1	1	1	1	1	1	1	1	1
X	X	X	X	X	X	X	X	0	0	1	1	0
X	X	X	X	X	X	X	0	1	0	1	1	1
X	X	X	X	X	X	0	1	1	1	0	0	0
X	X	X	X	X	0	1	1	1	1	0	0	1
X	X	X	X	0	1	1	1	1	1	0	1	0
X	X	X	0	1	1	1	1	1	1	0	1	1
X	X	0	1	1	1	1	1	1	1	1	0	0
X	0	1	1	1	1	1	1	1	1	1	0	1
0	1	1	1	1	1	1	1	1	1	1	1	0

4.7.2　编码器的应用

本小节通过几个具体实例，介绍编码器的应用。

1. 优先编码器的级联应用

将两片 74LS148 级联起来，就构成了 16 线-4 线优先编码器。其电路图如图 4-50 所示。它有 16 个编码信号输入端$\overline{A_{15}}$~$\overline{A_0}$及 4 个编码输出端$\overline{Z_3}$~$\overline{Z_0}$。第 1 片的编码信号输入端$\overline{I_7}$~$\overline{I_0}$作为$\overline{A_{15}}$~$\overline{A_8}$输入；第 2 片的编码信号输入端$\overline{I_7}$~$\overline{I_0}$作为$\overline{A_7}$~$\overline{A_0}$输入，第 1 片的$\overline{ST}$固定接 "0"，处于工作态，而 Y_S 接第 2 片的$\overline{ST}$输入端，控制第 2 片的工作。第 1 片的$\overline{Y_{EX}}$输出接$\overline{Z_3}$。

当第 1 片有输入时，由于第 2 片的$\overline{ST}=1$，故第 2 片不工作，且输出均为 "1"。此时，该级联编码器的输出就是$\overline{Y_{EX}}=0$以及第 1 片$\overline{Y_2}\,\overline{Y_1}\,\overline{Y_0}$的输出，即$\overline{Z_3}\overline{Z_2}\overline{Z_1}\overline{Z_0}=\overline{Y_{EX}}\,\overline{Y_2}\,\overline{Y_1}\,\overline{Y_0}=0\,\overline{Y_2}\,\overline{Y_1}\,\overline{Y_0}$。

当第 1 片没有输入信号时，$\overline{Y_{EX}}=1$，$Y_S=0$，使第 2 片的$\overline{ST}=0$，第 2 片处于工作态。此时的输出就是$\overline{Y_{EX}}=1$以及第 2 片$\overline{Y_2}\,\overline{Y_1}\,\overline{Y_0}$的输出，即$\overline{Z_3}\,\overline{Z_2}\,\overline{Z_1}\,\overline{Z_0}=\overline{Y_{EX}}\,\overline{Y_2}\,\overline{Y_1}\,\overline{Y_0}=1\,\overline{Y_2}\,\overline{Y_1}\,\overline{Y_0}$。

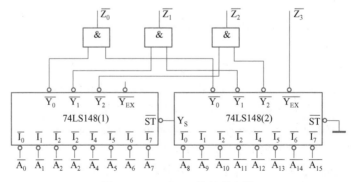

图 4-50　74LS148 的级联应用

2. 用优先编码器构成 8421BCD 码编码器

用二进制优先编码器 74LS148 构成的 8421BCD 码编码器电路如图 4-51 所示。当输入端 $\overline{A_9}$ 或 $\overline{A_8}$ 为低电平（9 或 8 有编码请求）时，与非门输出为 1，这使得 74LS148 的 ST 为 1，编码器不工作，使得 $\overline{Y_2}\,\overline{Y_1}\,\overline{Y_0}$ =111。如果这时 $\overline{A_8}$ = 0，编码器输出 $Z_8Z_4Z_2Z_1$ 为 1000。如果这时 $\overline{A_9}$ = 0，编码器输出 $Z_8Z_4Z_2Z_1$ 为 1001；当 $\overline{A_9}$、$\overline{A_8}$ 均为高电平时，与非门输出为 0，编码器处于工作态，74LS148 对输入的 $\overline{A_7}\sim\overline{A_0}$ 进行编码。这时，若 $\overline{A_5}$ = 0，则 $\overline{Y_2}\,\overline{Y_1}\,\overline{Y_0}$ = 010，编码输出 $Z_8Z_4Z_2Z_1$ 为 0101，即为 5 对应的 8421BCD 码。其他位的输入依此类推。

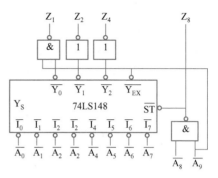

图 4-51　74LS148 构成的 8421BCD 码编码器

4.7.3　译码器的设计

译码是编码的逆过程，即将特定的二进制代码"翻译"成对应的信号。实现译码的电路，称为译码器。下面将分别介绍二进制译码器、二-十进制译码器和数字显示译码器。

1. 二进制译码器

把特定的二进制代码按其原意翻译成对应的输出信号的电路，叫作二进制编码器。因为其把输入变量的值全部翻译出来，故也称为全译码器。图 4-52 是它的示意框图，A_0、A_1、…、A_{n-1} 是 n 位二进制代码，Y_0、Y_1、…、Y_{m-1} 是 m 个输出信号。在二进制译码器中，$m=2^n$。例如，2 位二进制译码器有 2 个输入，则输出为 $2^2=4$ 个信号，其逻辑电路如图 4-53 所示。

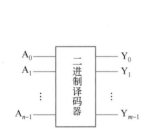

图 4-52　二进制译码器示意框图

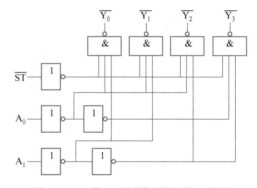

图 4-53　2 位二进制译码器逻辑电路图

（1）3 位二进制译码器

3 位二进制译码器有 3 个输入，$2^3=8$ 个输出。表 4-23 是 3 位二进制译码器的真值表，输入 3 位二进制代码 $A_2A_1A_0$，输出其状态译码 $Z_7\sim Z_0$。

表 4-23　3 位二进制译码器的真值表

A_2	A_1	A_0	Z_7	Z_6	Z_5	Z_4	Z_3	Z_2	Z_1	Z_0
0	0	0	0	0	0	0	0	0	0	1
0	0	1	0	0	0	0	0	0	1	0
0	1	0	0	0	0	0	0	1	0	0

（续）

A_2	A_1	A_0	Z_7	Z_6	Z_5	Z_4	Z_3	Z_2	Z_1	Z_0
0	1	1	0	0	0	0	1	0	0	0
1	0	0	0	0	0	1	0	0	0	0
1	0	1	0	0	1	0	0	0	0	0
1	1	0	0	1	0	0	0	0	0	0
1	1	1	1	0	0	0	0	0	0	0

　　从表中可看出，3 个输入 $A_2 \sim A_0$ 的 8 种组合中，每一种都使 $Z_0 \sim Z_7$ 这 8 个输入中唯一的一个位为 "1"。由此可得该译码器的逻辑表达式为：

$$Z_0 = \overline{A_2}\,\overline{A_1}\,\overline{A_0} \qquad Z_1 = \overline{A_2}\,\overline{A_1}\,A_0$$
$$Z_2 = \overline{A_2}\,A_1\,\overline{A_0} \qquad Z_3 = \overline{A_2}\,A_1\,A_0$$
$$Z_4 = A_2\,\overline{A_1}\,\overline{A_0} \qquad Z_5 = A_2\,\overline{A_1}\,A_0$$
$$Z_6 = A_2\,A_1\,\overline{A_0} \qquad Z_7 = A_2\,A_1\,A_0$$

　　根据真值表和表达式，画出 3 位二进制译码器电路，如图 4-54 所示。图中每个与门的 3 个输入，分别接 $A_2 \sim A_0$ 的 8 种组合之一。对任意一种输入组合，$Z_7 \sim Z_0$ 中仅有一个为 "1"。

　　如果把图 4-54 中的与门换成非门，同时把输出信号写成反变量，就得到输出低电平有效的 3 位二进制译码器，如图 4-55 所示。

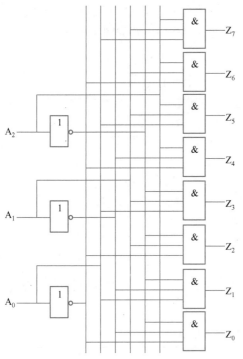

图 4-54　3 位二进制译码器电路　　　　图 4-55　由与非门构成低电平有效的 3 位二进制译码器电路

　　由此得到的逻辑表达式为：

$$\overline{Z_0} = \overline{\overline{A_2}\,\overline{A_1}\,\overline{A_0}} \qquad\qquad \overline{Z_1} = \overline{\overline{A_2}\,\overline{A_1}\,A_0}$$

$$\overline{Z_2} = \overline{A_2}A_1\overline{A_0} \qquad \overline{Z_3} = \overline{A_2}A_1A_0$$
$$\overline{Z_4} = A_2\overline{A_1}\,\overline{A_0} \qquad \overline{Z_5} = A_2\overline{A_1}A_0$$
$$\overline{Z_6} = A_2A_1\overline{A_0} \qquad \overline{Z_7} = A_2A_1A_0$$

（2）集成 3 线-8 线译码器 74LS138

74LS138 是最常用的中规模集成电路的 3 线-8 线译码器，其真值表如表 4-24 所示。图 4-56 为 74LS138 的逻辑电路图和符号。

表 4-24　74LS138 真值表

S_1	$\overline{S_2}+\overline{S_3}$	A_2	A_1	A_0	$\overline{Z_0}$	$\overline{Z_1}$	$\overline{Z_2}$	$\overline{Z_3}$	$\overline{Z_4}$	$\overline{Z_5}$	$\overline{Z_6}$	$\overline{Z_7}$
0	d	d	d	d	1	1	1	1	1	1	1	1
d	0	d	d	d	1	1	1	1	1	1	1	1
1	0	0	0	0	0	1	1	1	1	1	1	1
1	0	0	0	1	1	0	1	1	1	1	1	1
1	0	0	1	0	1	1	0	1	1	1	1	1
1	0	0	1	1	1	1	1	0	1	1	1	1
1	0	1	0	0	1	1	1	1	0	1	1	1
1	0	1	0	1	1	1	1	1	1	0	1	1
1	0	1	1	0	1	1	1	1	1	1	0	1
1	0	1	1	1	1	1	1	1	1	1	1	0

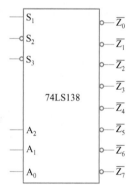

从逻辑电路图可知，74LS138 和低电平有效的 3 位二进制译码器相同。但 74LS138 具有使能控制端 S_1、$\overline{S_2}$ 和 $\overline{S_3}$，它们的组合用于控制译码器的"选通"和"禁止"，即 $EN = S_1 \cdot \overline{\overline{S_2}} \cdot \overline{\overline{S_3}} = S_1 \cdot \overline{\overline{S_2}+\overline{S_3}}$。连接到所有与非门的一个输入端上，仅当 $S_1 = 1$ 并且 $\overline{S_2} = \overline{S_3} = 0$ 时，EN 才为"1"，此时所有与非门开启，译码器被选通，处于工作状态，由输入 $A_2 \sim A_0$ 来确定 $\overline{Z_7} \sim \overline{Z_0}$ 的状态；否则，EN ="0"，所有与非门的输出均为"1"，译码器处于"禁止"状态。当译码器工作时，若能使 EN 端在输入信号变化前为"0"，输入信号稳定后为"1"，则可消除输入信号变化过程中的时延引起的险象干扰。

图 4-56　集成 3 线-8 线译码器 74LS138 的逻辑电路图和符号

设置 3 个控制端的原因，除了更灵活、有效地控制译码器的工作状态外，还可以利用它实现译码器的扩展。

2. 二-十进制译码器

将十进制数的二进制编码（即 BCD 码）翻译成对应的 10 个输出信号的电路，称为二-十进制译码器。因为 BCD 码一般都是由 4 位二进制代码组成，形成 4 个输入信号，二-十进制译码器又被称为 4 线-10 线译码器。

74LS42 是一种集成 4 线-10 线译码器。因为 $m < 2^n$，所以它属于部分译码器。74LS42 译码器的逻辑符号以及真值表如图 4-57 和表 4-25 所示。

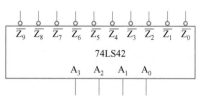

图 4-57　集成 4 线-10 线译码器 74LS42

表 4-25　集成 4 线-10 线译码器 74LS42 真值表

A_3	A_2	A_1	A_0	$\overline{Z_0}$	$\overline{Z_1}$	$\overline{Z_2}$	$\overline{Z_3}$	$\overline{Z_4}$	$\overline{Z_5}$	$\overline{Z_6}$	$\overline{Z_7}$	$\overline{Z_8}$	$\overline{Z_9}$
0	0	0	0	0	1	1	1	1	1	1	1	1	1
0	0	0	1	1	0	1	1	1	1	1	1	1	1
0	0	1	0	1	1	0	1	1	1	1	1	1	1
0	0	1	1	1	1	1	0	1	1	1	1	1	1
0	1	0	0	1	1	1	1	0	1	1	1	1	1
0	1	0	1	1	1	1	1	1	0	1	1	1	1
0	1	1	0	1	1	1	1	1	1	0	1	1	1
0	1	1	1	1	1	1	1	1	1	1	0	1	1
1	0	0	0	1	1	1	1	1	1	1	1	0	1
1	0	0	1	1	1	1	1	1	1	1	1	1	0
1	0	1	0	1	1	1	1	1	1	1	1	1	1
1	0	1	1	1	1	1	1	1	1	1	1	1	1
1	1	0	0	1	1	1	1	1	1	1	1	1	1
1	1	0	1	1	1	1	1	1	1	1	1	1	1
1	1	1	0	1	1	1	1	1	1	1	1	1	1
1	1	1	1	1	1	1	1	1	1	1	1	1	1

从真值表中可见，74LS42 译码器输出低电平有效，因此它的每一个译码输出端都是一个最大项。此外，当输出为禁用码组 1010～1111 时，74LS42 译码器不会产生错误输出，被称为拒绝伪输入译码。

3. 数字显示译码器

在数字系统中，常常需要将数字、字母、符号的二进制代码翻译成人们习惯的形式显示出来，供人们读取或监视系统的工作情况。数字显示译码器还能够驱动发光二极管（LED）、荧光数码管、液晶数码管、气体放电管等显示器件，将相关信息直观地显示出来。

在介绍数字显示译码器之前，首先简单介绍目前广泛使用的由发光二极管构成的 7 段显示数码管的工作原理。发光二极管是一种半导体显示器件，其基本结构是由磷化镓、砷化镓或磷砷化镓等材料构成的 PN 结。当 PN 结外加正向电压时，P 区的多数载流子空穴向 N 区扩散，N 区的多数载流子向 P 区扩散，当电子和空穴复合时就会释放能量，并发出一定波长的光。单个 PN 结可以封装成发光二极管，多个 PN 结按分段式或点阵式可以构成半导体数码管。目前常用的 7 段显示数码管是将 7 个发光二极管按一定的方式连接在一起，每段为一个发光二极管，7 段分别为 a、b、c、d、e、f、g，显示哪个字形，则对应段的发光二极管就发光。7 段显示数码管的结构如图 4-58a 所示，图中的 dp 是小数点。

7 段显示数码管分为共阴极和共阳极。所谓共阴极是指数码管 7 个发光二极管的阴极都连接在一起，接到地，发光二极管的阳极经过限流电阻接到 7 段译码器相应的输出端（译码器输出应为高电平有效）；共阳极是指数码管 7 个发光二极管的阳极都连在一起，接到 U_{CC}，而发光二极管的阴极经过限流电阻接到 7 段译码器相应的输出端（译码器输出应为低电平有效）。改变限流电阻可改变发光二极管的亮度。共阴极和共阳极数码管的结构如图 4-58b 和图 4-58c 所示。

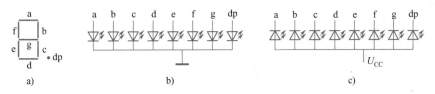

图 4-58　7 段显示数码管的结构

7 段显示数码管的驱动信号 a~g 来自 4 线-7 线译码器。常用的中规模 4 线-7 线显示译码器有 74LS46~74LS49，它们的使用特性大致相同。以 74LS48 为例，它驱动的是共阴极连接的数码管，具有集电极开路输出结构，并接有 2 kΩ 的上拉电阻。它将 8421BCD 码译成 a、b、c、d、e、f、g 共 7 段输出并进行驱动，同时还具有消隐和试灯的辅助功能。表 4-26 是 74LS48 的逻辑功能表，它有 4 个输入信号 $A_3 \sim A_0$，对应 4 位 8421BCD 码；有 7 个输出 a~g，对应 7 段字形。当控制信号有效时，$A_3 \sim A_0$ 输入一组 8421BCD 码，a~g 输出端便有相应的输出，电路实现正常的译码。译码输出为 1 的端口，对应数码管的字段就点亮。例如，当 $A_3A_2A_1A_0=0101$ 时，只有 b 和 e 输出为 0，其余的都输出为 1，a、c、d、f、g 段点亮，显示数字 "5"。图 4-59 是译码显示系统框图，它由译码器 74LS48 和共阴极数码管 BS201A 组成。

表 4-26　74LS48 逻辑功能表

十进制或功能	输入						输入/输出	输出						
	$\overline{LT}$	$\overline{RBI}$	A_3	A_2	A_1	A_0	$\overline{BI}/\overline{RBO}$	a	b	c	d	e	f	g
0	1	1	0	0	0	0	1	1	1	1	1	1	1	1
1	1	d	0	0	0	1	1	0	1	1	0	0	0	0
2	1	d	0	0	1	0	1	1	1	0	1	1	0	1
3	1	d	0	0	1	1	1	1	1	1	1	0	0	1
4	1	d	0	1	0	0	1	0	1	1	0	0	1	1
5	1	d	0	1	0	1	1	1	0	1	1	0	1	1
6	1	d	0	1	1	0	1	0	0	1	1	1	1	1
7	1	d	0	1	1	1	1	1	1	1	0	0	0	0
8	1	d	1	0	0	0	1	1	1	1	1	1	1	1
9	1	d	1	0	0	1	1	1	1	1	0	0	1	1
10	1	d	1	0	1	0	1	0	0	0	1	1	0	1
11	1	d	1	0	1	1	1	0	0	1	1	0	0	1
12	1	d	1	1	0	0	1	0	1	0	0	0	1	1
13	1	d	1	1	0	1	1	1	0	0	1	0	1	1
14	1	d	1	1	1	0	1	0	0	0	1	1	1	1
15	1	d	1	1	1	1	1	0	0	0	0	0	0	0
灭灯	d	d	d	d	d	d	0	0	0	0	0	0	0	0
灭零	1	0	0	0	0	0	0	0	0	0	0	0	0	0
试灯	0	d	d	d	d	d	1	1	1	1	1	1	1	1

输入信号 $\overline{BI}$ 为熄灭信号。当 $\overline{BI}=0$ 时，无论 $\overline{LT}$ 和 $\overline{RBI}$ 以及数码输入 $A_3 \sim A_0$ 状态如何，输出 $Y_a \sim Y_g$ 均为 0，7 段均处于熄灭状态，不显示数字。

输入信号$\overline{LT}$为试灯信号，用来检查7段是否能正常显示。当$\overline{BI}=1$，$\overline{LT}=0$时，无论$A_3 \sim A_0$状态如何，输出$Y_a \sim Y_g$均为1，使显示器7段都点亮。

输入信号$\overline{RBI}$为灭0信号，用来熄灭数码管显示的0。当$\overline{LT}=1$，$\overline{RBI}=0$时，只有输入$A_3 \sim A_0=0000$时，输出$Y_a \sim Y_g$均为0，7段全熄灭，不显示数字0。但当输入$A_3 \sim A_0$为其他组合时，则可以正常显示。

电路输出$\overline{RBO}$为灭0输出信号。当$\overline{LT}=1$，$\overline{RBI}=0$，且$A_3 \sim A_0=0000$时，本片灭0，同时输出$\overline{RBO}=0$。在多级译码显示系统中，这个0送到另一片译码器的$\overline{RBI}$端，就可以使对应这两片译码器的数码管此刻的0都不显示。

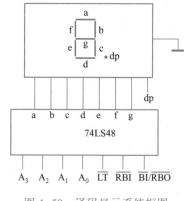

图4-59　译码显示系统框图

由于熄灭信号$\overline{BI}$和灭0输出信号$\overline{RBO}$是电路的同一点，共用一条线，故标为$\overline{BI/RBO}$。

4.7.4　译码器的应用

译码器是多函数组合逻辑问题，并且输出端数多于输入端数。译码器的输入为编码信号，每一组编码有对应的一条输出译码线。当某个编码出现在输入端时，相应译码线输出高电平（或低电平），其他译码线则保持低电平（或高电平）。

根据原理分析可知，译码器除了用来驱动各种显示器件外，还可实现存储系统和其他数字系统的地址译码器、组合逻辑函数发生电路、程序计数器、组成脉冲分配器、代码转换器，甚至数据分配器等。

1. 计算机系统中的地址译码器

在计算机系统中，各种外部设备和接口电路（如存储器、A-D转换器、D-A转换器、并行输入/输出接口、键盘、打印机等）都是通过地址总线AB、数据总线DB以及控制总线CB与CPU进行数据交换的。当CPU需要向某一设备或接口传送数据时，首先要选中该设备或接口，这可以通过简单的线选方式来实现，即用一根高位的地址线来选中该设备或接口。但当外扩的设备和接口较多时，高位的地址线无法满足需求，这时就可以利用译码器来扩充地址线。如利用3线-8线译码器74LS138就可以将3条高位地址线扩充成8条地址线，以实现对8个外部设备或接口的选通。译码器在计算机系统扩展中的应用框图如图4-60所示。

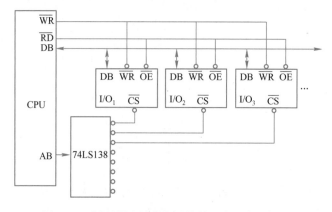

图4-60　译码器在计算机系统扩展中的应用框图

2. 译码器的扩展

当译码器的容量不能满足实际工作需要时，利用其使能控制端，可以对其进行扩展。图 4-61 是利用两片 74LS138 级联起来构成的 4 线-16 线译码器。当高位 $A_3=0$ 时，片（1）的 $\overline{S_2}=0$ 处于工作态，片（2）的 $S_1=0$ 被禁止，输出 $\overline{Z_7}\sim\overline{Z_0}$ 是 $0A_2A_1A_0$ 的译码；当 $A_3=1$ 时，片（1）的 $\overline{S_2}=1$ 被禁止，片（2）的 $S_1=1$ 处于工作态，输出 $\overline{Z_7}\sim\overline{Z_0}$ 是 $1A_2A_1A_0$ 的译码。整个级联电路的使能端是 $\overline{S_3}$，当 $\overline{S_3}=0$ 时级联电路工作，完成对输入 4 位二进制代码 $A_3A_2A_1A_0$ 的译码；当 $\overline{S}=1$ 时级联电路被禁止，输出 $\overline{Z_{15}}\sim\overline{Z_0}$ 均为 1 状态。

由以上电路分析可知，低电平译码输出有效的每一个译码输出端，都是一个最大项，因此这种译码器是一个最大项发生器。而高电平译码输出有效的译码器的每一个译码输出端，都是一个最小项，因此这种译码器是一个最小项发生器。译码器的这种特性，可以用来实现任意的组合逻辑函数。

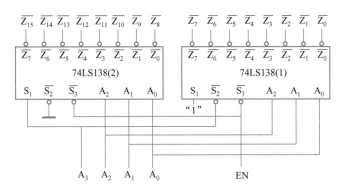

图 4-61　用 74LS138 构成的 4 线-16 线译码器

3. 用译码器实现数据分配器

译码器的一个重要应用是作为数据分配器。数据分配器又称为多路分配器或多路解调器，其功能相当于单刀多位开关，其功能示意图如图 4-62 所示。在集成电路中，数据分配器实际由译码器实现，其详细原理请参见 4.8 节。

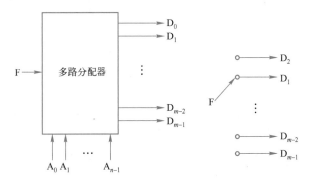

图 4-62　数据分配器功能框图和开关比较图

4. 用译码器实现组合逻辑函数发生电路

译码输出高电平有效的二进制译码器是一个最小项发生器，它的每一个译码输出端都是一个最小项，即

$$Z_i = m_i = \overline{M_i}$$

译码输出低电平有效的二进制编码器是一个最大项发生器，它的每一个译码输出端都是一个最大项，即

$$\overline{Z_i} = M_i = \overline{m_i}$$

而任一个逻辑函数表达式，都可以写成最小项之和或最大项之积。因此，用译码器可实现任何组合逻辑函数表达式，特别是在实现多输出逻辑函数时，更为方便。由此可知，对用最小项表示的逻辑函数，既可用输出高电平有效的译码器外加与或门来实现，也可用输出低电平有效的译码器外加与非门来实现；而对用最大项表示的逻辑函数，既可用输出低电平有效的译码器外加与门来实现，也可用输出高电平有效的译码器外加或非门来实现。

【例 4-19】用输出低电平有效的 3 线-8 线译码器实现逻辑函数 $F(A,B,C) = \sum m(0,1,3,7)$。

解：

$$F(A,B,C) = \overline{\overline{m_0 + m_1 + m_3 + m_7}} = \overline{\overline{m_0} \, \overline{m_1} \, \overline{m_3} \, \overline{m_7}} = \overline{\overline{Z_0} \, \overline{Z_1} \, \overline{Z_3} \, \overline{Z_7}}$$

实现的电路如图 4-63 所示。

【例 4-20】用输出高电平有效的 3 线-8 线译码器实现逻辑函数 $F(A,B,C) = \sum m(0,1,3,7)$。

解：

$$F(A,B,C) = m_0 + m_1 + m_3 + m_7 = Z_0 + Z_1 + Z_3 + Z_7$$

实现的电路如图 4-64 所示。

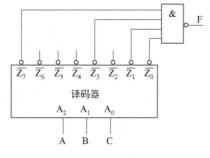

图 4-63　例 4-19 的电路图

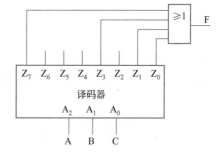

图 4-64　例 4-20 的电路图

【例 4-21】试用 74LS138 设计一个 1 位二进制全加器。

解：

74LS138 是输出低电平有效的译码器，而 1 位全加器的真值表如表 4-27 所示。从真值表可得 1 位全加器的和 S_i 及进位位 C_i 的最小项表达式为

$$S_i(A_i, B_i, C_i) = \sum m(1,2,4,7) = \overline{\overline{Y_1} \, \overline{Y_2} \, \overline{Y_4} \, \overline{Y_7}}$$

$$C_i(A_i, B_i, C_i) = \sum m(3,5,6,7) = \overline{\overline{Y_3} \, \overline{Y_5} \, \overline{Y_6} \, \overline{Y_7}}$$

实现的电路如图 4-65 所示。

【例 4-22】试分析图 4-66 所示的由译码器和逻辑门构成的电路。设输入 $X = X_2 X_1 X_0$，输出 $Y = Y_2 Y_1 Y_0$ 均为 3 位二进制数。

解：

由图 4-66 可列出 Y_2、Y_1、Y_0 的逻辑函数表达式为

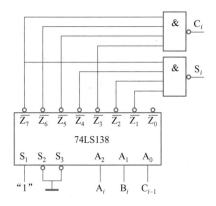

图 4-65　1 位全加器电路

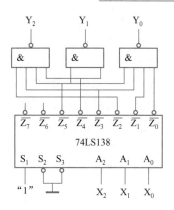

图 4-66　例 4-22 的逻辑电路

$$Y_2(X_2, X_1, X_0) = \sum m(2,3,4,5)$$

$$Y_1(X_2, X_1, X_0) = \sum m(4,5)$$

$$Y_0(X_2, X_1, X_0) = \sum m(0,1,3,5)$$

根据函数表达式列出的真值表如表 4-27 所示。

表 4-27　例 4-21 的真值表

X_2	X_1	X_0	Y_2	Y_1	Y_0
0	0	0	0	0	1
0	0	1	0	0	1
0	1	0	1	0	0
0	1	1	1	0	1
1	0	0	1	1	0
1	0	1	1	1	1
1	1	0	0	0	0
1	1	1	0	0	0

由真值表可见，电路完成的功能如下：

1) 当 X<2 时，Y = 1。

2) 当 2≤X≤5 时，Y = X+2。

3) 当 X>5 时，Y = 0。

4.8　数据选择器和数据分配器

数据选择器是目前逻辑设计中较为流行的一种通用中规模组件，除了用作数据通路外，还可用作逻辑函数发生器，类似译码器。数据分配器的逻辑功能与多路数据选择器相反，也可看作译码器的一种应用。

4.8.1　数据选择器的设计

数据选择器的设计问题包括数据选择器的逻辑功能和集成数据选择器。

1. 数据选择器的逻辑功能

数据选择器的逻辑功能是，根据地址选择端的控制，从多路输入数据中选择一路数据输出。因此，它可实现时分多路传输电路中发送端电子开关的功能，故又称为复用器（Multi-plexer），用 MUX 表示。常用的选择器有 2 选 1、4 选 1、8 选 1、16 选 1 等，如果输入数据更多，则可由上述选择器扩展而得，如 32 选 1、64 选 1 等。

4 选 1 数据选择器的真值表如表 4-28 所示，其中，D_0、D_1、D_2、D_3 是 4 路数据输入，A_1、A_0 为地址选择输入，Z 为数据选择器输出，其逻辑符号如图 4-60 所示。根据表 4-28 的真值表可得输出函数表达式为：

$$Z = \overline{A_1}\,\overline{A_0}D_0 + \overline{A_1}A_0D_1 + A_1\overline{A_0}D_2 + A_1A_0D_3$$

表 4-28 4 选 1 数据选择器的真值表

A_1	A_0	Z
0	0	D_0
0	1	D_1
0	0	D_2
1	1	D_3

根据以上表达式，可画出如图 4-67 所示的逻辑电路图。

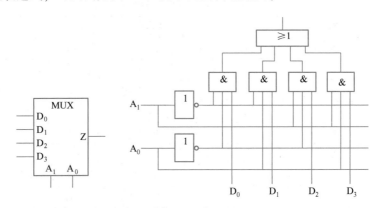

图 4-67 4 选 1 数据选择器逻辑符号和逻辑电路图

2. 集成数据选择器

集成数据选择器的规格和品种很多，这里以 8 选 1 数据选择器 74LS151 为例进行讨论。74LS151 的逻辑符号如图 4-68 所示，真值表如表 4-29 所示。

表 4-29 74LS151 的真值表

$\overline{S}$	A_2	A_1	A_0	Z
1	d	d	d	0
0	0	0	0	D_0
0	0	0	1	D_1
0	0	1	0	D_2
0	0	1	1	D_3
0	1	0	0	D_4

（续）

$\overline{S}$	A_2	A_1	A_0	Z
0	1	0	1	D_5
0	1	1	0	D_6
0	1	1	1	D_7

当使能端 $\overline{S}=1$ 时，数据选择器输出的与任何输入数据无关。使能端 $\overline{S}=0$ 时，输出 Y 与输入数据 D0~D7 的逻辑关系为

$$Y = \overline{A_2}\,\overline{A_1}\,\overline{A_0}D_0 ++\overline{A_2}\,\overline{A_1}\,A_0D_1 +\overline{A_2}A_1\,\overline{A_0}D_2 +\overline{A_2}A_1A_0D_3 +A_2\,\overline{A_1}\,\overline{A_0}D_4 +A_2\,\overline{A_1}\,A_0D_5$$
$$+A_2A_1\,\overline{A_0}D_6 +A_2A_1A_0D_7$$

若将 $A_2A_1A_0$ 看成 3 位逻辑变量，则以上逻辑表达式可写为：

$$Y = m_0D_0 + m_1D_1 + m_2D_2 + m_3D_3 + m_4D_4 + m_5D_5 + m_6D_6 + m_7D_7 = \sum_{i=0}^{7}(m_i \cdot D_i)$$

由数据选择器的逻辑表达式可以看出，当地址选择输入使某一个最小项 m_i 为"1"时，数据选择器的输出 Y 便为对应的输入数据 D_i，由此便实现了数据选择的功能。

常用的数据选择器还有双 4 选 1 数据选择器 74LS153 和 16 选 1 数据选择器 74LS150。由上可知，若地址选择输入端有 n 位，便可实现 2^n 路数据的选择，即 2^n 选一，其输出为

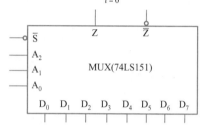

图 4-68　74LS151 的逻辑符号

$$Y = \sum_{i=0}^{2^n-1}(m_i \cdot D_i)$$

集成数据选择器总结有如下几种：
1）2 位 4 选 1 数据选择器：74LS153。
2）4 位 2 选 1 数据选择器：74LS157。
3）8 位 2 选 1 数据选择器：74LS151。
4）16 位 2 选 1 数据选择器：74LS150。

数据选择器也可用作函数发生器。数据选择器的输出表达式 $Y = \sum_{i=0}^{2^n-1}(m_i \cdot D_i)$ 本身就表示了一个与或函数，只要将适当的数据或变量赋给地址选择输入端和数据输入端，就可以实现特定的函数。这一点在后面将作为数据选择器的应用单独介绍和分析。

4.8.2　数据选择器的应用

实际应用中经常采用级联的方法扩展输入端，扩展的方法视情况可选择使用使能端，在下面实例中将仔细分析。数据选择器的应用主要从三个方面展开。

1. 多路数据选择

数据选择器的基本功能是从多路输入的数据中选择一路输出，故数据选择器可用作多路数据开关，实现多路数据通信和路由选择。

2. 数据选择器的扩展

利用数据选择器的选通控制端很容易实现数据选择器的扩展。例如，两片 74LS151 可扩

展为 16 选 1 数据选择器，其扩展电路如图 4-69 所示。

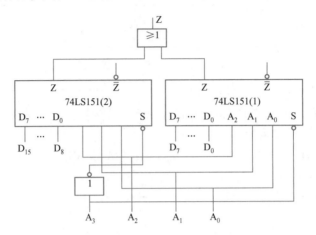

图 4-69 用 74LS151 扩展的 16 选 1 数据选择器

类似的扩展还有很多，比如用 4 片 8 选 1 数据选择器和 1 片 4 选 1 数据选择器构成 32 选 1 的数据选择器。这一类应用或多或少都需要使用基本逻辑门。另外，在实际的连接电路中，各个功能端需要格外注意。

3. 实现组合逻辑函数

数据选择器实现组合逻辑函数时，常采用逻辑函数对比原则，即将要实现的逻辑函数表达式变换成与数据选择器表达式相类似的形式。从输出表达式 $Y = \sum_{i=0}^{2^n-1} (m_i \cdot D_i)$ 可知，它是地址选择码全部最小项和对应的各路输入数据的与或表达式，而任何组合逻辑函数都可表示为标准与或表达式，故数据选择器可用来实现任意的组合逻辑函数。

数据选择器的地址输入变量有 n 位，组合逻辑函数的输入变量有 m 个，可分三种情况：$n=m$，$n>m$，$n<m$。

（1）$n=m$

具有 n 位地址输入的数据选择器，有 2^n 个数据选择器功能。例如，$n=3$，可以完成 8 路数据的选择功能。

（2）$n>m$

当函数输入变量较少时，将数据选择器的高位地址端及相应的数据输入端接地。

（3）$n<m$

当函数的输入变量较多时，n 个地址输入端，有 2^n 个数据输入端。逻辑函数输入变量数若为 m，则应有 2^m 个最小项。$n<m$，即器件的数据输入端数少于函数的最小项数目时，可通过扩展法将 2^n 选 1 选择器扩展成 2^m 选 1 选择器。

用数据选择器实现组合逻辑函数，有两种方法：一种是真值表法，另一种是卡诺图法。

（1）真值表法

所谓真值表法，就是将逻辑函数用真值表列出输入和输出之间的关系，然后用合适的数据选择器实现。这里通过两个例题分别说明。

【例 4-23】利用 8 选 1 数据选择器实现下列逻辑函数。

$$F(A,B,C) = \overline{A}\,\overline{C} + AB + AC$$

解：

根据该表达式列出的真值表如表 4-30 所示。可将真值表中的输入变量作为数据选择器的地址输入，而将真值表中的输出数据作为数据选择器的数据输入，则该选择器便实现了该逻辑函数。其电路图如图 4-70 所示。

表 4-30　例 4-23 的真值表

A	B	C	F
0	0	0	1
0	0	1	0
0	1	0	1
0	1	1	0
1	0	0	0
1	0	1	1
1	1	0	1
1	1	1	1

【例 4-24】 试用 4 选 1 数据选择器实现下列逻辑函数。

$$F(A,B,C) = \overline{A}\,\overline{C} + AB + AC$$

解：

从表 4-30 可知，若选 A、B 作 4 选 1 数据选择器的地址选择码，则可通过比较变量 C 和输出 F 的关系得到如图 4-71 所示的电路图。

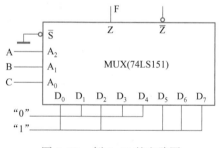

图 4-70　例 4-23 的电路图

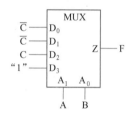

图 4-71　例 4-24 的电路图

（2）卡诺图法

所谓卡诺图法，就是利用卡诺图来确定数据选择器的地址选择变量和数据输入变量，最后得出实现的电路。下面介绍这种方法的实现步骤。

首先，将卡诺图画成与数据选择器相适应的形式。具体而言，所使用的数据选择器有几个数据选择码输入端，逻辑函数的卡诺图的某一边就应该有几个变量，且将这几个变量作为数据选择器的地址选择码。

其次，将要实现的逻辑函数填入卡诺图并画卡诺圈。因为数据选择器输出函数是与或型表达式且包含地址选择码的全部最小项，故在画圈时不仅要圈最小项和随意项，而且只能顺着地址选择码的方向来圈，保证地址选择变量不被化简掉。

然后，读出所圈的结果。注意，地址选择码不读出，只读出其他变量的化简结果，这些结果就是地址选择码所选择的数据输入值。

最后，根据地址选择码和数据输入值，画出用数据选择器实现的逻辑电路。需要注意的是，当读出的数据输入 D 的表达式包含两个或两个以上变量时，需要在数据选择器的基础上外加门电路才行。

【例 4-25】 试用 4 选 1 数据选择器实现下列逻辑函数。

$$F(A,B,C)=\overline{A}\cdot\overline{C}+\overline{B}\cdot\overline{C}+\overline{A}B+BC$$

解：

根据该函数画出的卡诺图及其实现的电路，如图 4-72 所示。图中 A、B 作为地址选择码，由此可得到的函数式为

$$F(A,B,C)=\overline{A}\cdot\overline{B}\cdot\overline{C}+\overline{A}B\cdot 1+A\overline{B}\cdot\overline{C}+AB\cdot C$$

即：$D_0=\overline{C}$，$D_1=1$，$D_2=\overline{C}$，$D_3=C$。

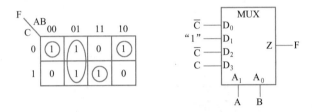

图 4-72 例 4-25 的卡诺图和实现的电路

【例 4-26】 试用 4 选 1 数据选择器实现下列逻辑函数。

$$F(A,B,C,D)=\overline{A}\cdot\overline{B}C+\overline{A}\cdot\overline{B}D+\overline{A}B\overline{C}+ABD+A\overline{B}$$

解：

根据该函数画出的卡诺图和实现的电路如图 4-73 所示。图中 A、B 作为地址选择码，由此得到的函数式为

$$F(A,B,C,D)=\overline{A}\cdot\overline{B}\cdot(C+D)+\overline{A}B\cdot\overline{C}+AB\cdot D+A\overline{B}\cdot 1$$

即：$D_0=C+D$，$D_1=\overline{C}$，$D_2=1$，$D_3=D$。

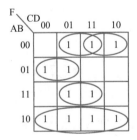 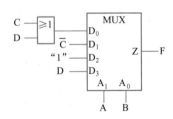

图 4-73 例 4-26 的卡诺图和实现的电路

【例 4-27】 试分析图 4-74 所示 4 选 1 数据选择器电路。

解：

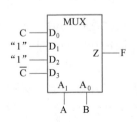

由 4 选 1 数据选择器的函数表达式可得

$$F=\overline{A}\cdot\overline{B}C+\overline{A}B\cdot 1+\overline{A}B\cdot 1+ABC=\overline{A}\cdot\overline{B}C+\overline{A}B+A\overline{B}+ABC$$

将该逻辑函数代入真值表，可见该电路实现"不一致"的功能。

除以上两种方法，有时也会使用扩展法或降维法，此处不再赘述。

图 4-74 例 4-27 的逻辑电路

4.8.3 数据分配器的设计

数据分配器的逻辑功能是将一路输入数据根据地址选择码分配给多路数据输出中的某一路，其逻辑功能和数据选择器相反。数据分配器实现的是时分多路传输电路中接收端电子开关的功能，故又称为解复器（Demultiplexer），用 DMUX 表示。通常，数据分配器有 1 根输入线，n 根选择线和 2^n 根输出线。以 4 路数据分配器为例，其真值表和逻辑符号如表 4-31 和图 4-75 所示。其中，D 为 1 路数据输入，$Z_0 \sim Z_3$ 为 4 路数据输出，A_1、A_0 为地址选择码输出端。其输出函数表达式为

$$Z_0 = \overline{A_1} \, \overline{A_0} \cdot D, \quad Z_1 = \overline{A_1} A_0 \cdot D, \quad Z_2 = A_1 \overline{A_0} \cdot D, \quad Z_3 = A_1 A_0 \cdot D$$

表 4-31　4 路数据选择器的真值表

输　入			输　出			
D	A_1	A_2	Z_0	Z_1	Z_2	Z_3
	0	0	D	0	0	0
	0	1	0	D	0	0
	1	0	0	0	D	0
	1	1	0	0	0	D

因此，可用逻辑门实现 4 路数据选择器的功能。

多路数据选择器相当于一个多路至一路的选择开关，而数据分配器则相当于一个一路到多路的选择开关。二者连接起来，则实现了一条线上传送多路数据，如图 4-76 所示。计算机体系结构中多个通用寄存器之间往往采用该方法提供数据通路，以实现数据的相互传送。

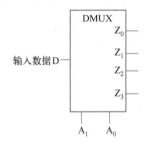

图 4-75　4 路数据分配器的逻辑符号

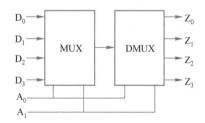

图 4-76　计算机中一线传送多路数据

4.8.4 数据分配器的应用

从数据分配器的真值表和函数表达式可以看出，译码器可实现数据分配功能。因此，工程上将通用二进制译码器作为数据分配器使用。

【例 4-28】用译码器 74LS138 实现 8 路数据分配器。

解：

用 74LS138 实现 8 路数据分配的电路如图 4-77 所示。下面以 $\overline{Z_0}$ 为例说明输出的推断方法。根据数据分配的定义，当 $A_2 A_1 A_0 = 000$ 时，与 D 一致的输出是 $\overline{Z_0}$。当 $A_2 A_1 A_0 = 000$ 且 D=1 时，$\overline{Z_0}=1$；若 D=0 时，$\overline{Z_0}=0$。可见，$\overline{Z_0}$ 与 D 一致。

另外，数据分配器的应用也可以用译码器来实现。图 4-78 是由 16 选 1 数据选择器和 4

线-16线译码器构成的总线数据传输系统。该系统能将16位并行计算数据转换为串行数据进行传送，到达终端后还原为并行数据输出。

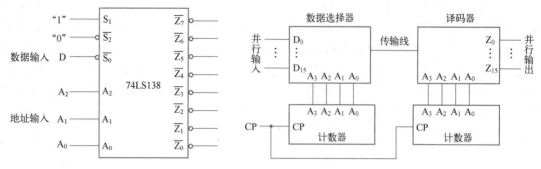

图4-77　用74LS138构成8路数据分配器　　　　　图4-78　数据传输系统

4.9　竞争和冒险

前面讨论组合电路时，只研究了输入和输出稳定状态下的关系，均未考虑信号在传输过程中的延迟现象。实际上，信号经过任何逻辑门或电路时，都会产生时间延迟，这就使得电路在所有输入均达到稳定状态时，需一段时间输出才能稳定。

一般来说，延迟对数字系统是有害的。它会使系统速度下降，引起电路中信号波形的畸变，更严重的情况是在电路中产生错误输出，通常把这种现象称为竞争冒险。

4.9.1　竞争和冒险现象

本小节介绍组合逻辑电路的竞争和冒险现象，包括竞争-冒险的产生和冒险现象的分类。

1. 竞争-冒险的产生

在组合逻辑电路中，一个信号（含这个信号的"非"）可能经多条路径到达某一逻辑门的输入。由于传送路径不同，该信号和信号的"非"到达门输入的时间有先后，这一现象称为竞争。

不产生错误输出的竞争，称为非临界竞争；产生错误输出的竞争，称为临界竞争。临界竞争产生的错误输出（即波形上的毛刺），有可能引起后续电路的错误动作，因此，该错误输出称为冒险。

竞争冒险产生的原因，通常有如下两个。

（1）输入信号数字化边缘平缓、变化速率不同

如图4-79所示的与非门电路，在输入信号A和B同时向相反状态变化的情况下，若电平变化速率不同，比如A从0变到1略快，数字化抽象边缘相对较陡，而B从1变到0时略慢，数字化抽象边缘相对较缓，导致在A和B的状态变化过程中存在同时满足高电平1的时刻。这就使得本该有稳定输出1的F端，产生负脉冲输出。需要说明的是，有竞争不一定会产生竞争-冒险，这也是临界竞争与非临界竞争的区别。

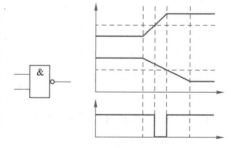

图4-79　信号边缘变化速率
不同导致的错误输出

（2）由于时间延迟而产生的竞争-冒险

如果到达同一逻辑门的两个输入信号，因通过不同的路径导致传输的延迟时间不同，就会产生竞争-冒险。如图 4-80 所示，已知逻辑函数 $F=A+\overline{A}$，$\overline{A}$ 的到达比 A 延迟了一个非门的传输时间，则产生了竞争-冒险。即本应稳定输出 1 的 F 端，出现了一个错误的负脉冲，则有了错误输出。

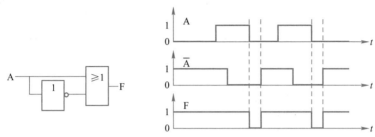

图 4-80　由于时间延迟产生的险象

2. 冒险现象的种类

根据输入变化前后输出是否相同，组合电路中的险象可分为静态险象和动态险象。若在输入变化而输出不应该发生变化的情况下，输出端产生了瞬间的错误输出，这种险象称为静态险象；若在输入变化而输出应该发生变化的情况下，输出在变化的过程中产生了瞬间的错误输出，这种险象称为动态险象。

另外，按错误输出脉冲信号的极性，组合电路中的险象可分为 "1" 型险象和 "0" 型险象。若错误输出信号为正脉冲，称为 "1" 型险象；若错误输出信号为负脉冲，则称为 "0" 型险象。图 4-81 给出了静态 "1" 型险象、静态 "0" 险象、动态 "1" 型险象、动态 "0" 型险象的波形。

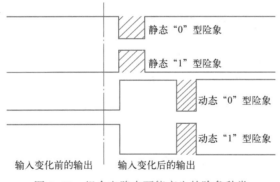

图 4-81　组合电路中可能产生的险象种类

需要指出的是，组合电路中的动态险象一般都是由静态险象引起的。所以，消除了静态险象也就消除了动态险象。

4.9.2　险象的判定

判定一个电路中有无险象的方法有代数法和卡诺图法。

1. 代数法

由前面对竞争和冒险的分析可知，若变量 A 同时以原变量和反变量的形式出现在函数表达式中，且除变量 A（含 $\overline{A}$）以外其他变量为某个恒定值（0 或 1），当出现 $Y=A+\overline{A}$，则存在"0"型险象；若出现 $Y = A \cdot \overline{A}$，则存在"1"型险象。

【例 4-29】 判断 $F = AC + \overline{A}B$ 是否存在险象。

解：

令 $B = C = 1$，则有 $Y = A + \overline{A}$，存在"0"型险象。图 4-82 是实现该函数式的电路和波形。

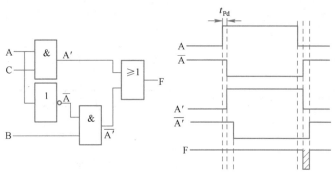

图 4-82 例 4-29 的电路和波形

2. 卡诺图法

在逻辑函数的卡诺图中，函数式的每一个积项（或和项）对应卡诺图的一个卡诺圈。如果两个卡诺圈存在相切部分，且相切部分未被其他卡诺圈圈住，则该电路必存在险象。

【例 4-30】 用卡诺图法判断函数 $F(A,B,C,D) = \overline{A}\,\overline{B}D + \overline{A}\,\overline{B}\,\overline{C} + BCD$ 是否存在险象。

解：

F 的卡诺图如图 4-83 所示。可见，代表 $\overline{A}\,\overline{B}D$ 的卡诺圈和代表 BCD 的卡诺圈相切、代表 $\overline{A}\,\overline{B}D$ 的卡诺图和代表 $AB\,\overline{C}$ 的卡诺圈相切，且相切部分都未被其他卡诺圈圈住，故在前者相邻情况下，在 $A = 0$，$C = D = 1$ 时，若 B 变化，电路会出现险象。在后者相邻情况下，在 $B = 0$，$C = 0$，$D = 1$ 时，若 A 变化，则电路会出现险象。

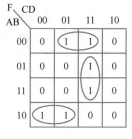

图 4-83 例 4-30
的卡诺图

3. 软件仿真法

通过计算机辅助分析的手段，也可有效判断电路中是否存在险象。其原理是使用 EDA 软件进行了仿真、设计等，进而绘制电路原理图。采用与典型参数值相应的激励信号作为输入，运行仿真程序，仿真结果会直接给出电路中是否存在险象。

4.9.3 险象的消除和减弱

电路中险象的存在，会增加电路的不稳定性，降低其抗干扰性，甚至会产生电路操作上的错误。因此，险象的消除和减弱是电路设计者必须思考的问题。针对险象产生的原因和特点，常用以下几种方法。

当组合电路存在险象时，可采用增加冗余项、引入封锁脉冲、增加输出端滤波等多种方法来消除和减弱险象。由于引入封锁脉冲会大大增加电路的复杂性，故很少使用。这里介绍用冗余项和输出端加滤波的方法来消除和减弱险象。

1. 增加冗余项

若竞争和险象是由单个变量状态改变引起，通常采用增加冗余项的方法。

【例 4-31】 $F = AB + \overline{A}C$。

解：

从函数式可见，当 B=C=1 时，$F=A+\overline{A}$。若 A 从 1 变为 0（或从 0 变为 1），在输出门的输出端就会发生竞争，输出就会发生险象。若在函数式中增加冗余项 BC，则函数式变为 $F=AB+\overline{A}C+BC$。增加冗余项后的电路如图 4-84 所示，不难看出，当 B=C=1 时，由于 BC=1，封锁了输出门，故 "0" 型险象被抑制。

2. 接入滤波电容

竞争冒险所产生的干扰脉冲一般都比较窄，因此可在电路的输出端并接一个小电容来减弱干扰脉冲。图 4-85 即为增加滤波电容后的电路。由于干扰脉冲通常和门电路的传输时间属于同一个量级，所以在 TTL 电路中，只要几百皮法容量的电容就可将干扰脉冲减弱到开门以下水平。

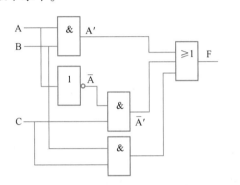

图 4-84　增加冗余项消除险象

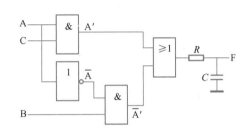

图 4-85　并接滤波电容来减弱险象

3. 接入选通/封锁脉冲

选通脉冲又称为封锁脉冲，该方法主要是对输出门加以控制，使输入信号稳定之后有选择地产生逻辑输出。不同功能的输出门，选通信号的形式也不同，基本原则：选通信号无效时，封锁输出门；选通信号有效时，开启输出门。逻辑 "与" 性质的输出门，采用正逻辑或高电平作为选通信号；逻辑 "或" 性质的输出门，采用负逻辑或低电平作为选通信号。

4.10　组合逻辑电路的应用实例

本节通过几个具体实例，介绍组合逻辑电路的应用。

4.10.1　用全加器将 2 位 8421BCD 码变换成二进制代码

设 2 位 8421BCD 码 $D=A_{80}A_{40}A_{20}A_{10}A_8A_4A_2A_1$（下标表示各位的权重），将权重按 2 的幂展开，可得

$$D=A_{80}\times80+A_{40}\times40+A_{20}\times20+A_{10}\times10+A_8\times8+A_4\times4+A_2\times2+A_1\times1$$
$$=A_{80}\times(64+16)+A_{40}\times(32+8)+A_{20}\times(16+4)+A_{10}\times(8+2)+A_8\times8+A_4\times4+A_2\times2+A_1\times1$$
$$=A_{80}\times2^6+A_{40}\times2^5+(A_{80}+A_{20})\times2^4+(A_{40}+A_{10}+A_8)\times2^3+(A_{20}+A_4)\times2^2+(A_{10}+A_2)\times2^1+A_1\times2^0$$

根据上式可见，8421BCD 码变换为二进制代码可以用 BCD 码的各位码元，按照上式幂相加而得，电路如图 4-86 所示。图中，因 8421BCD 码和二进制代码的最低位是一样的，用一条直线连接即可，其余各位可通过图 4-86 的加法器获得。

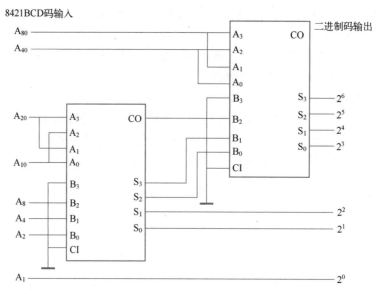

8421BCD码输入

二进制码输出

图4-86　用两片74LS283全加器实现8421BCD码变换为二进制代码

4.10.2　数据传输系统

图4-87是由16选1数据选择器和4线-16线译码器构成的总线数据传输系统，它能将16位并行数据转换为串行数据进行传送，到达终端后又还原为并行数据输出。

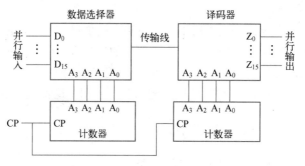

图4-87　数据传输系统

4.11　本章小结

本章首先学习了组合逻辑电路的基本结构与特点、电路分析与设计的基本步骤；其次，对各种常用的中、大规模组合逻辑电路的工作原理以及分析、设计方法详细阐述，主要包括编码器、译码器、数据分配器、数据选择器等；最后，学习和分析了组合电路的险态等相关问题。本章在讨论一般组合逻辑电路的分析和设计基础上，还对各种常用的中大规模组合逻辑电路模块的功能及应用进行了介绍。

具体的关键知识点梳理如下：

1）组合逻辑电路的特点是电路在任意时刻的输出状态只取决于该时刻各输入状态的组合，与电路的原状态无关，电路不包含记忆单元及反馈电路。

2）组合逻辑电路的分析步骤为：根据给定的逻辑图，写出输出函数逻辑表达式→根据已写出的输出函数逻辑表达式，列出真值表→根据逻辑表达式或真值表，判断电路的逻辑功能；

组合逻辑电路的设计步骤为：进行逻辑抽象→进行化简，根据实际情况用卡诺图法或公式法进行化简→画逻辑电路。

3）中规模组合逻辑电路的功能及应用，主要包括经典逻辑运算电路、代码转换电路、数值比较电路、编码器和译码器、数据选择器和数据分配器等。为了增加器件的灵活使用和可扩展性，要学会合理地使用各个集成器件的控制端（或使能端），最大限度发挥电路的潜力。

4）竞争-冒险是组合逻辑电路的工作状态转换中常见的一种现象，本章学习了它的基本概念、特点、分类、险象的判别和避免方法等。

4.12　习题

1. 试分析图 4-88 所示的组合逻辑电路，说明电路功能。

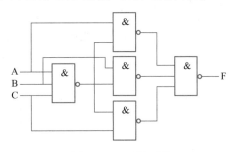

图 4-88　习题 1 图

2. 试分析图 4-89 所示的组合逻辑电路，并用最少的与非门实现电路功能。

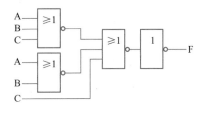

图 4-89　习题 2 图

3. 试分析图 4-90 所示的组合逻辑电路，其中 S_4，S_3，S_2，S_1 为控制输入端，请列出真值表，并说明 F 与 A、B 之间的逻辑关系。

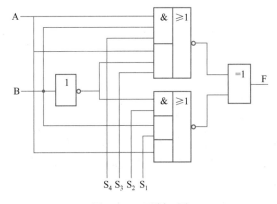

图 4-90　习题 3 图

4. 试分析图 4-91 所示组合逻辑电路，说出电路的逻辑电路，并改用异或门实现该电路的逻辑电路。

5. 试分析图 4-92 所示组合逻辑电路，说出电路的逻辑功能。

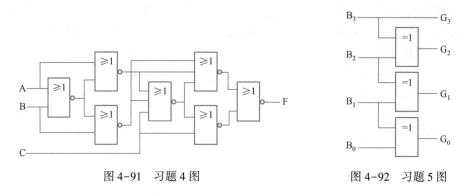

图 4-91 习题 4 图　　　　　　　图 4-92 习题 5 图

6. 试分析图 4-93 所示组合逻辑电路，并用与非门实现该电路的逻辑电路。

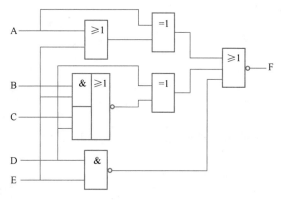

图 4-93 习题 6 图

7. 试分析图 4-94 所示组合逻辑电路，说出电路的逻辑功能。

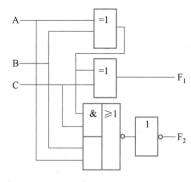

图 4-94 习题 7 图

8. 试设计 1 个代码转换器电路，将一位 8421BCD 码转换为余 3 码。

9. 用与非门设计一个组合电路，输入的是 1 位的 8421BCD 码，当输入的数字为素数时，输出为 1，否则输出为 0。

10. 试用或非门设计一个 8421BCD 码检测电路，当输入的数字 $3 \leqslant X \leqslant 7$ 时，输出为 1，否则输出为 0。

11. 在一旅游胜地，有两辆缆车可供游客上下山，请设计一个控制缆车正常运行的逻辑电路。要求：缆车 A 和 B 在同一时刻只能允许一上一下的行驶，并且必须同时把缆车的门关好后才能行使。设输入为 A、B、C，输出为 Y。设缆车上行为"1"，门关上为"1"，允许行使为"1"。

（1）列真值表。

（2）写出逻辑函数表达式。

（3）用基本门画出实现上述功能的逻辑电路图。

12. 某栋楼有一盏路灯，同住该栋楼的三家住户要求在各自的家门口安装开关均能独立地控制路灯的开和关。请用最少的逻辑门设计出满足该要求的控制电路。

13. 用逻辑门为医院设计一个血型配对指示器，当供血和受血血型不符合表 4-32 时，输出为"1"，指示灯亮。

表 4-32 习题 13

供 血 血 型	受 血 血 型
A	A、AB
B	B、AB
AB	AB
O	A、B、AB、O

14. 用与或非门设计一个 2 位二进制数 A、B 的比较电路，要求 A<B、A=B 和 A>B 3 种比较结果输出。

15. 分别用与非门设计能实现下列功能的组合电路：

（1）3 变量的表决电路（输出与多数变量的状态一致）。

（2）3 变量的不一致电路（3 个变量状态不相同时输出为 1，相同时输出为 0）。

（3）3 变量判奇电路（3 个变量中有奇数个 1 时输出为 1，否则输出为 0）。

（4）3 变量判偶电路（3 个变量中有偶数个 1 时输出为 1，否则输出为 0）。

16. 某药店常用中药有 50 种，编号 1~50。在中药配方时必须遵守下列配方规定：

（1）第 6 号与第 9 号不能同时使用。

（2）第 22 号与第 38 号不能同时使用。

（3）第 1 号、第 43 号、第 48 号不能同时使用。

（4）用第 5 号时必须同时配用第 8 号。

（5）当第 33 号和第 42 号一起使用时，必须配用第 2 号。

设计一个组合逻辑电路，要求违反上述任一项规定时，输出 F=1，否则输出 F=0。

17. 试设计一个将 4 位二进制代码转换为相应的补码的码制转换电路。

18. 用与非门实现下列逻辑函数，要求不会产生险象。

（1）$F_1(A,B,C,D) = \sum m(2,3,5,7,8,10,13)$

（2）$F_2(A,B,C,D) = \sum m(0,2,3,4,8,9,14,15)$

（3）$F_3(A,B,C,D) = \sum m(1,5,6,7,11,12,13,15)$

19. 函数 $F = AC \cdot B\bar{C}$，试分析当实现该电路的逻辑门的平均延迟时间为 10 ns 时，会不会产生险象？什么条件下产生险象？画出无险象产生的改进电路图。

20. 试用 74LS38（3 线-8 线译码器）和与非门实现下列逻辑函数。

（1）$F_1(A,B,C)=A\overline{C}+\overline{B}C+\overline{A}B$

（2）$F_2(A,B,C)=\overline{A}\cdot\overline{C}+\overline{ABC}$

21. 举重比赛有 A、B、C 三个裁判和一个总裁判 D，当 D 同意通过时，运动员可得两票，而 A、B、C 有一个人同意通过时，可得一票，总票数为 5，获得 3 票或以上为举重成功。设计裁判表决电路。

22. 某同学参加三类课程考试，规定如下：文化课程（A）及格得 2 分，不及格得 0 分；专业理论课程（B）及格得 3 分，不及格得 0 分；专业技能课程（C）及格得 5 分，不及格得 0 分。若总分大于 6 分则可顺利过关（Y），设计实现上述功能的逻辑电路。

23. 试用 74LS38（3 线-8 线译码器）和与非门设计一个全减器。

24. 试用 4 路数据选择器实现余 3 码到 8421BCD 码的转换。

25. 试用一片 4 线-16 线译码器和适当的逻辑门，设计一个 1 位十进制 8421BCD 码的奇偶位产生电路（假定采用偶检验）。

26. 当 4 路数据选择器的选择控制变量 A1、A0 接变量 A、B，数据输入端 D0、D1、D2、D3 依次接 C、1、1、$\overline{C}$ 时，电路实现什么功能？

27. 试用 4 位二位制加法器设计下列十进制代码转换器：

（1）8421BCD 码转换为余 3 码。

（2）余 3 码转换为 8421BCD 码。

28. 试用输出高电平有效的 4 线-16 线译码器和逻辑门实现两个 2 位二进制的乘积。

29. 分别用 4 选 1 和 8 选 1 数据选择器实现下列逻辑函数：

（1）$F(A,B,C,D)=\sum m(1,2,5,6,7,10,15)$

（2）$F(A,B,C,D)=\sum m(0,3,8,9,10,11)+\sum d(1,2,5,14,15)$

（3）$F(A,B,C,D)=\prod M(1,2,8,9,10,12,14)+\prod d(0,3,5,6,11,13)$

30. 用一片 4 位全加器和必要的逻辑门，设计一个可控的 4 位加/减法器，当控制信号 M=0 时，进行 A 加 B；当 M=1 时，进行 A 减 B，此时 A≥B。

31. 分析在图 4-95 所示逻辑电路中，当 A、B、C 为何种组合时，输出的 F_1，F_2 相等。

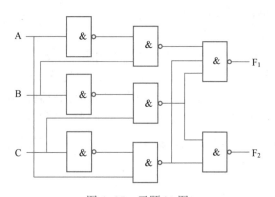

图 4-95　习题 31 图

32. 分析图 4-96 的逻辑电路，列出真值表，说明其逻辑功能。

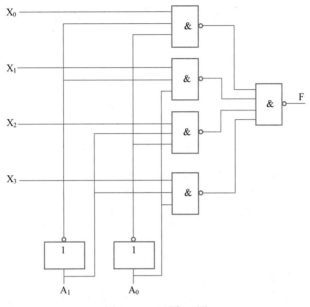

图 4-96　习题 32 图

33. 试用与非门设计一个数据选择电路。S_1，S_0 为选择端，A，B 为数据输入端。选择电路的功能见表 4-33。选择电路可以反变量输入。

表 4-33

S_1	S_0	F
0	0	$A \cdot B$
0	1	$A+B$
1	0	$A \odot B$
1	1	$A \oplus B$

34. 试分析图 4-97 中，当 A，B，C，D 中单独一个改变状态时，是否存在竞争-冒险现象？如果存在竞争-冒险现象，那么其他变量为何种取值时发生？

35. 试设计一个加/减法器，该电路在控制信号 X 的控制下进行加、减运算，当 X = 0 时，实现全减器功能，当 X = 1 时，实现全加器功能。

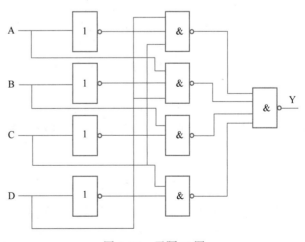

图 4-97　习题 34 图

第5章
触发器

在时序逻辑电路中，记忆单元和存储电路必不可少，从第 6 章开始将讨论时序逻辑电路。在开始之前，我们先学习最基本的具有记忆功能的单元——触发器。触发器是继门电路之后，又一类重要的逻辑单元电路。触发器由多个逻辑门构成，与组合逻辑电路不同，其电路内部存在输出对输入的信号反馈，因而触发器具有记忆输入信息的功能。

根据电路结构的不同，触发器可以分为基本 RS 触发器、同步触发器、主从触发器和边沿触发器；根据电路逻辑功能的不同，触发器可以分为 RS 触发器、D 触发器、JK 触发器等。电路结构决定了它的触发方式，进而决定其状态转换过程中不同的动作特点。

触发器广泛应用于现代数字逻辑系统中，换言之，数字系统均采用触发器暂存数字信息。本章将对常用触发器的工作原理及特性进行详细讨论，并介绍它们的应用。

5.1 触发器的基本概念

在数字电路中，不但需要对二进制数字信号进行算术运算或逻辑运算，而且需要将这些信号和运算结果保存起来。为此，需要使用具有记忆功能的逻辑部件。能存储一位二进制信息的基本单元电路，称为触发器。

5.1.1 触发器的电路结构和特点

为了实现存储一位二进制信息的功能，触发器应该具备以下基本特点：

1）具有两个能自行保持的稳定状态，用来表示逻辑状态的"0"和"1"，或二进制数的"0"和"1"。当没有外来触发信号时，触发器的稳定状态可永久保持。

2）具有一对互补输出 Q 和 $\overline{Q}$。当 Q=0（或 $\overline{Q}=1$）时，称触发器存储了"0"；当 Q=1（或 $\overline{Q}=0$）时，称触发器存储了"1"。

3）根据不同的输入信号，可以将触发器状态设置成"0"或"1"。

4）在输入信号消失后，电路能将反馈的新状态存储下来。

5）可能存在定时（时钟）端 CP（Clock Pulse）。

5.1.2 触发器的逻辑功能和分类

不同的电路结构具有不同的动作特点，掌握这些动作特点对于正确运用这些触发器是十分必要的。

激励方式（即信号的输入方式和触发器状态随输入信号变化的规律）不同，触发器的逻辑功能有所不同，据此可将其分为 RS 触发器、D 触发器、JK 触发器、T 触发器、T'触发器等。

输入信号直接加到激励输入端的触发器，称为基本触发器；输入信号经控制门加到激励输入端，而控制门由时钟脉冲（CP）管理，只有当 CP 到来时输入信号才能进入触发器，这种触发器称为钟控触发器。

5.2　RS 触发器

基本 RS 触发器是各类触发器中电路结构最简单的一种，是各类触发器的基本组成部分。

5.2.1　用与非门构成的基本 RS 触发器

1. 电路结构及工作原理

图 5-1a 所示为两个与非门交叉连接构成的基本 RS 触发器。$\bar{R}$、$\bar{S}$ 是信号输入端，字母上的"非"号表示低电平有效，即 $\bar{R}$、$\bar{S}$ 端为低电平时表示有信号输入，为高电平时表示无信号输入。Q、$\bar{Q}$ 表示触发器的状态，为两个互补的输出信号。

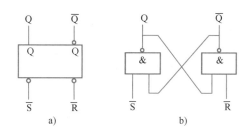

图 5-1　由与非门构成基本 RS 触发器

a）RS 触发器逻辑符号　b）与非门构成的 RS 触发器电路图

图 5-1b 所示为基本 RS 触发器的逻辑电路图。输出的 Q 和 $\bar{Q}$ 状态是互补的，即一个为"1"，另一个就为"0"，反之亦然。

下面讨论该触发器的工作原理。

（1）$\bar{R}=0$、$\bar{S}=1$ 时

由 $\bar{R}=0$ 可知 $\bar{Q}=1$，再由 $\bar{S}=1$、$\bar{Q}=1$ 导出 Q=0，即此时触发器处于"0"状态。因为在 $\bar{R}$ 端加"0"能也只能将触发器置为"0"状态，所以将 $\bar{R}$ 端称为置 0 输入端，习惯上称为复位端。

（2）$\bar{R}=1$、$\bar{S}=0$ 时

由 $\bar{S}=0$ 可知 Q=1，再由 $\bar{R}=1$、Q=1 导出 $\bar{Q}=0$，即此时触发器处于"1"状态。因为在 $\bar{S}$ 端加"0"能也只能将触发器置为"1"状态，所以将 $\bar{S}$ 端称为置 1 输入端，习惯上称为置位端。

（3）$\bar{R}=1$、$\bar{S}=1$ 时

触发器的状态将由触发器的原态决定。若触发器的原态是 Q=0、$\bar{Q}=1$，结合此时的输入值 $\bar{R}=1$、$\bar{S}=1$，可导出次态仍是 Q=0、$\bar{Q}=1$。若触发器的原态是 Q=1、$\bar{Q}=0$，结合此时的输入值 $\bar{R}=1$、$\bar{S}=1$，可导出次态仍是 Q=1、$\bar{Q}=0$。所以，当 $\bar{R}=1$、$\bar{S}=1$ 时，触发器的状态不会改变，习惯上称为保持。

（4） $\overline{R}=0$、$\overline{S}=0$ 时

触发器的互补状态 $Q=1$、$\overline{Q}=1$，破坏了"触发器的输出信号互补"的原则。当 $\overline{R}$ 和 $\overline{S}$ 同时变为"1"时，次态将出现不确定的现象，故常称为禁用。

通常把触发器接收输入信号之前所处的状态，称为原态，用 Q^n 和 $\overline{Q^n}$ 表示。如前面介绍，触发器有两个稳定状态，在接收到输入信号前，总是处于某一个稳态（0 或 1）。也就是说，Q^n 不是 0 就是 1（习惯上，触发器都用 Q 端作为描述对象）。

触发器接收输入信号转换到新的状态，称为次态，用 Q^{n+1} 和 $\overline{Q^{n+1}}$ 表示。Q^{n+1} 和 $\overline{Q^{n+1}}$ 的值不仅和输入信号有关，还和 Q^n 与 $\overline{Q^n}$ 有关。

2. 状态转换真值表和特性方程

反映触发器次态 Q^{n+1}、原态 Q^n 与输入 $\overline{R}$、$\overline{S}$ 之间对应关系的表，称为状态转换真值表。根据基本 RS 触发器的工作原理，列出状态转换真值表，如表 5-1 所示。表 5-1 直观地表示了与非门构成的基本 RS 触发器中 Q^{n+1} 与 Q^n 和 $\overline{R}$、$\overline{S}$ 之间的对应关系。

表 5-1　由与非门构成的基本 RS 触发器的状态转换真值表

Q^n	$\overline{S}$	$\overline{R}$	Q^{n+1}	$\overline{Q^{n+1}}$	注释
0	0	0	1	1	禁用
0	0	1	1	0	置位
0	1	0	0	1	复位
0	1	1	0	1	保持
1	0	0	1	1	禁用
1	0	1	1	0	置位
1	1	0	0	1	复位
1	1	1	1	0	保持

表 5-2 是表 5-1 的简化形式，描述了由与非门构成的基本 RS 触发器的特性。

表 5-2　由与非门构成的基本 RS 触发器的简化特性表

$\overline{S}$	$\overline{R}$	Q^{n+1}	注释
0	0	d	禁用
0	1	1	置位
1	0	0	复位
1	1	Q^n	保持

由表 5-1 可列出 Q^{n+1} 的卡诺图，如图 5-2 所示。由图可得由与非门构成的基本 RS 触发器的特性方程，如下

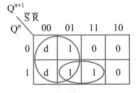

图 5-2　用与非门构成的基本 RS 触发器 Q^{n+1} 的卡诺图

$$Q^{n+1}=S+\overline{R}Q^n$$
$$\overline{R}+\overline{S}=1 \quad （约束条件） \tag{5-1}$$

式（5-1）描述了用与非门构成的基本 RS 触发器次态输出 Q^{n+1}、原态 Q^n 和输入 $\overline{R}$、$\overline{S}$ 之间的函数关系，称为特性方程。在满足约束条件 $\overline{R}+\overline{S}=1$ 的前提下，根据输入信号 $\overline{R}$、$\overline{S}$ 的取值和原态 Q^n，利用特性方程可计算出次态输出方程 Q^{n+1}。

5.2.2　用或非门构成的基本 RS 触发器

本小节介绍或非门构成的基本 RS 触发器，包括其电路结构及工作原理、状态转换真值表和特性方程。

1. 电路结构及工作原理

图 5-3a 所示为两个或非门交叉连接构成的基本 RS 触发器。与图 5-1a 相比，R、S 的拓扑位置不同，而且其上无反号。R、S 上面无反号，表示输入高电平有效，即 R、S 端为高电平时有输入信号，为低电平时无输入信号。同样，Q 和 $\overline{Q}$ 既表示触发器的状态，又是两个互补的输出端。

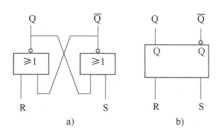

图 5-3　由或非门构成的基本 RS 触发器
a）或非门构成的 RS 触发器　b）基本 RS 触发器逻辑符号

图 5-3b 所示也是基本 RS 触发器的逻辑符号。与图 5-1b 相比，R 端和 S 端无小圆圈，表示高电平有效，即 R 端和 S 端的输入信号为高电平表示有信号，为低电平表示无信号。

下面讨论该触发器的工作原理。

（1）S=0、R=1 时

由 R=1 可知 Q=0，再由 S=0、Q=0 导出 $\overline{Q}$=1，即此时触发器处于"0"状态。因为在 R 端加"1"能也只能将触发器置为"0"状态，所以将 R 端称为置 0 输入端，习惯上称为复位端。

（2）S=1、R=0 时

由 S=1 可知 $\overline{Q}$=0，再由 R=0、$\overline{Q}$=0 导出 Q=1，即此时触发器处于"1"状态。因为在 S 端加"1"能也只能将触发器置为"1"状态，所以将 S 端称为置 1 输入端，习惯上称为置位端。

（3）S=0、R=0 时

触发器的状态由其原态决定。若触发器的原态为 Q=0、$\overline{Q}$=1，当前输入值为 S=0、R=0，可导出次态仍为 Q=0、$\overline{Q}$=1；若触发器的原态为 Q=1、$\overline{Q}$=0，当前输入值为 S=0、R=0，可导出次态仍为 Q=1、$\overline{Q}$=0。所以，当 S=0、R=0 时，触发器的状态不会改变，习惯上称为保持。

（4）S=1、R=1 时

触发器的互补状态 Q=0、$\overline{Q}$=0，破坏了"触发器的输出信号应该互补"的原则。而且当 R 和 S 同时变为"0"时，次态将出现不确定的现象，故常称为禁用。

2. 状态转换真值表和特性方程

根据或非门构成的基本 RS 触发器工作原理，列出其状态转换真值表，如表 5-3 所示。表 5-3 直观地表示了或非门构成的基本 RS 触发器中 Q^{n+1} 与 Q^n 和 R、S 之间的对应关系。

表 5-3　由或非门构成的基本 RS 触发器的状态转换真值表

Q^n	S	R	Q^{n+1}	$\overline{Q^{n+1}}$	注释
0	0	0	0	1	保持
0	0	1	0	1	复位
0	1	0	1	0	置位
0	1	1	0	0	禁用
1	0	0	1	0	保持
1	0	1	0	1	复位
1	1	0	1	1	置位
1	1	1	0	0	禁用

表 5-4 是表 5-3 的简化形式，描述了由或非门构成的基本 RS 触发器的特性。

表 5-4　由或非门构成的基本 RS 触发器的简化特性表

S	R	Q^{n+1}	注释
0	0	Q^n	禁用
0	1	1	复位
1	0	0	置位
1	1	d	禁用

由表 5-3 可列出由或非门构成的基本 RS 触发器中 Q^{n+1} 的卡诺图，如图 5-4 所示。由图可得其特性方程如下

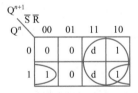

图 5-4　用或非门构成的基本 RS 触发器的 Q^{n+1} 卡诺图

$$Q^{n+1} = S + \overline{R}Q^n$$
$$SR = 0 \quad （约束条件） \tag{5-2}$$

由以上分析可知，无论与非门还是或非门构成的基本 RS 触发器，其特性方程相同（即 $Q^{n+1} = S + \overline{R}Q^n$），但约束条件不同：由与非门构成的基本 RS 触发器中，$\overline{R}$ 和 $\overline{S}$ 不允许同时为 "0"；而或非门构成的基本 RS 触发器中，S 和 R 不允许同时为 "1"。

基本 RS 触发器的优点为电路结构简单，是各类触发器的结构基础；其存在的问题为输出受电平的直接控制，即输入信号存在期间，电平直接控制触发器的输出状态。这不仅导致电路抗干扰能力的下降，而且由于输入之间存在约束关系，给触发器的使用带来了不便。另外，其不受统一的时钟控制，多个触发器无法统一工作。

5.2.3 钟控 RS 触发器

图 5-5a 所示为钟控触发器的逻辑电路图。与非门 G_1、G_2 构成基本触发器,与非门 G_3、G_4 是控制门,输入信号 R、S 通过控制门进行传送,CP 为时间脉冲,是输入的控制信号。图 5-5b 所示为钟控 RS 触发器的逻辑符号。

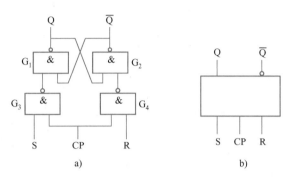

图 5-5 钟控 RS 触发器

a) 钟控 RS 触发器逻辑电路图 b) RS 触发器逻辑符号

由图 5-5a 可知,CP=0 时,控制门 G_3、G_4 被封锁,基本 RS 触发器保持原态不变;只有当 CP=1,控制门 G_3、G_4 被打开时,输入信号才会被接收,工作情况与图 5-1a 所示电路相同。故可得钟控触发器的状态转换表,如表 5-5 所示。

表 5-5 钟控 RS 触发器的状态转换表

Q^n	S	R	Q^{n+1}
0	0	0	0
0	0	1	0
0	1	0	1
0	1	1	d
1	0	0	1
1	0	1	0
1	1	0	1
1	1	1	d

由表 5-5 可得钟控 RS 触发器的特性方程如下

$$Q^{n+1} = S + \overline{R}Q^n \quad (CP = 1 \text{ 有效})$$
$$SR = 0 \quad (\text{约束条件}) \tag{5-3}$$

由以上分析可知,钟控 RS 触发器在 CP=1 时,接收输入信号;CP=0 时,触发器状态保持不变。这样的多个触发器,可在同一个时钟脉冲控制下工作。但在使用过程中,若违反 RS=0 的约束条件,可能出现下列情况。

(1) 在 CP=1 期间

若 R=S=1,则出现 $Q = \overline{Q} = 1$ 的不正常情况。

（2）在 CP = 1 期间

若 R、S 分别从 1 变为 0，则触发器的状态取决于后变 0 者。

（3）在 CP = 1 期间

若 R、S 同时从 1 变为 0，则会出现结果不确定的情况。

（4）在 R = S = 1 时

若 CP 突然从 1 变为 0，则同样会出现输出结果不确定的情况。

钟控 RS 触发器的状态转换图，如图 5-6 所示。

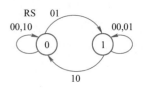

图 5-6 钟控 RS 触发器的状态转换图

5.2.4 主从 RS 触发器

为了解决输入电平直接控制触发器输出的问题，推出了主从型触发器。主从 RS 触发器由两个钟控 RS 触发器组成，电路如图 5-7a 所示，逻辑符号如图 5-7b 所示。其中，S、R 是信号输入端，CP 是时钟脉冲端，小圆圈表示 CP 的下降沿有效。符号"¬"表示延迟，即 CP 下降沿到来时，Q 端和 $\overline{Q}$ 端才会改变状态。

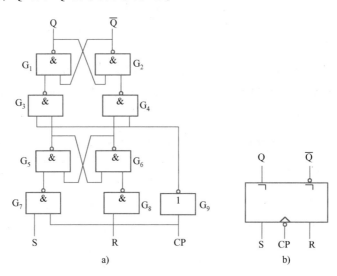

图 5-7 主从 RS 触发器

a）主从 RS 触发器功能电路图 b）主从 RS 触发器逻辑符号

在主从 RS 触发器中，信号的输入和输出是分两步进行的。

在 CP = 1 期间，主触发器接收信号，从触发器保持原态不变。即当 CP = 1、$\overline{CP}$ = 0 时，主触发器控制门 G_7、G_8 打开，可接收输入信号 R、S，主触发器的状态由 R、S 决定，而从触发器控制门 G_3、G_4 被封锁，其状态不会改变。

当 CP 下降沿到来时，主触发器控制门 G_7、G_8 被封锁，其在 CP = 1 期间接收到的信息被存储起来。同时，从触发器控制门 G_3、G_4 被打开，主触发器将其接收的信号传送给从触发器，输出状态也随之变更为主触发器存储的状态。

在 CP = 0 期间，由于主触发器状态不会改变，受其控制的从触发器状态也不会再改变。

因此，在 CP 的一个变化周期中，触发器的输出状态只可能改变一次。

将上面所述的逻辑关系写成真值表，即可得主从 RS 触发器的状态转换真值表（见表 5-6）。

表 5-6 主从 RS 触发器的状态转换真值表

Q^n	S	R	Q^{n+1}
0	0	0	0
0	0	1	0
0	1	0	1
0	1	1	d
1	0	0	1
1	0	1	0
1	1	0	1
1	1	1	d

由表 5-6 可得主从触发器的特性方程如下

$$Q^{n+1}=S+\overline{R}Q^n \quad \text{（CP 下跳瞬间有效）}$$
$$SR=0 \quad \text{（约束条件）} \tag{5-4}$$

主从 RS 触发器解决了钟控 RS 触发器的空翻问题。但是，主从 RS 触发器由两个钟控 R 触发器组合而成，在 CP＝1 期间，R、S 的变化直接影响主触发器的状态。所以当 CP 下降沿到来时，主触发器的状态由 CP＝1 期间的 R、S 的变化情况决定。同样，若 R、S 同时由 1 变为 0（或在 R＝S＝1 时，CP 从高变为低），会出现不定现象，导致从触发器的输出状态无法确定。另外，若在 CP＝1 期间 R、S 的取值违反约束条件 RS＝0，会出现主触发器的两个输出均为高电平的情况。因此，电路的结构还需进一步改进。

5.3 D 触发器

本节介绍 D 触发器，包括钟控（电平型）D 触发器和边沿（维持-阻塞）D 触发器。

5.3.1 钟控（电平型）D 触发器

钟控 RS 触发器仍然有约束条件，限制了其使用。为了解决该问题，出现了钟控 D 触发器（又称 D 锁存器或电平型 D 触发器），在数字系统中广泛应用于数据暂存。与钟控 RS 触发器相比，钟控 D 触发器在 G_3 输出和 R 之间加一反馈线，并使 S 作为唯一的输入信号端 D，其电路结构图和逻辑符号分别如图 5-8a 和图 5-8b 所示。

由电路可以看出，将 S＝D、R＝$\overline{D}$ 代入钟控 RS 触发器的特性方程，可得

$$Q^{n+1}=S+\overline{R}Q^n=D+\overline{\overline{D}}\cdot Q^n=D \quad \text{（CP ＝ 1 期间有效）} \tag{5-5}$$

式（5-5）为反映钟控（电平型）D 触发器逻辑功能的特性方程。显然，方程中已经没有约束条件。

钟控（电平型）D 触发器在 CP＝1 期间，若 D＝1，则 Q^{n+1}＝1；若 D＝0，则 Q^{n+1}＝0。可见，当 CP＝1 时，输出 Q 和 $\overline{Q}$ 的状态由端 D 决定。只有在 CP 的下降沿到来时，Q 和 $\overline{Q}$ 的状态才被封锁，锁存的内容是 CP 下降沿瞬间 D 的值。

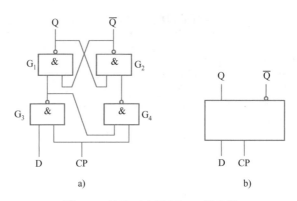

图 5-8　钟控（电平型）D 触发器

a）钟控 D 触发器电路结构图　b）D 触发器逻辑符号

5.3.2　边沿（维持-阻塞）D 触发器

图 5-9a 为上升沿触发的维持-阻塞 D 触发器的电路结构图。图中，4 个与非门 $G_1 \sim G_4$ 构成钟控 RS 触发器，两个与非门 G_5、G_6 为输入信号的引导门，D 为输入信号端。$\overline{R_D}$、$\overline{S_D}$ 为直接置 0、置 1 端，均为低电平有效，平时保持高电平。

维持-阻塞 D 触发器利用电路内部反馈来实现边沿触发。当 CP=0 时，G_3、G_4 的输出为 S=R=1，钟控 RS 触发器的状态保持不变。若输入 D=1，在时钟脉冲的上升沿把 1 送入触发器，使 Q=1、$\overline{Q}$=0。当触发器进入"1"状态后，由于置 1 维持线和置 0 阻塞线的低电平作用，即使输入由 1 变为 0，触发器的"1"状态也不会改变。同样，若 D=0，在时钟脉冲的上升沿把 0 送入触发器，使 Q=0、$\overline{Q}$=1。由于置 0 维持线和置 1 阻塞线的低电平作用，即使输入由 0 变为 1，触发器的"0"状态也不会改变。这保证了触发器的状态在时钟脉冲作用期间只变化一次。图 5-9b 是维持-阻塞 D 触发器的逻辑符号，图 5-10 是其状态转换图。

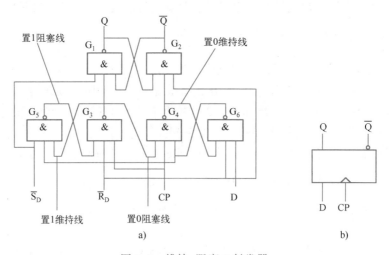

图 5-9　维持-阻塞 D 触发器

a）维持-阻塞 D 触发器电路结构图　b）维持-阻塞 D 触发器逻辑符号

维持-阻塞 D 触发器的特性方程如下

$$Q^{n+1} = D \tag{5-6}$$

维持-阻塞 D 触发器的主要优点是，不存在约束条件，克服了空翻现象，在时钟脉冲作用期间有维持阻塞作用，抗干扰能力强，用途广，可实现寄存、计数、移位等功能。其主要缺点是，只有一个输入端，逻辑功能比较简单，无法满足电路形式比较复杂的设计场合。

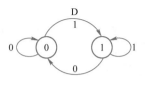

图 5-10　维持-阻塞 D 触发器的状态图

5.4　JK 触发器

本节介绍 JK 触发器，包括钟控 JK 触发器、主从 JK 触发器和边沿 JK 触发器。

5.4.1　钟控 JK 触发器

钟控 RS 触发器的输出端 Q 和 $\overline{Q}$ 引回到输入端，作为附加控制信号，并将原输入端 S、R 分别命名为 J、K 输入端，就构成了钟控 JK 触发器。钟控 JK 触发器的逻辑电路图及逻辑符号如图 5-11 所示。

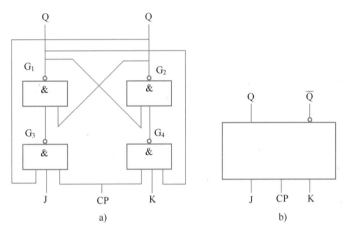

图 5-11　钟控 JK 触发器
a）逻辑电路图　b）逻辑符号

（1）当 CP＝0 时

无论 J、K 为何状态，门 G_3、G_4 被关闭，G_3、G_4 的输出为 S＝R＝1，触发器的输出保持原状态不变。

（2）当 CP＝1 时

触发器的状态取决于输入端 J、K 的状态。

1）若 J＝0、K＝0，则门 G_3、G_4 被关闭，G_3、G_4 的输出为 S＝R＝1，触发器的输出保持原状态不变。

2）若 J＝1、K＝0，如果触发器的初态为 Q＝0，$\overline{Q}$＝1，则 G_3 的输出 S＝0，G_4 的输出 R＝1，触发器被置位；如果触发器的初态为 Q＝1，$\overline{Q}$＝0，则 G_3、G_4 的输出 S＝R＝1，触发器保持原输出状态不变。可见，无论触发器的初态如何，都将使 Q＝1，$\overline{Q}$＝0，即触发器被置位。

3）若 J＝0、K＝1，如果触发器的初态为 Q＝0，$\overline{Q}$＝1，则 G_3、G_4 的输出为 S＝R＝1，触发器保持原输出状态不变；如果触发器的初态为 Q＝1、$\overline{Q}$＝0，则 G_3 的输出 S＝1，G_4 的输出 R＝0，触发器被复位。可见，无论触发器的初态如何，都将使 Q＝0、$\overline{Q}$＝1，即触发器被复位。

4）若 J=1、K=1，如果触发器的初态为 Q=0、$\overline{Q}=1$，触发器被置位；如果触发器的初态为 Q=1、$\overline{Q}=0$，则 G_3 的输出 S=1，G_4 的输出 R=0，触发器被复位。可见，无论触发器的初态如何，其输出状态都将发生翻转。

由以上分析可知，无论 J、K 输入端为何种状态，都不会出现两个输入端同时有效的情况，所以 JK 触发器是没有约束条件的。

钟控 JK 触发器的状态转换真值表，如表 5-7 所示，其特征方程如下。

$$Q^{n+1}=J\,\overline{Q^n}+\overline{K}Q^n$$

表 5-7　钟控 JK 触发器的状态转换真值表

Q^n	J	K	Q^{n+1}	注　释
0	0	0	0	保持
0	0	1	0	置0
0	1	0	1	置1
0	1	1	1	翻转
1	0	0	1	保持
1	0	1	0	置0
1	1	0	1	置1
1	1	1	0	翻转

5.4.2　主从 JK 触发器

为了解决主从 RS 触发器中 R、S 之间存在约束条件的问题，提出了主从 JK 触发器。把主从 RS 触发器中 Q 和 $\overline{Q}$ 端的状态，作为一对附加的控制信号反馈回输入端，就可以达到消除约束条件的目的，如图 5-12a 所示。为了表示与主从 RS 触发器的区别，以 J、K 表示信号的两个输入端，故称其为主从 JK 触发器。其逻辑符号如图 5-12b 所示。

主从 JK 触发器的工作情况如下：

1）若 J=1、K=0，则 CP=1 时主触发器置 1，待 CP 从 1 变为 0 后从触发器置 1，即 $Q^{n+1}=1$。

2）若 J=0、K=1，则 CP=1 时主触发器置 0，待 CP 从 1 变为 0 后从触发器置 0，即 $Q^{n+1}=0$。

3）若 J=K=0，则 G_7、G_8 被封锁，触发器保持原态不变，即 $Q^{n+1}=Q^n$。

4）若 J=1、K=1，则分以下两种情况：

● $Q^n=0$，门 G_8 被 Q^n 的低电平封锁。当 CP=1 时，仅 G_7 输出低电平，主触发器置 1；CP 从 1 变为 0，从触发器也随之置 1，即 $Q^{n+1}=1$。

● $Q^n=1$，门 G_7 被 $\overline{Q^n}$ 的低电平封锁。当 CP=1 时，仅 G_8 输出低电平，主触发器置 0；CP 从 1 变为 0，从触发器也随之置 0，即 $Q^{n+1}=0$。

由此可见，当 J=K=1 时，$Q^n=0$ 和 $Q^n=1$ 这两种情况的次态可统一表示为 $Q^{n+1}=\overline{Q^n}$。即 CP 下降沿到达后，触发器翻转为与原态相反的状态。

表 5-8 为主从 JK 触发器的状态转换真值表。

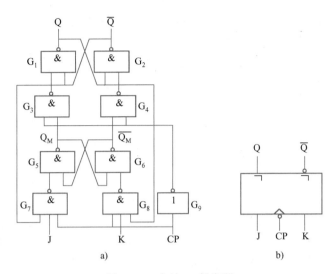

图 5-12　主从 JK 触发器

a）主从 JK 触发器电路结构图　b）主从 JK 触发器逻辑符号

表 5-8　主从 JK 触发器的状态转换真值表

Q^n	J	K	Q^{n+1}	注　释
0	0	0	0	保持
0	0	1	0	置0
0	1	0	1	置1
0	1	1	1	翻转
1	0	0	1	保持
1	0	1	0	置0
1	1	0	1	置1
1	1	1	0	禁用

根据表 5-8 可得，主从 JK 触发器的特性方程如下

$$Q^{n+1} = J\overline{Q^n} + \overline{K}Q^n \tag{5-7}$$

由此可见，主从 JK 触发器已清除了约束条件，是一种灵活方便的钟控触发器。但是，其存在"一次变化"问题，即主从 JK 触发器中的主触发器在 CP＝1 期间，其状态仅能变化一次。这种变化可能发生在 CP 上升沿，也可能发生在 CP＝1 期间，甚至发生在 CP 下降沿之前一瞬间。这种变化既可能由变化引起，也可能由外界的干扰脉冲造成。从图 5-12a 可见，这是因为输出 Q、$\overline{Q}$ 引回到主触发器的输入控制门 G_7、G_8。

（1）CP＝0 时

Q＝Q_M＝0、$\overline{Q}$＝$\overline{Q_M}$＝1。当 CP 从 0 跳变到 1 时，因 Q＝0 封锁了门 G_8，输入信号只能从 J 端经门 G_7 进入主触发器。当 CP 从 1 变为 0 时，从触发器的控制门 G_3、G_4 被打开，主触发器的 1 便进入从触发器，触发器输出 Q＝1、$\overline{Q}$＝0。

（2）CP＝0 时

Q＝Q_M＝1、$\overline{Q}$＝$\overline{Q_M}$＝0。当 CP 从 0 跳变到 1 时，因 $\overline{Q}$＝0 封锁了门 G_7，输入信号只能从

K 端经门 G_8 进入主触发器。当 CP 从 1 变为 0 时，从触发器的控制门 G_3、G_4 被打开，主触发器的 0 便进入从触发器，触发器输出 $Q = 0$、$\overline{Q} = 1$。

由以上分析可知，如果干扰信号引起"一次变化"，该变化结果在 CP 下降沿到来时将被送到触发器的输出端，造成错误输出，故主从 JK 触发器的抗干扰性也有待改进。另外，主从 JK 触发器要求在 CP = 1 期间，输入信号（即 J、K 的值）保持不变。

图 5-13 为主从 JK 触发器的时序图，图 5-14 为主从 JK 触发器的状态转换图。

图 5-13 主从 JK 触发器的时序图示例　　图 5-14 主从 JK 触发器的状态转换图

5.4.3 边沿 JK 触发器

为了解决主从 JK 触发器的"一次变化"问题，增强电路的可靠性，提出了边沿触发器。边沿触发器仅在规定的 CP 跳变时刻（上升沿或下降沿）接收输入信号，并根据该时刻的输入确定触发器的状态。因为边沿触发器在 CP = 0、CP = 1 期间以及非规定的跳变时刻不接收输入信号，所以这些时刻输入信号的变化不会引起触发器输出状态的改变，从而解决了"空翻"和"一次变化"问题。

图 5-15a 为下降沿触发的 JK 触发器的电路结构图，图中两个或非门构成基本 RS 触发器，两个与非门作为输入信号的导引门。图 5-15b 是其逻辑符号。

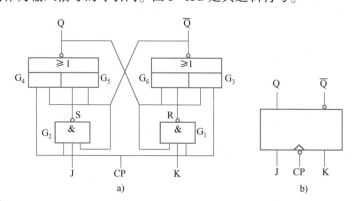

图 5-15　下降沿触发的 JK 触发器

a) JK 触发器电路结构图　b) JK 触发器逻辑符号

在 CP = 0 期间，门 G_1、G_2、G_3、G_6 均被封锁。此时，R = S = 1，由门 G_4、G_5 构成的 RS 触发器状态不变，即整个触发器不受输入信号 J、K 的影响，维持原态不变。

在 CP = 1 期间，由于

$$Q^{n+1} = \overline{\overline{CP \cdot \overline{Q^n}} + S \cdot \overline{Q^n}} = \overline{\overline{\overline{Q^n}} + S \cdot \overline{Q^n}} = Q^n$$

$$\overline{Q^{n+1}} = \overline{\overline{CP \cdot Q^n} + R \cdot Q^n} = \overline{\overline{Q^n} + R \cdot Q^n} = \overline{Q^n}$$

所以触发器状态也不受输入信号 J、K 的影响，保持原态不变。实际上，此时的触发器处于"自锁"状态。即如果原态为 $Q=0$、$\overline{Q}=1$，则门 G_1 封锁，输入信号 K 无法进入基本 RS 触发器，而输入信号 J 虽能通过门 G_2、G_5，但由于门 G_6 输出为 1，信号 J 不能对与或非门的输出产生影响。如果原态为 $Q=1$、$\overline{Q}=0$，则门 G_2 封锁，输入信号 J 无法进入基本触发器，而输入信号 K 虽能通过门 G_1、G_4，但由于门 G_3 输出为 1，信号 K 不能对与或非门的输出产生影响。

CP 下降沿到来时，CP 由 1 变为 0，门 G_3、G_6 的输出也由 1 变为 0，对与或非门的封锁作用消失，触发器的自锁状态被解除。此时，门 G_1、G_2 因 CP 由 1 变为 0 而被封锁，但其输出端 R、S 要经过一个与非门的延时才能变为 1。所以在触发器自锁状态解除的一刻，基本 RS 触发器接收的 R、S 仍为 CP 下降沿到来之前的值，即

$$R=\overline{K \cdot Q^n} \qquad S=\overline{J \cdot \overline{Q^n}}$$

又由图 5-15a 可得

$$\overline{Q^n}=\overline{0+R \cdot Q^n}=\overline{\overline{K \cdot Q^n} \cdot Q^n}$$

将其代入前面的表达式，可得：

$$Q^{n+1}=\overline{0 \cdot \overline{Q^n}+S \cdot \overline{Q^n}}=\overline{\overline{J \cdot \overline{Q^n}} \cdot \overline{\overline{K \cdot Q^n} \cdot Q^n}}=J \cdot \overline{Q^n}+\overline{K} \cdot Q^n$$

即为 JK 触发器的特性方程。可见，在 CP 由 1 变为 0 的下降沿，触发器接收下降沿到来前一刻的输入信号 J、K，并按照 JK 触发器的规律转换状态，从而实现了 JK 触发器的功能。

图 5-16 所示为下降沿触发的 JK 触发器的时序图。从图中可以看出，在每一个 CP 的下降沿时刻，触发器均根据当时的 J、K 值进行转换，其他时刻保持原态不变。

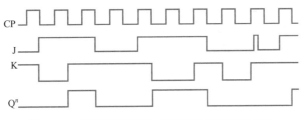

图 5-16　下降沿触发的 JK 触发器的时序图示例

5.5　集成触发器

本节介绍集成触发器，包括集成 D 触发器、集成 JK 触发器、集成 T 触发器和集成 T′ 触发器（翻转触发器）。

5.5.1　集成 D 触发器

集成 D 触发器的逻辑符号如图 5-17 所示。集成 D 触发器不仅具有受时钟控制的激励输入端 D，还设置了优先级更高的异步置位端 $\overline{S_D}$ 和异步复位端 $\overline{R_D}$。图中 $\overline{S_D}$、$\overline{R_D}$ 端的小圆圈表示低电平有效。

异步端的功能、异步端与时钟控制的激励输入端的关系，如表 5-9 所示。从表中可以看出，与基本 RS 触发器相同，集成 D

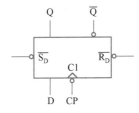

图 5-17　集成 D 触发器

触发器中异步置位和异步复位信号不允许同时有效。当异步置位或复位信号有效时，触发器的状态被确定，此时时钟 CP 和激励输入信号都不起作用；只有当异步信号无效时，触发器才能在时钟和激励输入信号控制下工作。

表 5-9　集成 D 触发器的功能表

$\overline{R_D}$	$\overline{S_D}$	D	CP	Q^{n+1}
0	1	d	d	0
1	0	d	d	1
1	1	0	↑	0
1	1	1	↑	1
0	0	d	d	d

图 5-18 为集成 D 触发器的时序图示例。集成 D 触发器在同步、异步工作方式下的特性方程如下

$$\begin{cases} Q^{n+1} = D & \text{同步工作时} \\ \overline{S_D} \cdot \overline{R_D} = 1 & （约束条件） \end{cases}$$

$$\begin{cases} Q^{n+1} = S_D + \overline{R_D}Q^n & \text{异步工作时} \\ \overline{S_D} + \overline{R_D} = 1 & （约束条件） \end{cases}$$

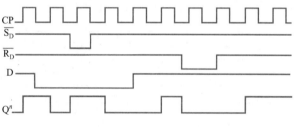

图 5-18　集成 D 触发器的时序图示例

5.5.2　集成 JK 触发器

集成 JK 触发器的逻辑符号如图 5-19 所示。集成 JK 触发器不仅具有受时钟控制的激励输入端 J、K，还设置了优先级数更高的异步置位端$\overline{S_D}$和异步复位端$\overline{R_D}$。

图 5-20 为集成 JK 触发器的时序图示例。集成 JK 触发器在同步、异步工作方式下的特性方程如下

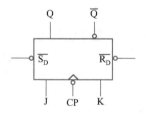

图 5-19　集成 JK 触发器

$$\begin{cases} Q^{n+1} = J\overline{Q^n} + \overline{K}Q^n & \text{同步工作时} \\ \overline{S_D} \cdot \overline{R_D} = 1 & （约束条件） \end{cases}$$

$$\begin{cases} Q^{n+1} = S_D + \overline{R_D}Q^n & \text{异步工作时} \\ \overline{S_D} + \overline{R_D} = 1 & （约束条件） \end{cases}$$

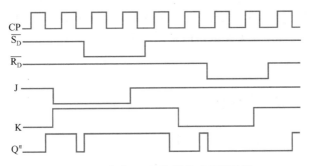

图 5-20 集成 JK 触发器的时序图示例

5.5.3 集成 T 触发器

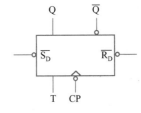

集成 T 触发器在时钟脉冲作用下,根据激励输入信号 T 的取值,可成为具有"保持"或"翻转"功能的电路。即当 T=0 时,$Q^{n+1}=Q^n$；T=1 时, $Q^{n+1}=\overline{Q^n}$。集成 T 触发器的逻辑符号如图 5-21 所示,其状态转换真值表如表 5-10 所示。由表可得 T 触发器的特性方程如下

图 5-21 T 触发器的逻辑符号

$$Q^{n+1}=T\overline{Q^n}+\overline{T}Q^n=T\oplus Q^n$$

表 5-10 T 触发器的状态转换真值表

Q^n	T	Q^{n+1}
0	0	0
0	1	1
1	0	1
1	1	0

5.5.4 集成 T′触发器 (翻转触发器)

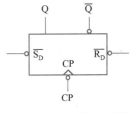

每个时钟脉冲都翻转一次的电路,称为 T′触发器。不难看出,若 T=1,T 触发器就成为 T′触发器。图 5-22 为 T′触发器的逻辑符号,式 5-8 为 T′触发器的特性方程。

$$Q^{n+1}=\overline{Q^n} \tag{5-8}$$

图 5-22 T′触发器的逻辑符号

需要指出的是,集成触发器的种类早期很多,现在逐渐归并为两大类,即集成 D 触发器型和集成 JK 触发器型。作为小规模集成触发器,集成 D 触发器和集成 JK 触发器已能满足各种情况对钟控触发器的需要,其他类型的触发器也可由这两种触发器进行转换。

5.6 触发器的时间参数

本节介绍触发器的时间参数,包括触发器的静态参数和触发器的动态参数。

5.6.1 触发器的静态参数

前面介绍的均为 TTL 触发器,其静态参数与 TTL 门电路基本相同,包括输入低电平

（关门电平）、输入高电平（开门电平）、输出低电平、输出高电平、低电平输入电流、高电平输入电流、电源电流等。相关参数可以采用与 TTL 门电路同样的方式进行测试。

5.6.2　触发器的动态参数

理论上，针对逻辑门电路的动态特性分析适用于触发器。但是与门电路相比，触发器具有截然不同的特点，下面进行详细介绍。

为了可靠地接收输入信号，触发器的输入信号必须在 CP 有效边沿作用之前一段时间建立（这段时间称为建立时间 t_{set}），在 CP 有效边沿作用之后一段时间保持不变（这段时间称为保持时间 t_{hold}）。典型触发器的建立时间和保持时间均在 10 ns 左右，不同触发器的时间可能不同。

从 CP 触发沿到达开始，到输出完成状态改变为止，该段时间称为传输延迟时间。输出端由高电平变为低电平的传输延长时间标记为 t_{PHL}（典型的 $t_{PHL} \leqslant 40\,\text{ns}$）；输出端由低电平变为高电平的传输延迟时间标记为 t_{PLH}（典型的 $t_{PLH} \leqslant 25\,\text{ns}$）。

为了使触发器在输入信号作用下可靠地翻转，CP 的高电平宽度不得小于最小高电平宽度 t_{1min}，CP 的低电平宽度不得小于最小低电平宽度 t_{0min}，t_{1min} 和 t_{0min} 之和是确保触发器可靠翻转的最小 CP 周期。因此，触发器的最高工作频率为

$$f_{max} \leqslant \frac{1}{t_{1min}+t_{0min}}$$

TTL 触发器 f_{max} 的典型值是 $\leqslant 30\,\text{MHz}$。

5.7　不同类型触发器的转换

前面介绍了多种类型的触发器，其主要用途不尽相同。但是，实际生产的集成触发器只有 JK 型和 D 型两种。因此，本节将分别介绍如何将 JK 型和 D 型触发器转换为其他类型的触发器。

5.7.1　JK 触发器转换为 D、T、T′和 RS 触发器

JK 触发器的特性方程为

$$Q^{n+1} = J\overline{Q^n} + \overline{K}Q^n \tag{5-9}$$

1. JK 触发器转换为 D 触发器

D 触发器的特性方程为

$$Q^{n+1} = D$$

变换表达式，使之与式（5-9）形式相同，如下

$$Q^{n+1} = D(\overline{Q^n} + Q^n) = D\overline{Q^n} + DQ^n \tag{5-10}$$

比较式（5-9）和式（5-10），可得 $J = D, K = \overline{D}$。

其电路如图 5-23 所示。

2. JK 触发器转换为 T 触发器

T 触发器的特性方程为

$$Q^{n+1} = T\overline{Q^n} + \overline{T}Q^n \tag{5-11}$$

比较式（5-9）和式（5-11），可得 $J = T, K = T$。

其电路如图 5-24 所示。

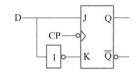 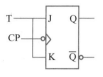

图 5-23　JK 触发器转换为 D 触发器号　　图 5-24　JK 触发器转换为 T 触发器

3. JK 触发器转换为 T′触发器

T′触发器的特性方程为

$$Q^{n+1} = \overline{Q^n} \tag{5-12}$$

变换表达式为

$$Q^{n+1} = \overline{Q^n} = 1 \cdot \overline{Q^n} + \overline{1} \cdot Q^n \tag{5-13}$$

比较式（5-9）和式（5-13），可得 $J=1, K=1$。

其电路如图 5-25 所示。

4. JK 触发器转换为 RS 触发器

RS 触发器的特性方程为

$$Q^{n+1} = S + \overline{R}Q^n$$

$$SR = 0 \text{（约束条件）}$$

变换表达式为

$$
\begin{aligned}
Q^{n+1} = S + \overline{R}Q^n &= S(\overline{Q^n} + Q^n) + \overline{R}Q^n \\
&= S\overline{Q^n} + SQ^n + \overline{R}Q^n = S\overline{Q^n} + \overline{R}Q^n + SQ^n(\overline{R} + R) \\
&= S\overline{Q^n} + \overline{R}Q^n + \overline{R}SQ^n + RSQ^n
\end{aligned}
$$

由于可被吸收，是约束项应去掉，得到

$$Q^{n+1} = S\overline{Q^n} + \overline{R}Q^n \tag{5-14}$$

比较式（5-9）和式（5-14），可得 $J=S, K=R$。

其电路如图 5-26 所示。

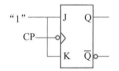

图 5-25　JK 触发器转换为 T′触发器　　图 5-26　JK 触发器转换为 RS 触发器

5.7.2　D 触发器转换为 JK、T、T′和 RS 触发器

D 触发器的特性方程为

$$Q^{n+1} = D \tag{5-15}$$

1. D 触发器转换为 JK 触发器

JK 触发器的特性方程为

$$Q^{n+1} = J\overline{Q^n} + \overline{K}Q^n \tag{5-16}$$

比较式（5-15）和式（5-16），可得 $D = J\overline{Q^n} + \overline{K}Q^n$。

其电路如图 5-27 所示。

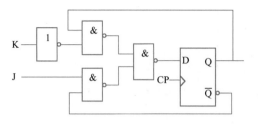

图 5-27　D 触发器转换为 JK 触发器

2. D 触发器转换为 T 触发器

T 触发器的特性方程为：

$$Q^{n+1} = T \oplus Q^n \tag{5-17}$$

比较式（5-15）和式（5-17），可得 $D = T \oplus Q^n$。

其电路如图 5-28 所示。

3. D 触发器转换为 T′ 触发器

T′ 触发器的特性方程为

$$Q^{n+1} = \overline{Q^n} \tag{5-18}$$

比较式（5-15）和式（5-18），可得 $D = \overline{Q^n}$。

其电路如图 5-29 所示。

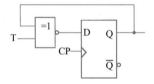　　　　　

图 5-28　D 触发器转换为 T 触发器　　　图 5-29　D 触发器转换为 T′ 触发器

4. D 触发器转换为 RS 触发器

RS 触发器的特性方程为

$$Q^{n+1} = S + \overline{R}Q^n \tag{5-19}$$

$$SR = 0 \quad （约束条件）$$

比较式（5-5）和式（5-19），可得 $D = S + \overline{R}Q^n$。

其电路如图 5-30 所示。

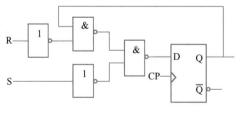

图 5-30　D 触发器转换为 RS 触发器

5.8　触发器的应用实例

触发器（包括锁存器）是一类多功能的记忆元件，在数字系统和计算机中，既是大规模功能块的基础单元，也能完成重要的功能（例如机械开关的消颤、分频、异步脉冲同步化等）。

5.8.1 消颤开关

计算机控制系统和电子设备的面板大量使用了各种机械开关，在接通或断开过程中，通常会产生不规则的振动，进而生成一串随机电脉冲。这些电脉冲加到后接的计数器等电路，就会产生错误的动作。为了保证一次开关只产生对应的单脉冲或阶跃信号，通常采用 RS 触发器消除这种机械颤动，具体电路如图 5-31a 所示。

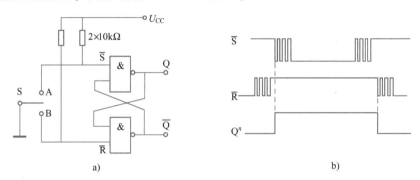

图 5-31 消颤开关

a）消颤开关电路结构图 b）消颤开关波形图

图中 S 是单刀双掷开关。假定起始情况为 S 与下方 B 点接通，即 $\overline{R}=0$、$\overline{S}=1$，此时输出 Q=0。在将开关 S 拨向上方过程中（S 先脱离 $\overline{R}$ 端，再接触 $\overline{S}$ 端），$\overline{S}$ 端点会产生颤动脉冲，但 RS 触发器只对 $\overline{S}$ 的第一个负跳变产生置位响应，使 Q 变为 1。在将 S 再拨向下方时，$\overline{R}$ 端点也会产生颤动脉冲，但触发器仅对 $\overline{R}$ 的第一个负跳变产生复位响应，使 Q 变为 0。可见，与开关 S 触点动作对应的波形 Q 是没有颤动的（如图 5-31b 所示），可以作为理想的控制信号送到其他电路使用。

5.8.2 分频和双相时钟的产生

分频指的是将已有输入信号的重复频率降为 $\dfrac{1}{N}$（N 为分频系数），也可说是将原有输入信号的重复周期增加 N 倍。如图 5-32a 所示，将触发器接成翻转触发器，构成了分频系数 N=2 的分频器。由图 5-32b 可见，CP 每输入两个脉冲，Q 端便形成一个周期，与 CP 相比，Q 端输出的重复频率降低 1/2，而重复周期却增加了一倍。值得指出的是，上述分频功能的实现建立在 CP 是周期性信号的基础上。

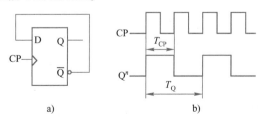

图 5-32 由触发器构成的 2 分频电路

a）2 分频电路结构图 b）2 分频电路波形图

图 5-33a 是利用 2 分频器构成的双相时钟产生电路，图 5-33b 是双相时钟的输出波形。可见，双相时钟信号 CP_1、CP_2 的周期均为输入时钟 CP 的一倍，但正沿出现的时间（相位）却相差一个 CP 周期。

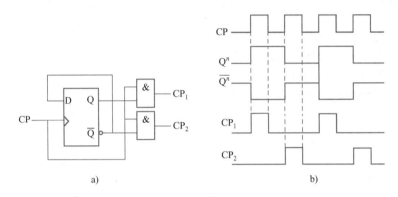

图 5-33 双相时钟电路

a）双向时钟电路结构图　b）双向时钟电路波形图

5.8.3 异步脉冲同步化

异步脉冲同步化，指的是在系统中使异步输入的脉冲波形，变换成边沿与系统时钟同步的波形。实现电路如图 5-34a 所示，输入的异步脉冲 D_1 加到 FF_1 的 $\overline{S_D}$ 端，使 Q_1 波形的前沿受 D_1 的控制，而后沿受 CP 的控制。经 FF_2 的调整，输出 Q_2 波形的前后沿都与时钟脉冲的前沿同步。图 5-34b 为相应的输入/输出波形。

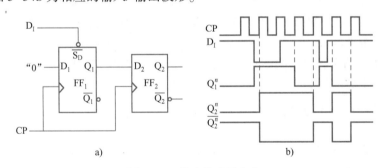

图 5-34 异步脉冲同步化

a）异步脉冲同步化电路结构图　b）异步脉冲同步电路波形图

5.9 本章小结

触发器是时序逻辑电路的基本组成单元，具有记忆和存储的功能。触发器具有两种能自行保持的稳定状态——低电平和高电平，用于表示 0 和 1 两种逻辑状态。另外，触发器的输出只在一定的外部信号作用下才会发生改变，不同的输入可将其输出置为状态 0 或 1。

根据电路的逻辑功能划分，常见的触发器包括 RS 触发器、D 触发器、JK 触发器等，不同的电路结构决定了不同的触发方式，进而决定其状态转换过程中不同的动作特点。本章主要介绍了 RS 触发器、D 触发器、JK 触发器、集成触发器，简单介绍了集成触发器的参数（包括静态参数和动态参数）。在实际工作中经常遇到触发器之间的相互转换，因此介绍了

JK 触发器、D 触发器和其他触发器之间的相互转换。最后，简单阐述了触发器的应用，包括消颤开关的设计、分频双相时钟的设计和异步脉冲同步化的应用等。

5.10　习题

1. 图 5-35 所示为基本 RS 触发器，试根据输入波形画出 Q 和 $\overline{Q}$ 端的波形。设触发器起始状态为 "0"。

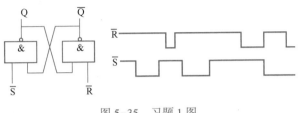

图 5-35　习题 1 图

2. 钟控 RS 触发器如图 5-36 所示，试根据 CP、R、S 画出 Q 端波形。设触发器起始状态为 "0"。

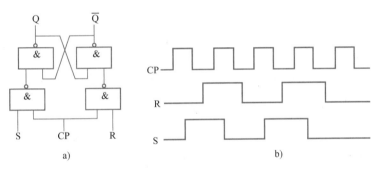

图 5-36　习题 2 图

3. 主从 RS 触发器的 CP、R、S 的波形如图 5-37 所示，试画出对应 Q 和 $\overline{Q}$ 端的波形。设触发器起始状态为 "0"。

4. 主从 JK 触发器的 CP、J、K 的波形如图 5-38 所示，试画出 Q 端的波形。设触发器起始状态为 "0"。

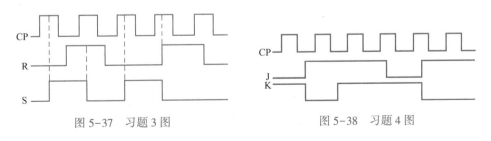

图 5-37　习题 3 图　　　　　　　　图 5-38　习题 4 图

5. 试根据图 5-39 所示 JK 触发器和 CP 及 J、K 的波形，画出 Q 端的波形。设触发器初始状态为 "0"。

6. 试根据图 5-40 所示各 TTL 触发器，画出在 6 个 CP 作用下，触发器 Q 端的波形。设触发器初始状态为 "0"。

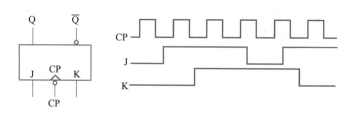

图 5-39　习题 5 图

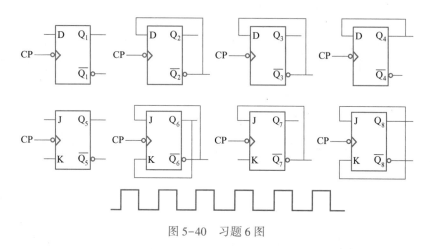

图 5-40　习题 6 图

7. 下降沿触发的边沿 JK 触发器的输入波形如图 5-41 所示。试画出 Q 端的波形。设触发器初始状态为 "0"。

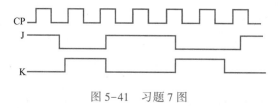

图 5-41　习题 7 图

8. 上升沿触发的边沿 D 触发器的输入波形如图 5-42 所示。试画出 Q 端的波形。设触发器初始状态为 "0"。

9. 电平型 D 触发器的输入信号如图 5-43 所示。试画出 Q 和 $\overline{Q}$ 端的波形。设触发器初始状态为 "0"。

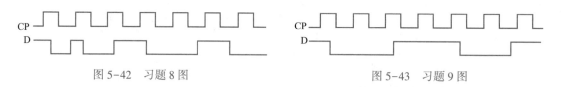

图 5-42　习题 8 图　　　　　　　　　图 5-43　习题 9 图

10. 试画出图 5-44 所示电路中 Q_1 和 Q_2 的波形，并说明该电路的功能。设触发器初始状态为 "0"。

11. 对应图 5-45 所示电路，写出各触发器的次态方程；对应 CP 和输入 A、B 画出 Q 端的波形。设触发器初始状态为 "0"。

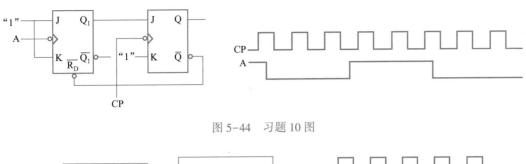

图 5-44　习题 10 图

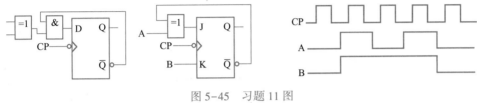

图 5-45　习题 11 图

12. 对应图 5-46 所示电路，根据 CP 画出 Q_1、Q_2 的波形。设触发器初始状态为 "0"。

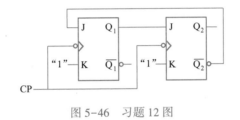

图 5-46　习题 12 图

13. 试根据图 5-47 所示电路，对应输入 X 和时钟 CP 画出 Q_1、Q_2 的波形。设触发器初始状态为 "0"。

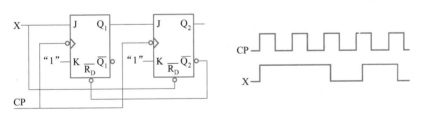

图 5-47　习题 13 图

14. 试根据图 5-48 所示电路，对应输入 X 和时钟 CP 画出 Q_1、Q_2 的波形。设触发器初始状态为 "0"。

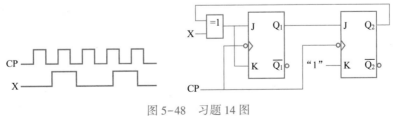

图 5-48　习题 14 图

15. 试根据图 5-49 所示电路，对应输入 X 和时钟 CP 画出 Q_1、Q_2 的波形。设触发器初始状态为 "0"。

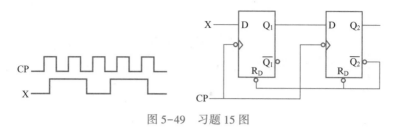

图 5-49　习题 15 图

16. 由边沿型 JK 触发器和维持-阻塞 D 触发器构成的电路如图 5-50 所示，设两个触发器 Q 端初始状态均为 0，请根据输入信号 J_1 和 K_1 波形画出两个触发器的输出波形图。

（1）列出触发器的状态方程。

（2）画出 Q_1 和 Q_2 的波形。

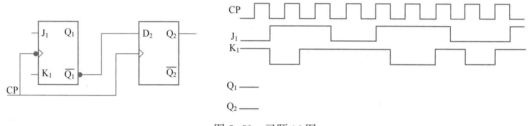

图 5-50　习题 16 图

17. 由边沿 JK 触发器和维持-阻塞 D 触发器构成的电路如图 5-51 所示，设两个触发器 Q 端的初始状态均为 0，试根据输入波形画出 Q_1 和 Q_2 的输出波形。

（1）列出触发器的方程组。

（2）画出 Q_1 和 Q_2 的波形。

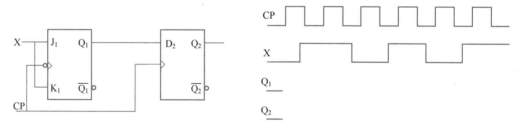

图 5-51　习题 17 图

18. 试用 T 触发器和与非门构成 JK 触发器，画出逻辑电路图。

19. 设某触发器有两个输入信号 X、Y，且特征方程为 $Q' = X \oplus Y \oplus Q$，试用 JK 触发器实现该触发器。

20. 在图 5-52a、b 所示电路中，$\overline{R_d}$ 和 CP 的波形如图 5-52c 所示，各触发器的初始状态均为 0。

（1）试分别画出图 5-52a 和图 5-52b 中 Q_1，Q_2，Q_3 的波形。

（2）说明 Q_1，Q_2，Q_3 输出信号的频率与 CP 信号的频率之间的关系。

21. 由两个 TTL JK 触发器组成的电路如图 5-53 所示，触发器初始状态为 0，试画出在 A，CP 作用下 Q_1，Q_2 的波形。

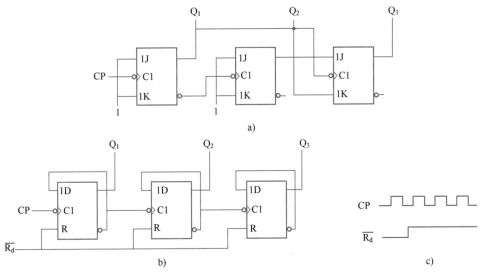

图 5-52　习题 20 图

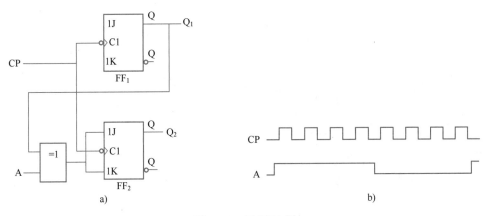

图 5-53　习题 21 图

第6章
同步时序逻辑电路

数字逻辑电路一般分为两大类，组合逻辑电路和时序逻辑电路。组合逻辑电路的特点是，任何时刻电路产生的稳定输出信号仅与该时刻电路的输入有关；而时序逻辑电路的特点是，任何时刻电路产生的稳定输出信号不仅与该时刻的输入信号有关（若有输入），还与该电路的状态有关（过去的输入）。二者详细的对比，如表6-1所示。时序逻辑电路是一类含有存储器件的数字电路，记忆元件是其重要组成部分，通常由触发器担任。本章在第5章的基础上，进一步深入地理解和使用触发器。

表 6-1　组合逻辑电路与时序逻辑电路的对比

属　　性	组合逻辑电路	时序逻辑电路
电路特性	输出只与当前输入有关	输出与当前输入和之前状态有关
电路结构	不含记忆/存储元件	含记忆/存储元件
函数描述	用输出函数描述	用输出函数和次态函数描述

根据电路的工作方式，时序逻辑电路可分为同步时序逻辑电路和异步时序逻辑电路。同步时序逻辑电路的特点是，电路由统一的外部时钟脉冲控制，在激励函数的作用下，只有时钟脉冲到达时，电路的状态才会发生改变；新的状态一旦确定，电路状态保持不变直至下一个时钟脉冲到达，同时形成新的激励。

在时钟脉冲的间隔时间内，激励函数的瞬间变换不会影响同步时序逻辑电路的状态和输出，因此设计时无需考虑延迟问题，这就保证了同步时序逻辑电路的稳定、可靠、简单，因而在实际工业应用中被广泛使用。但是，同步时序逻辑电路要求，同步脉冲的间隔时间必须大于各级电路形成激励函数所产生的延迟最大值，这就限制了电路的工作速度。所以，若应用场景对电路的工作速度要求较高，电路各部件工作速度相差较为悬殊，或者输入是随机变化的信号，则往往采用异步时序逻辑电路（详见第7章）。

本章将从时序逻辑电路的基本概念出发，讨论各种同步时序逻辑电路的分析和设计方法，同时介绍几种典型的同步时序逻辑电路的设计、应用和实例。

6.1　时序逻辑电路的基本概念

本节学习时序逻辑电路，包括电路结构和分类。

6.1.1　时序逻辑电路结构

组合逻辑电路的电路模型如图6-1a所示，相应的函数关系如下

$$Z_i = f_i(X_1, X_2, \cdots, X_n) \quad i = 1, \cdots, m \tag{6-1}$$

式（6-1）中的变量为逻辑变量，取值 0 或 1。给定任意一组输入变量值，就有一组确定的输出值与之对应。该表达式说明：任意时刻组合电路的输出只是当时输入信号的函数，与以前的输入无关，即组合电路没有记忆能力。

要实现对输入值进行计数这类功能，电路必须具有记忆能力，即每来一个输入脉冲，计数电路就要在原有计数值基础上加 1 或减 1，这就要求电路记住已输入脉冲的个数。具有记忆功能的逻辑电路称为时序电路，其记忆能力是通过电路中的存储器件（即触发器）来实现的。时序电路的状态是电路内部存储器件状态的组合，状态之间的相互转换反映了输入信号的变化过程。

与组合电路模型相比，时序逻辑电路具有以下两个特点：一是包含存储器件，二是具有反馈电路。图 6-1b 所示为时序逻辑电路的通用模型，$X_1 \sim X_n$ 是 n 个输入，$Z_1 \sim Z_m$ 是 m 个输出，$Q_1 \sim Q_r$ 是时序逻辑电路的状态变量，状态变量取值的组合表示时序电路当前所处的状态，$W_1 \sim W_r$ 是存储器的激励输入信号，用于控制存储器状态的变化。变量之间的关系用以下 3 个方程组来描述：

输出方程 $\quad\quad\quad Z_i = f(X_1 \sim X_n; Q_1^n \sim Q_r^n) \quad\quad i = 1, \cdots, m \tag{6-2}$

激励方程 $\quad\quad\quad W_i = g(X_1 \sim X_n; Q_1^n \sim Q_r^n) \quad\quad i = 1, \cdots, r \tag{6-3}$

状态方程 $\quad\quad\quad Q_i^{n+1} = h(W_i; Q_i^n) \quad\quad\quad\quad i = 1, \cdots, r \tag{6-4}$

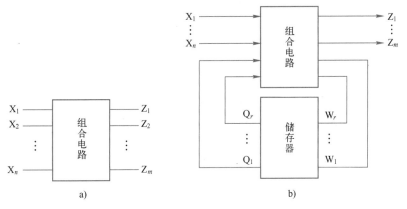

图 6-1　组合逻辑电路和时序逻辑电路示意框图

a）组合逻辑电路示意图　b）时序逻辑电路示意图

由上述方程可知，输出函数和激励函数取决于即刻输入变量和电路的当前状态；而状态函数表明，电路的下一个状态取决于电路的原态和激励输入。

时序逻辑电路通常采用触发器作为存储器件，而触发器状态的变化由其原态和当前的激励信号共同确定。状态方程中的 Q_i^{n+1} 表示第 i 个触发器的次态，Q_i^n、Z_i^n 分别为触发器的原态和当前的激励信号。

6.1.2　时序逻辑电路分类

对于时序逻辑电路的分类，通常基于触发器的状态转换方式或电路输出信号特性。

1. 按触发器状态转换方式分类

根据触发器状态变化是否同步，时序逻辑电路可分为同步时序逻辑电路和异步时序逻辑电路。

在时序逻辑电路中，若时钟脉冲同时加到所有触发器的 CP 端，各触发器的状态转换都是在该时钟脉冲的作用下发生的，则该电路称为同步时序逻辑电路。对于每个时钟脉冲，其作用前电路的状态是原态，作用后电路的状态是次态。只要时钟脉冲没有到来，同步时序逻辑电路的状态就不会改变。因此，通常将时钟脉冲看作同步时序逻辑电路的时间基准，而非输入变量。

在时序逻辑电路中，若时钟脉冲不同时加到所有触发器的 CP 端，电路中各触发器的状态转换不在统一的时钟脉冲作用下发生，则该电路称为异步时序逻辑电路。异步时序逻辑电路通常又分为电平型和脉冲型。其中，电平型异步时序逻辑电路的状态转换是由输入信号电平变化直接引起的；脉冲型异步时序逻辑电路虽有时钟，但各触发器所用时钟不统一，状态转换不同时发生。

2. 按电路输出信号特性分类

按输出信号的特性，时序逻辑电路可分为 Mealy 型和 Moore 型。

在 Mealy 型时序逻辑电路中，输出 Z_i 不但是当前输入 $X_1 \sim X_n$ 的函数，而且是当前状态 $Q_1^n \sim Q_r^n$ 的函数，即 $Z_i = f(X_1 \sim X_n; Q_1^n \sim Q_r^n)$。在 Moore 型时序逻辑电路中，输出 Z_i 仅是当前状态 $Q_1^n \sim Q_r^n$ 的函数（即 $Z_i = f(Q_1^n \sim Q_r^n)$），或者不存在专门的输出 Z_i，直接输出电路中触发器的状态。

从电路结构上看，Mealy 型电路与 Moore 型电路本质上并无区别，只是组合逻辑部分更为复杂，因此分析和设计方法相同。

6.2 同步时序逻辑电路的分析

同步时序逻辑电路的分析指的是，研究给定同步时序逻辑电路在输入序列和时钟脉冲作用下的输出序列，进而确定电路的逻辑功能。同步时序逻辑电路分析的关键是，随着时间推移，确定电路在输入序列作用下的状态和输出的变化规律。这种规律通常表现在状态转换表、状态图或时序（时间）图中。因此，分析一个给定的同步时序逻辑电路，实际上就是求出该电路的状态转换表、状态图或时序图，据此确定电路的逻辑功能。

6.2.1 时序逻辑电路表示方法

为了描述时序逻辑电路的功能，通常采用存储电路的状态方程、输出方程、状态转换表、状态转换图、工作波形图（时序波形图）等。

1. 逻辑方程

在讨论时序逻辑电路的基本框架时，学习了输出函数、激励函数和状态函数。式（6-2）~式（6-4）有效地表示了存储电路与组合逻辑电路之间的逻辑关系，是表示时序逻辑电路的基本逻辑方程。但是，该方法不够直观，而且在时序逻辑电路的设计过程中，很难直接从实际问题写出各个逻辑方程。所以，研究者们设计出了后面几种更加直观、全面、形象的方法。

2. 状态转换表

状态转换表又称状态转换真值表，就是采用真值表的形式，将电路在不同输入条件下各个状态之间的转换关系和对应的输出结果表示出来。状态转换表类似于组合逻辑电路中的真值表。

状态转换表的一般结构如图 6-2 所示。其中，"输入"列出该电路所有可能的输入组合；"现态"（也称为"原态"）指的是电路所有可能出现的状态；"次态/输出"指的是在特定的输入条件下，某个原态所对应的次态以及电路输出。

现态 ＼ 输入 次态/输出	...	X	...
...	...	...	...
Q	...	Q*/Z	...
...	...	...	...

图 6-2　状态转换真值表一般结构

从状态转换真值表中，可以看出电路各种状态之间的转换过程，以及输入、输出之间的对应关系。在实际的使用过程中，表格的结构可以根据情况稍作调整（见 6.3.3 节）。

3. 状态转换图

状态转换图是状态转换真值表的进一步图形化。图中，各电路状态用圆圈加状态名表示；状态间转换的方向用箭头表示，状态转换前的输入、输出以 X/Y（X 表示输入，Y 表示输出）的形式标记在箭头的连线的一侧。具体实例见 6.2.3 节。

4. 时序波形图

时序波形图也称工作波形图，指的是在时钟脉冲序列的作用下，电路状态、输出结果随时间变化的波形展示，实例如图 6-5 所示。

上述 4 种时序逻辑电路的表示方法可以相互转换。在实际的时序逻辑电路分析与设计工作中，需根据具体情况选择合适的表示方法。

6.2.2　分析方法和步骤

同步时序逻辑电路的分析，通常可以按以下步骤进行。

1. 根据电路写出逻辑方程组

逻辑方程组指的是电路的输出方程、激励方程和状态方程。其中，输出方程是同步时序逻辑电路中各输出信号的逻辑表达式；激励方程是各触发器同步输入端信号的逻辑表达式；将激励方程代入相应触发器的特性方程，可得时序电路的状态方程，即各触发器次态输出的逻辑表达式。

2. 列出状态转换真值表

状态转换真值表由电路的输入、原态、激励函数、次态和输出函数组成。

3. 画出状态转换图

根据状态转换真值表画出状态图或列出状态表。状态图方法首先将时序电路的所有状态画成状态圈，然后以每个状态为原态，在状态转换真值表中查找出该状态的次态和输出值，并在状态圈之间用有向箭头表示状态转换，其输入条件和输出值在箭头旁标出。状态图是时序电路逻辑功能的图示法，与状态转换真值表相比，更直观地反映了电路中各状态间的转换关系，有利于理解电路的逻辑功能。

4. 画出时序波形图（工作波形图）

时序图是分析各类电路的重要手段。在给定输入信号、时钟脉冲和电路的起始状态后，可根据状态转换真值表或状态图画出电路中各触发器状态变换和输出信号变化的时序图。画时序图时要明确，只有当 CP 触发沿到来时相应的触发器状态才会改变，否则只会保持原态。

5. 分析说明电路逻辑功能

在实际应用中，逻辑电路的输入和输出都有物理含义。此时，应结合物理量的含义进一步说明逻辑电路的具体功能，或者结合时序图说明时钟脉冲与输入、输出以及内部变量之间的时间关系。

6.2.3　分析举例

在同步时序逻辑电路中，所有的存储元件由同一个时钟信号触发。该时钟信号只控制触发器的翻转时刻，对触发器翻转到何种状态没有影响。因此，在实际分析同步时序逻辑电路时，不考虑时钟条件能简化状态转换真值表。

【例 6-1】 试分析图 6-3 所示同步时序逻辑电路功能。

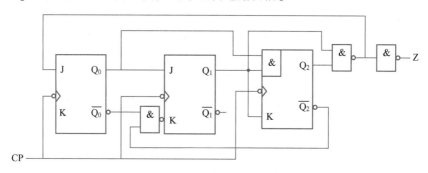

图 6-3　例 6-1 的同步时序逻辑电路

解：

1. 写方程组

（1）输出方程

$$Z = Q_2^n Q_1^n$$

显然，图 6-3 所示电路是一个简单的 Moore 型时序电路，其输出仅与电路原态有关。

（2）激励方程

$$J_0 = \overline{Q_2^n Q_1^n} \quad K_0 = 1$$

$$J_1 = Q_0^n \quad K_1 = \overline{\overline{Q_2^n} \cdot \overline{Q_0^n}}$$

$$J_2 = Q_1^n Q_0^n \quad K_2 = Q_1^n$$

（3）状态方程

JK 触发器的特性方程为

$$Q^{n+1} = J\overline{Q^n} + \overline{K}Q^n$$

把求出的激励方程代入 JK 触发器的特性方程，可得

$$Q_0^{n+1} = J_0\overline{Q_0^n} + \overline{K_0}Q_0^n = \overline{Q_2^n Q_1^n} \cdot \overline{Q_0^n}$$

$$Q_1^{n+1} = J_1\overline{Q_1^n} + \overline{K_1}Q_1^n = Q_0^n\overline{Q_1^n} + \overline{Q_2^n} \cdot \overline{Q_0^n}Q_1^n$$

$$Q_2^{n+1} = J_2 \overline{Q_2^n} + \overline{K_2} Q_2^n = Q_1^n Q_0^n \overline{Q_2^n} + \overline{Q_1^n} Q_2^n$$

2. 列出状态转换真值表

依次假设电路的原态 Q_2^{n+1}，代入状态方程和输出方程即可得对应的状态转换真值表（见表6-2）。

表6-2 例6-1的状态转换真值表

Q_2^n	Q_1^n	Q_0^n	Q_2^{n+1}	Q_1^{n+1}	Q_0^{n+1}	Z
0	0	0	0	0	1	0
0	0	1	0	1	0	0
0	1	0	0	1	1	0
0	1	1	1	0	0	0
1	0	0	1	0	1	0
1	0	1	1	1	0	0
1	1	0	0	0	0	1
1	1	1	0	0	0	1

3. 画出状态图和时序图

状态图和时序图如图 6-4 和图 6-5 所示。

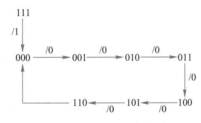

图 6-4 例6-1的状态图

4. 说明电路的逻辑功能

实际应用中一个逻辑电路的输入和输出都是有一定的物理意义的。此时，应结合这些物理量的含义，进一步说明逻辑电路的具体功能。就本例而言，若 CP 是一串要计数的连续脉冲，则由状态图和时序图可知，图 6-3 是一个七进制加法计数器。

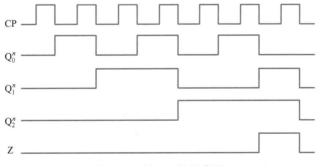

图 6-5 例6-1的时序图

上面这个例子，已经能让我们感受到基本的、简单的同步时序逻辑电路的分析方法和步骤。但是在实际的分析过程中，往往还会遇到有效状态、有效循环、无效状态、无效循环，能自启动和不能自启动的概念，这里依托【例6-1】进行学习。

（1）有效状态和有效循环

有效状态：在时序电路中，凡是被利用了的状态，都叫作有效状态。例如在图6-4中，000~110都是有效状态。

有效循环：在时序电路中，凡是有效状态形成的循环，都称为有效循环。

（2）无效状态和无效循环

无效状态：在时序电路中，凡是没有被利用的状态，都叫作无效状态。例如在图6-4中，状态111就是无效状态。

无效循环：如果无效状态之间形成了循环，那么这种循环就称为无效循环。

（3）能自启动和不能自启动

能自启动：在时序电路中，虽然存在无效状态，但它们没有形成循环，在时钟脉冲作用下，这些无效状态最终都进入了有效循环，这样的时序电路叫作能够自启动的时序电路。如本例就是一个能自启动的电路。

不能自启动：在时序电路中，若存在无效状态，它们之间又形成了循环，这样的时序电路称为不能自启动的时序电路。

【例6-2】试分析图6-6所示同步时序逻辑电路的功能。

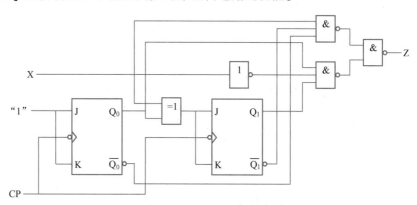

图6-6　例6-2的同步时序逻辑电路

解：

1. 写方程组

（1）输出方程

$$Z = X\overline{Q_1^n} \cdot \overline{Q_0^n} + \overline{X}Q_1^n Q_0^n$$

显然，图6-6所示电路是一个Mealy型时序电路，其输出不仅与电路原态有关，而且还和输入信号X有关。

（2）激励方程

$$J_0 = K_0 = 1$$
$$J_1 = K_1 = X \oplus Q_0^n$$

（3）状态方程

将激励方程代入JK触发器的特性方程中可得

$$Q_0^{n+1} = J_0\overline{Q_0^n} + \overline{K_0}Q_0^n = 1 \cdot \overline{Q_0^n} + \overline{1} \cdot Q_0^n = \overline{Q_0^n}$$
$$Q_1^{n+1} = J_1\overline{Q_1^n} + \overline{K_1}Q_1^n = (X \oplus Q_0^n)\overline{Q_1^n} + \overline{(X \oplus Q_0^n)}Q_1^n = X \oplus Q_0^n \oplus Q_1^n$$

2. 列出状态转换真值表

依次假设电路的原态 $Q_1^n Q_0^n$ 并结合输入 X，代入状态方程和输出方程即可得到对应的状态转换真值表（见表 6-3）。

表 6-3　例 6-2 的状态转换真值表

X	Q_1^n	Q_0^n	Q_1^{n+1}	Q_0^{n+1}	Z
0	0	0	0	1	0
0	0	1	1	0	0
0	1	0	1	1	0
0	1	1	0	0	1
1	0	0	0	1	1
1	0	1	0	0	0
1	1	0	0	1	0
1	1	1	1	0	0

3. 画出状态图和时序图

状态图和时序图如图 6-7 和图 6-8 所示。

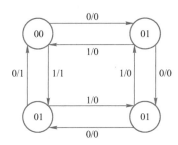

图 6-7　例 6-2 的状态图

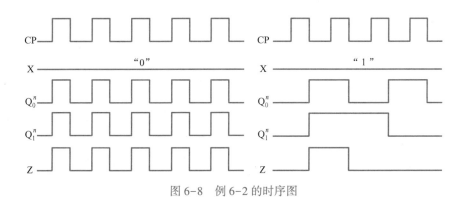

图 6-8　例 6-2 的时序图

4. 说明电路的逻辑功能

若已知输入 X 是一个电位控制信号，CP 是一串要计数的连续脉冲，则图 6-6 是一个两位二进制可逆（即既可作加法又可作减法）计数器。

【例 6-3】试分析图 6-9 所示同步时序逻辑电路的功能。

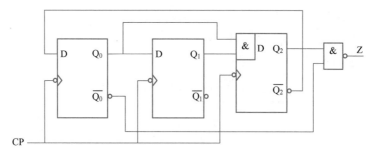

图 6-9　例 6-3 的同步时序逻辑电路

解：

1. 写方程组

（1）输出方程

$$Z = \overline{Q_2^n \, \overline{Q_0^n}}$$

（2）激励方程

$$D_0 = \overline{Q_2^n} \qquad D_1 = Q_0^n \qquad D_2 = Q_1^n Q_0^n$$

（3）状态方程

D 触发器的特征方程为

$$Q^{n+1} = D$$

将激励方程代入 D 触发器的特性方程中可得

$$Q_0^{n+1} = D_0 = \overline{Q_2^n} \qquad Q_1^{n+1} = D_1 = Q_0^n \qquad Q_2^{n+1} = D_2 = Q_1^n Q_0^n$$

2. 列出状态转换真值表

依次假设电路的原态 $Q_2^n Q_1^n Q_0^n$，代入状态方程和输出方程，即可得到对应的状态转换真值表，如见表 6-4 所示。

表 6-4　例 6-3 的状态转换真值表

Q_2^n	Q_1^n	Q_0^n	Q_2^{n+1}	Q_1^{n+1}	Q_0^{n+1}	Z
0	0	0	0	0	1	1
0	0	1	0	1	1	1
0	1	0	0	0	1	1
0	1	1	1	1	1	1
1	0	0	0	0	0	0
1	0	1	0	1	0	1
1	1	0	0	0	0	0
1	1	1	1	1	0	1

3. 画出状态图和时序图

状态图和时序图如图 6-10 和图 6-11 所示。

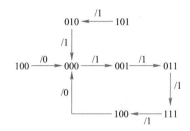

图 6-10 例 6-3 的状态图

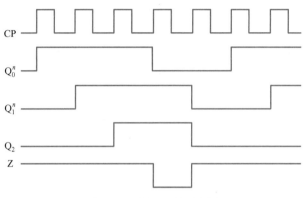

图 6-11 例 6-3 的时序图

4. 说明电路的逻辑功能

根据状态真值表或状态图可知，该电路是一个无权的五进制计数器。

【例 6-4】 试分析图 6-12 所示的串行加法器电路。

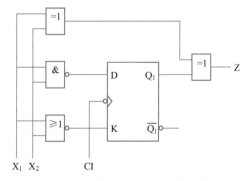

图 6-12 例 6-4 串行加法器电路

解：

该电路有两个输入端 X_1 和 X_2，用来输入加数和被加数。有一个输入端 Z，用来输出相加的"和"。触发器用来存储"进位"，其状态 Q^n 为低位向本位的进位，Q^{n+1} 为本位向高位的进位。

1. 写方程组

（1）输出方程

$$Z = X_1 \oplus X_2 \oplus Q^n$$

（2）激励方程

$$J = X_1 X_2 \qquad K = \overline{X_1 + X_2}$$

（3）状态方程

$$Q^{n+1} = \overline{\overline{J} \, Q^n} + \overline{K} Q^n = \overline{X_1 X_2 \overline{Q^n}} + \overline{\overline{\overline{X_1 + X_2}}} Q^n$$

$$= X_1 X_2 \overline{\overline{Q^n}} + X_1 Q^n + X_2 Q^n = X_1 X_2 + X_1 Q^n + X_2 Q^n$$

2. 列出状态转换真值表

本例的状态转换真值表如表6-5所示。

表6-5　例6-4的状态转换真值表

X_1	X_2	Q^n	Q^{n+1}	Z
0	0	0	0	0
0	0	1	0	1
0	1	0	0	1
0	1	1	1	0
1	0	0	0	1
1	0	1	1	0
1	1	0	1	0
1	1	1	1	1

3. 画出状态图

本例的状态图如图6-13所示。

图6-13　例6-4的状态图

4. 作出电路的输出和状态响应序列

设电路初始状态为0。

加数 X1：　　1　0　1　1

被加数 X2：　0　0　1　1

加数和被加数均按先低位后高位的顺序串行地加到相应的输入端。输出 Z 也是从低位到高位串行地输出。

根据状态图作出的响应序列为：

CP：　1　2　3　4

$X_1 X_2$：　11　11　00　10

Q^n：　0　1　1　0

Q^{n+1}：　1　1　0　0

Z：　0　1　1　1

5. 说明电路的逻辑功能

以上状态响应序列可知，每位相加产生的进位由触发器保存，以便参加下一位的相加。从输出响应序列可以看出，X_1 和 X_2 相加的"和"由 Z 端输出。由于该电路的输入和输出均是在时钟脉冲作用下，按位串行输入加数和初加数并串行输出"和"数，因此称为串行加法器。

【**例 6-5**】试分析图 6-14 所示同步时序逻辑电路的功能。

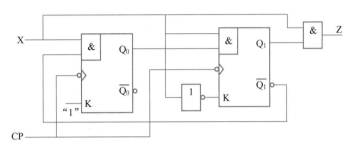

图 6-14　例 6-5 的同步时序逻辑电路

解：

1. 写方程组

（1）输出方程

$$Z = XQ_1^n$$

（2）激励方程

$$J_0 = X\overline{Q_1^n} \quad K_0 = 1$$
$$J_1 = XQ_0^n \quad K_1 = \overline{X}$$

（3）状态方程

$$Q_0^{n+1} = J_0\overline{Q_0^n} + \overline{K_0}Q_0^n = X\overline{Q_1^n}\,\overline{Q_0^n}$$
$$Q_1^{n+1} = J_1\overline{Q_1^n} + \overline{K_1}Q_1^n = XQ_0^n\overline{Q_1^n} + XQ_1^n$$

2. 列出状态转换真值表

本例的状态转换真值表如表 6-6 所示。

表 6-6　例 6-5 的状态转换真值表

X	Q_1^n	Q_0^n	Q_1^{n+1}	Q_0^{n+1}	Z
0	0	0	0	0	0
0	0	1	0	0	0
0	1	0	0	0	0
0	1	1	0	0	0
1	0	0	0	1	0
1	0	1	1	0	0
1	1	0	1	0	1
1	1	1	1	0	1

3. 画状态图

状态图如图 6-15 所示。

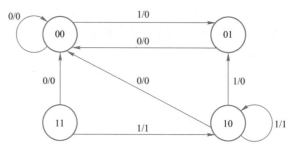

图 6-15 例 6-5 的状态图

4. 说明电路的逻辑功能

由状态图可见，一旦输入 X 出现"111"序列，输出 Z 便产生一个脉冲，其他情况下输出 Z=0。因此，该电路是一个"111"串行序列检测器。

6.3 同步时序逻辑电路的设计

同步时序逻辑电路的设计是分析的逆过程，通过对需求的分析确定状态图或状态表，进而设计出符合逻辑要求的同步时序逻辑电路。本节介绍经典的同步时序电路设计方法，即基于触发器和逻辑门等小规模集成电路。与组合逻辑电路类似，同步时序逻辑电路的设计仍需满足最简要求，即用最少的触发器和逻辑门来实现。

任何一个数字逻辑电路，都是从一组特定的输入得到一组确定的输出。但是，输入和输出之间的映射关系未必是——对应，有可能是一对多。对于组合电路，重复出现的输入可以得到完全相同的输出；对于时序电路，一组输入多次出现却未必得到相同的输出，这是因为时序逻辑电路可能有不同的原态或现态。时序逻辑电路的设计不仅涉及状态定义和状态转换，还需考虑状态化简、状态分配等问题，因而比组合电路的设计过程复杂。

6.3.1 设计方法和步骤

同步时序逻辑电路的一般设计步骤如下。

1. 建立原始状态图（或状态表）

根据命题要求，建立满足逻辑功能要求的状态图（或状态表）。考虑到图（或表）中可能包含多余的状态，所以称为原始状态图（或原始状态表）。

2. 状态化简

查找并消去原始状态表中的多余状态，得到符合功能要求的最简状态表。

3. 状态分配及状态编码

对最简状态表进行状态赋值，将各状态表示为二进制编码的形式。用电路触发器的状态编码表示状态表中的状态，得到编码状态表，这个过程称为状态分配。不同的状态分配方案得到不同的逻辑电路，因此应寻找使电路达到最简的分配方案。

4. 触发器类型选择

根据设计的电路功能特点，选用适当的触发器类型，以达到简化电路中组合网络的目的。

5. 列出状态转换真值表

列出状态转换真值表，求出激励函数和输出函数。

6. 讨论自启动问题

对存在无效状态的电路，应考虑自启动问题，即电路处于无效状态时，能否在有限个时钟脉冲作用下，自启动进入有效状态。若电路存在无效循环，就不能自启动，需修改其状态转换表，或采取其他解决措施。

7. 画出电路图

最后一步，根据选型器件和逻辑关系，画出最终电路图。

以上是同步时序逻辑电路设计的一般步骤，而实际工程应用有所取舍，更为灵活。下面讨论最关键的几个步骤。

6.3.2　状态图和状态表

状态图和状态表是一种描述时序机输入、输出和状态之间关系的方法，能够反映同步时序逻辑电路的逻辑功能，因而可以作为设计同步时序逻辑电路的依据。根据设计命题的文字描述直接建立状态图（或状态表），该过程是对命题进行分析的过程，得到的图（或表）称为原始状态图（或状态表）。只有对命题的逻辑功能有清楚的了解，才能建立正确的原始状态图（或状态表）。

建立原始状态图（或状态表）的过程。假定初始状态 S_0，从 S_0 出发，每接收一个要记忆的输入信号，就用"另一个状态"（如 S_1）表示，并标记相应的输出值。"另一个状态"可以是原态本身（即状态不变），也可以是状态图（或状态表）中已有的状态，或是新增加的一个状态。继续该过程，直到没有新的状态出现，且从每个状态出发各种可能的状态转移都已考虑。

【例 6-6】试设计自动售饮料机的逻辑电路。它的投币口是每次只能投入一枚五角或一元的硬币。投入一元五角硬币后，机器自动给出一杯饮料；投入两元（两枚一元）硬币后，在给出饮料的同时找回一枚 5 角的硬币。试作出其原始状态图和状态表。

解：

取投币信号为输入逻辑变量，投入一枚一元硬币时用 $A=1$ 表示，未投入时 $A=0$；投入一枚五角硬币用 $B=1$ 表示，未投入时 $B=0$。给出饮料和找钱为两个输出变量，分别以 Y，Z 表示。给出饮料时 $Y=1$，不给时 $Y=0$；找回一枚五角硬币时 $Z=1$，不找回时 $Z=0$。

设未投币前电路的初始状态为 S_0，投入五角硬币后为 S_1，投入一元硬币（包括投入一枚一元硬币和投入两枚五角硬币的情况）后为 S_2。再投入一枚五角硬币后电路返回 S_0，同时输出为 $Y=1$，$Z=0$；如果投入的是一枚一元硬币，则电路也应返回 S_0，同时输出为 $Y=1$，$Z=1$。因此，电路的状态数 $M=3$ 已足够。

根据以上分析，自动售货机的原始状态图如图 6-16 所示。

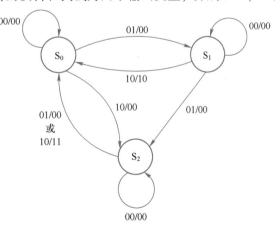

图 6-16　自动售货机原始状态图

将原始状态图所表示的状态转换关系用表格的形式表示，就得到了原始状态表，如表 6-7 所示。

表 6-7　自动售货机原始状态表

现　　态	AB			
	00	01	11	10
S_0	$S_0/00$	$S_1/00$	d/dd	$S_2/00$
S_1	$S_1/00$	$S_2/00$	d/dd	$S_0/00$
S_2	$S_2/00$	$S_3/00$	d/dd	$S_0/00$

6.3.3　状态化简方法

在构成时序逻辑电路状态图时，主要考虑如何正确地反映设计要求，在无法确定是否需要定义某个状态时，遵循"宁多勿缺"的原则。这就导致状态图很难做到最简，可能包含多余状态，而状态数的多少又直接影响时序电路所需触发器的数目和组合电路的复杂程度。在进行时序电路设计时，应考虑实现电路所需成本，而降低成本的方法是减少电路中使用触发器和逻辑门的数量。因此，状态化简是时序电路设计中不可缺少的步骤。

所谓状态化简（又称状态表化简），指的是从原始状态表中消去多余状态，得到最小化状态表。最小化状态表不仅满足逻辑命题的全部要求，而且状态数最少。状态数的减少降低了时序电路所需的触发器数量，简化了组合电路部分，故障率也随之下降。

通过建立原始状态表的过程可以看出，设置电路状态的目的在于记住输入的历史情况，观察其后的输入产生的输出。若设置的两个状态对任一输入序列产生的输出序列完全相同，则这两个状态可以合并，这就是状态化简的基本原理。基于该原理，对于完全确定状态表和不完全确定状态表的化简方法不同，下面分别讨论。

1. 完全确定状态表的化简

状态表如果有确定状态的次态和确定的输出，则称为完全确定状态表，它所描述的电路称为完全确定电路。次态或输出存在任意项的状态表，称为不完全确定状态表，所描述的电路称为不完全确定电路。

对于完全确定状态表，状态化简建立在状态等效基础上。因此，先介绍等效状态等基本概念。

（1）等效状态

设状态 S_1 和 S_2 是完全确定状态表中的两个状态。若分别以它们为起始状态，加入任意的输入序列，对应的输出序列完全相同，即这两个状态对外的表现完全一样，去掉任何一个都不会对电路产生影响，则称 S_1 和 S_2 为等效状态，记为（S_1，S_2），也可以说 S_1 和 S_2 是等效对。等效状态可以合并。

（2）等效状态的传递性

若状态 S_1 和 S_2 等效，状态 S_2 和 S_3 等效，则状态 S_1 和 S_3 等效，表示为（S_1，S_2），（S_2，S_3）→（S_1，S_2，S_3）。

（3）等效类

彼此等效的状态的集合，称为等效类。如（S_1，S_2），（S_2，S_3），则等效类为（S_1，S_2，S_3）。

（4）最大等效类

若一个等效类不是其他等效类的子集，则称为最大等效类。即使是一个状态，只要不包含在其他等效类中，也是最大等效类。

可见，状态化简的根本任务是，从原始状态表中找出最大等效类的集合，赋予每个最大等效类一个新符号，从而得到最小化状态表。

两个或多个状态称为等效状态，必须满足以下条件：

1）任意一种输入条件下，两个或多个状态对应的输出必须相同。

2）任意一种输入条件下，这些状态对应的次态必须满足下列条件之一：

● 次态相同。

● 次态保持原态不变。

● 次态循环。

● 次态对等效。

通常采用观察法和隐含表法判别状态表中的等效状态。

（1）观察法

根据状态等效的条件，直接观察、比较原始状态表中的状态。首先找到状态表中输出相同的状态，然后观察其次态是否满足相同、保持原态不变、循环、次态对等效等条件。

【例 6-7】化简表 6-8 所示的完全确定状态表。

解：

由表 6-8 可见，在输入的各种取值下，对应的输出都相同的原态只有 A 和 B 以及 C 和 D。先观察 A 和 B 的次态是否满足等效的条件。在 X=0 时，A 和 B 的次态都为 A，但在 X=1 时，A 和 B 的次态为 B 和 C，由于状态 B 和 C 在 X=1 时的输出不相同，所以 B 和 C 不等效，从而导致了 A 和 B 也不等效。再看 C 和 D，在 X=0 时，C 和 D 的次态均为 A，在 X=1 时，C 和 D 的次态均为 D。可见，C 和 D 满足等效条件，记为（C，D）。

通过观察比较求得最大等效类集合为｛(A)，(B)，(C,D)｝，将该集合中的最大等效类分别用 a、b 和 c 表示，并代入原态表中得到最小化状态表，如表 6-9 所示。

表 6-8　例 6-7 的状态表

原　　态	次态/输出	
	X=0	X=1
A	A/1	B/1
B	A/1	C/1
C	A/1	D/0
D	A/1	D/0

表 6-9　例 6-7 的最小化状态表

原　　态	次态/输出	
	X=0	X=1
a	a/1	b/1
b	a/1	c/1
c	a/1	e/0

观察法一般用于简单的状态表的化简，对比较复杂的状态表化简，常用的是隐含表法。

（2）隐含表法

隐含表法化简的基本原理是，根据状态等效的概念，通过对各个状态作系统的比较找出相互等效的状态。为了防止遗漏，采用称为隐含表的表格进行比较。下面举例说明。

【例 6-8】试简化表 6-10 所示的状态表。

表 6-10　例 6-8 的状态表

原　态	次态/输出	
	X = 0	X = 1
A	E/0	D/0
B	A/1	F/0
C	C/0	A/1
D	B/0	A/0
E	D/1	C/0
F	C/0	D/1
G	H/1	G/1
H	C/1	B/1

解：

1）作出如图 6-17 所示的阶梯形表格。

为了保证状态表中 8 个状态之间的两两比较，阶梯形的隐含表共有 7 行 7 列，其特点是"横向少尾，纵向少头"，即横坐标到状态 G 结束（少了状态 H），纵坐标从状态 B 开始（少了状态 A）。隐含表中的每个方格对应着横、纵坐标上的两个状态，这两个状态是否等效及等效的条件就填在该方格中。阶梯形表格的这种排列保证了状态表中的状态的两两比较，没有重复和遗漏。

2）按隐含表中的排列顺序，对原始状态表中的状态进行两两比较，并将比较结果填入相应方格中。

比较的结果有 3 种：第 1 种是两个状态等效，则在隐含表相应方格内填入"√"；第 2 种是两个状态不等效，则在隐含表相应方格内填入"×"；第 3 种是两个状态是否等效还需进一步检查，则将它们的次态对填入隐含表相应方格内。

例如，状态表中状态 A 和 C 不满足等效条件，故在隐含表相应方格内填入"×"；状态 A 和 D 虽满足输出相同这个条件，但它们的次态在 X＝0 时为 B 和 E，在 X＝1 时它们的次态为 A 和 D。由于当前还不能确定 B 和 E 以及 A 和 D 是否等效，所以，将 BE 和 AD 填入对应方格内。

按这种方法将隐含表对应的状态都两两比较完，所得的隐含表如图 6-18 所示。

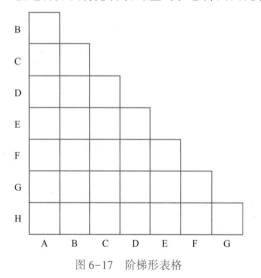

图 6-17　阶梯形表格

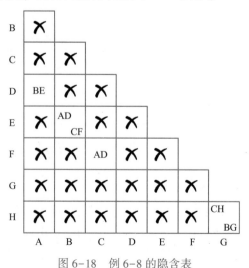

图 6-18　例 6-8 的隐含表

3) 关联比较，确定等效状态对。

关联比较是要确定隐含表中待检查的那些次态对是否等效，并由此确定原态对是否等效。如果隐含表某方格内有一个次态对不等效，则该方格所对应的两个状态就不等效，这样，就在相应方格内加标志"/"。若该方格内的次态对均为等效状态对，则该方格对应的状态就是等效状态，该方格不增加任何标志。这种判别有时需经过多次才能确定对应的状态是否等效，比较完毕的隐含表如图 6-19 所示。

4) 求出全部等效状态，确定最大等效类，画出最小化状态表。

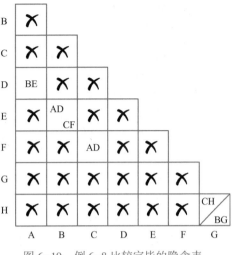

图 6-19 例 6-8 比较完毕的隐含表

在本例中，有等效对 (A,D)、(B,E)、(C,F)，由于它们相互不是对方的子集，故都是最大等效类。由于状态 G 和 H 不包含在任何其他等效类中，所以，G 和 H 本身也是最大等效类，分别记作（G）和（H）。这样最大等效类的集合为

$$\{(A,D),(B,E),(C,F),(G),(H)\}$$

将最大等效类 (A,D)、(B,E)、(C,F)、（G）、（H）分别用新符号 a，b，c，d，e 表示，并代入原始状态表中，得到最小化状态表见表 6-11（最大等效类的集合必须包含原始状态表中的全部状态）。

表 6-11 例 6-8 的最小化状态表

原态	次态/输出		原态	次态/输出	
	X = 0	X = 1		X = 0	X = 1
a	b/0	a/0	d	e/1	d/1
b	a/1	c/0	e	c/1	b/1
c	c/0	a/1			

2. 不完全确定状态表的化简

不完全确定状态表的化简建立在相容状态的基础上。因此，先讨论相容状态等概念。

（1）相容状态

设 S_1 和 S_2 是不完全确定状态表中的两个状态。分别以它们为起始状态，加入任意的输入序列，若二者对应的输出序列完全相同（除不定的那些位之外），这两个状态对外的表现完全一样，去掉任何一个都不会对电路产生影响，则把 S_1 和 S_0 称为相容状态，记为（S_1，S_2）。也可说 S_1 和 S_2 是相容对，相容状态可以合并。在不完全确定状态表中判断两个状态是否相容，也是根据表中的次态和输出。

两个或多个状态是相容状态，必须满足以下条件：

1）任意一种输入条件下，两个或多个状态对应的输出必须相同，或者其中一个（或几个）的输出为任意值。

2）任意一种输入条件下，这些状态对应的次态必须满足下列条件之一：

● 次态相同。

● 次态保持原态不变。

● 次态循环。

● 次态对相容。

● 次态中的一个（或几个）为任意值。

（2）相容状态无传递性

相容的状态之间，不具有相互传递的特性。

（3）相容类

所有状态之间都是两两相容的状态集合，称为相容类。

（4）最大相容类

若一个相容类不是其他相容类的子集，则称为最大相容类。

为了从相容状态对中找出所有的最大相容类，引入状态合并图。状态合并图将不完全确定状态表中的状态以"点"的形式均匀地绘制在圆周上，然后将所有的相容对都用直线连接起来。圆周上的点表示状态，点与点之间的连线表示状态之间的相容关系。所有点之间都有连线的多边形，构成最大相容类。图 6-20a、图 6-20b 分别表示包含 3 个、4 个状态的最大相容类。

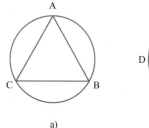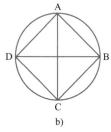

图 6-20 状态合并图示例

a) 3 个状态最大相容类 b) 4 个状态最大相容类

下面讨论不完全确定状态表的化简步骤。

1）作隐含表，寻找相容状态对。与完全确定状态表相同，若隐含表方格对应的两个状态相容，填"√"；不相容，填"×"；还需进一步考察，则填入对应的次态对。

2）画状态合并图，找出最大相容类。

3）作出最小化状态表，从最大相容类（或相容类）中选出一组能满足以下 3 个条件的相容类：

① 覆盖性：所选相容类集合包含原始状态表中的全部状态。

② 最少性：所选相容类集合中，相容类个数最少。

③ 闭合性：所选相容类集合中，任一相容类代入原始状态表，任一输入条件下产生的次态包含在该集合的某一相容类中。

同时满足覆盖、最少和闭合条件的最大相容类（相容类）集合，称为最小闭覆盖。不完全确定状态表的化简，就是找出最小闭覆盖，为每个相容类赋予新符号，形成最小化状态表。

【例 6-9】化简表 6-12 所示的不完全确定状态表。

表 6-12 例 6-9 的状态表

原态	次态/输出	
	X = 0	X = 1
A	C/0	E/0
B	D/d	F/1
C	E/0	A/0
D	B/1	C/d
E	F/0	d/0
F	A/0	E/d

解:

首先，作隐含表，寻找相容状态对。

经过顺序比较后，可得图 6-21 所示的隐含表。

关联比较结果如下：

$$AC\rightarrow AE\rightarrow CF\rightarrow EF\rightarrow AF\rightarrow AC$$
$$\hookrightarrow CE\rightarrow EF\rightarrow AF\rightarrow AC$$
$$AE\rightarrow CF\rightarrow AE\rightarrow CF$$
$$AF\rightarrow AC\rightarrow AE$$
$$BD\rightarrow CF\rightarrow AE$$
$$BF\rightarrow AD\times$$
$$CF\rightarrow AE$$
$$EF\rightarrow AF$$

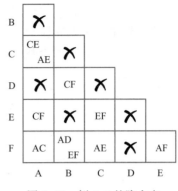

图 6-21　例 6-9 的隐含表

通过关联比较可求出对应的相容对为：

$$(A,C),(A,E),(A,F),(B,D),(C,E),(C,F),(E,F)$$

由此作出的状态合并图如图 6-22 所示。图中 A，C，E，F 各点均有连线，所以，(A,C,E,F) 是一个最大相容类。B 和 D 也互有连线，所以，(B,D) 也是一个最大相容类。

从最大相容类和相容类中选取一组能覆盖原始状态表中全部状态的相容类，这里选择 (A，C，E，F) 和 (B，D) 作闭覆盖表，看其是否满足覆盖、最少和闭合这 3 个条件。闭覆盖表如表 6-13 所示。

从表 6-13 可见，最大相容类集合 (A,C,E,F)，(B,D) 覆盖了原始状态表中的全部状态，而且满足闭合和最少的条件，若用 a 代替 (A,C,E,F)，用 b 代替 (B,D)，则可得表 6-14 所示的最小化状态表。

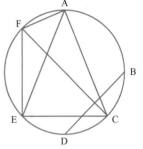

图 6-22　例 6-9 的状态合并图

表 6-13　例 6-9 的闭覆盖表

最大相容类	覆盖						闭合	
	A	B	C	D	E	F	X = 0	X = 1
ACEF	A		C		E	F	ACEF	AE
BD		B		D			BD	CF

表 6-14　例 6-9 的最小化状态表

原态	次态/输出	
	X = 0	X = 1
a	a/0	a/0
b	b/1	a/1

6.3.4　状态分配及编码

同步时序电路的状态用触发器的状态表示。用二进制代码表示最小化状态表中的每一个状态，这个过程称为状态分配（也称"状态编码"）。触发器的状态组合表示的状态表，称为状态编码表。状态编码不会影响同步时序电路触发器的数量，但会影响触发器激励函数和输出函数的复杂度。所以，应该选择使触发器激励函数和输出函数最简的状态分配方案。本节先讨论状态分配和编码需要解决的问题，然后学习状态分配、编码的基本原则和方法。

一般来说，不同的状态分配得到的输出函数和次态函数的逻辑方程不同，设计电路的复杂度也不同。因此，状态分配要解决两个首要问题：根据简化状态表给定的状态数，确定所需触发器的数目；为每个状态指定二进制代码，保证设计的电路最简。

根据状态数确定触发器的数目，一般参照如下关系。设简化状态表有 n 个状态，则需要 k 个触发器实现，n 与 k 之间关系如下

$$2^k \geq n \quad 或者 \quad k \geq \log_2 n \tag{6-5}$$

其中，k 为满足上述关系的最小整数。

触发器的数目确定后，分配方案很多，方案的总数目为

$$N_A = \frac{2^k!}{(2^k-n)!} \tag{6-6}$$

上述方案很多是等效的，即得到的网络相同。经证明，性质不同的状态分配方案数 N 为

$$N = \frac{(2^k-1)!}{(2^k-n)! \ k!} \tag{6-7}$$

由式（6-7）可以看出，当状态数目增大时，分配方案数量急剧增大，导致无法研究所有可能的状态分配方案。在实际工作中，设计人员主要凭借经验，依据一定的原则寻求接近最佳的状态分配方案。

下面结合实例探讨状态分配方案。

表6-15所示为最简化状态表。表中包含 4 个状态，需 2 个触发器实现，共有 4 种组合方案(00,01,10,11)，分配给 A、B、C、D 共有 24 种不同的方案。不同方案一一比较，十分困难；另外，很难找到对所有触发器最好的方案。实际工作中，通常依据一定的状态分配原则加实际经验，获得比较好的状态分配方案。常用的 4 个状态分配原则如下：

1）在相同输入条件下，具有相同次态的原态分配逻辑相邻编码。这可使相应触发器激励函数对应的卡诺图中有较多的 1 相邻，有利于激励函数的化简。

2）在相邻输入条件下，同一原态的不同次态分配逻辑相邻编码。在激励函数的卡诺图中，同一原态相邻输入所对应的方格相邻，有利于激励函数的化简。

3）在所有输入条件下，具有相同输出的原态应分配逻辑相邻编码。这可使输出函数对应的卡诺图有较多的 1 相邻，有利于输出函数的化简。

4）最小化状态表中出现次数最多的状态应分配逻辑 0。

当时序电路的状态分配满足原则 1 和原则 2 时，电路的激励函数表达式比较简单；满足原则 3 时，电路的输出函数表达式比较简单。若在分配时 3 条原则有冲突，则应按原则 1、原则 2、原则 3 的优先顺序进行分配。

例如，表6-15所示状态表中，由原则 1，A、B 应分配相邻编码，B、C 应分配相邻编码；由原则 2，A、C 应分配相邻编码，A、D 应分配相邻编码，B、C 应分配相邻编码；由原则 3，B、C 应分配相邻编码。

表 6-15　最简化状态表

原态	次态/输出	
	X = 0	X = 1
A	C/0	A/0
B	A/0	A/1
C	A/0	D/1
D	B/1	C/0

这样，对表 6-15 的一种状态分配方案是：A = 00，B = 01，C = 11，D = 10。将分配结果代入表 6-15 就能得到状态分配后的状态编码表（见表 6-16）。

表 6-16　状态编码表

原态 $Q_2^n Q_1^n$	次态 $Q_2^{n+1}Q_1^{n+1}$/输出 Y	
	X = 0	X = 1
0　0	1 1/0	0 0/0
0　1	0 0/0	0 0/1
1　0	0 0/0	1 0/1
1　1	0 1/1	1 1/0

必须指出的是，状态分配的几个原则在大多数情况下是有效的，因为它所得到的电路比较简单。但是，当问题比较复杂时，得到的结果不令人满意。另外，对于同步时序逻辑电路而言，不同的状态分配方案不影响网络工作的稳定性，仅影响复杂性；而对于异步时序逻辑电路，状态分配不仅影响复杂性，还影响稳定性（见第 7 章）。

【例 6-10】 在例 6-6 的基础上，完成自动售饮料机逻辑电路的设计，实现一个完整的电路设计流程。该电路的原始状态表如表 6-17 所示。

表 6-17　自动售货机原始状态表

现态	AB			
	00	01	11	10
S_0	S_0/00	S_1/00	d/dd	S_2/00
S_1	S_1/00	S_2/00	d/dd	S_0/10
S_2	S_0/00	S_3/10	d/dd	S_0/11

由原始状态表可知，表中共有 3 个状态，取触发器的位数 n = 2（即 $Q_1 Q_0$ 就满足要求）。令 S_0 = 00，S_1 = 01，S_2 = 10，$Q_1 Q_0$ = 11 作无关状态，则得二进制状态表（Y-Z 矩阵）如表 6-18 所示。若电路选用 D 触发器实现，则 Y-Z 矩阵中的 Y 矩阵也就是激励矩阵。

表 6-18　二进制状态表（Y-Z 矩阵）

$Q_1 Q_0$	AB			
	00	01	11	10
00	00/00	01/00	dd/dd	10/00
01	01/00	10/00	dd/dd	00/10
11	dd/dd	Dd/dd	dd/dd	dd/dd
10	10/00	00/10	dd/dd	00/11

根据表 6-18 可作出图 6-23 所示的卡诺图如下。

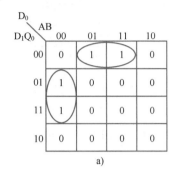 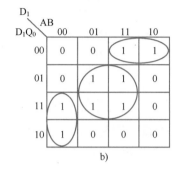 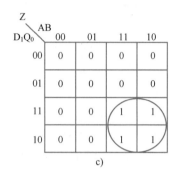

图 6-23　自动售饮料机的卡诺图

根据卡诺图可得激励函数和输出函数的表达式为

$$D_0 = \overline{Q_1}\,\overline{Q_0}B + Q_0\overline{A}\,\overline{B}$$
$$D_1 = Q_1\overline{A}\,\overline{B} + \overline{Q_1}\,\overline{Q_0} + Q_0B$$
$$Z = Q_1A$$

6.4　典型同步时序逻辑电路设计

典型的同步时序逻辑电路包括串行序列检测器、代码检测器、计数器、寄存器和移位寄存器型计数器。其中，计数器和寄存器在计算机及其他数字系统中广泛使用，是数字系统的重要组成部分。本节讨论和学习常见的同步时序逻辑电路，尤其对计数器和寄存器进行详细讲解，因为串行序列检测器和代码检测器可以由计数器或者寄存器加组合逻辑电路构成。

6.4.1　串行序列检测器

串行序列检测器主要用于对串行随机序列信号进行检测，从中识别某种特定的序列。设计串行序列检测器，必须明确以下几个问题：

1）检测是什么样的特定序列，如"101"序列。

2）检测到特定序列后，输出"1"标志还是"0"标志。

3）给定序列是否可以收尾重叠。

【例 6-11】试设计串行序列检测器，该检测器有一个输入端 X 和一个输出端 Z，从 X 端输入一组按时间顺序排列的串行二进制码。当输入序列中出现 3 个（或 3 个以上）1 时，输出 Z=1，否则 Z=0。

解：

该序列检测器框图如图 6-24a 所示。其功能是对输入 X 逐位进行检测，若输入序列中出现"111"，当最后的一个 1 在输入端 X 出现时，输出 Z=1；若随后的输入仍为 1，则输出也为 1。而其他输入组合时，输出 Z=0。其输入输出关系如图 6-24b 所示。显然，该序列检测器应该记住 X 端输入的连续 1 的个数。可以用触发器组合的不同状

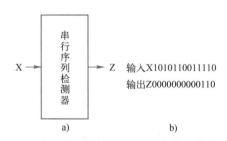

图 6-24　"111"序列检测器框图和输入输出关系

a) 串行序列检测器框图　b) 串行序列检测器输入输出

态来记忆 X 端输入的序列情况，定义如下：

1）状态 S_0：表示起始状态，即未收到第 1 个有效输入 1 时电路所处的状态。

2）状态 S_1：表示已收到第 1 个有效输入 1 时电路所处的状态。

3）状态 S_2：表示已收到 2 个连续的 1，即收到 11 时电路所处的状态。

4）状态 S_3：表示已连续收到 3 个（或 3 个以上）的 1 时电路所处的状态。

5）本例中，我们感兴趣的是连续收到 1 的个数，所以，定义状态时是围绕收到连续 1 的个数进行的。

下面分别从 $S_0 \sim S_3$ 出发，确定在不同输入条件下的输出和次态，进而构成完整的原始状态图，如图 6-25 所示。该状态图的构造过程如下：

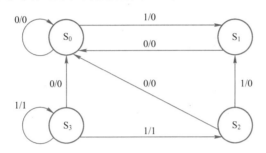

图 6-25　"111" 序列检测器原始状态图

当电路处于初始状态 S_0 时，表明电路未收到有效输入 1。若此时输入 X=0，则电路的输出应该为 0，由于仍未收到 1，所以，时钟脉冲作用后，电路仍应处于 S_0 状态，即电路的次态为 S_0。若此时输入 X=1，则电路的输出 X=0，但由于收到了第 1 个 1，故电路应转到 S_1 状态。

当电路处于 S_1 状态时，表明电路已接收到 1 个 1。若此时输入 X=0，则电路的输出应该为 0，由于收到 0 后，将连续接收 1 的过程破坏，所以，电路应回到起始状态 S_0，重新等待满足条件的输入组合，即电路的次态是 S_0。若此时输入 X=1，则电路的输出 Z=0，由于输入的 1 是连续收到的第 2 个 1，所以，电路应该转到 S_2 状态。

当电路处于 S_2 状态时，表明电路已连续收到 2 个 1。若此时输入 X=0，则电路的输出应该为 0，由于收到 0 后，将连续接收 1 的过程破坏，所以，电路应回到起始状态 S_0，重新等待满足条件的输入组合，即电路的次态是 S_0。若此时输入 X=1，由于输入的 1 是连续收到的第 3 个 1，所以输出 Z=1。由于已连续收到第 3 个 1，所以，电路应该转到 S_3 状态。

当电路处于 S_3 状态时，表明电路已连续收到第 3 个 1。若此时输入 X=0，则电路的输出应该为 0，由于收到 0 后，使已收到的输入序列被消除，电路应回到起始状态 S_0。若此时输入 X=1，说明电路已连续收到 4 个 1，输出 Z=1，根据定义可知，新状态仍为 S_1。此后，若输入 X 继续为 1，则输出也为 1，电路仍停留在 S_3 状态。

将原始状态图所表示的状态转换关系用表格的形式表示，就得到了原始状态表，如图 6-26 所示。

通过观察法可见，原始状态表中的最大等效类为

$$(S_0),(S_1),(S_2,S_3)$$

原态	次态/输出	
	X=0	X=1
S_0	S_0/0	S_1/0
S_1	S_0/0	S_2/0
S_1	S_0/0	S_3/1
S_3	S_0/0	S_3/1

图 6-26　"111" 序列检测器的原始状态表

令 $S_0 = (S_0)$，$S_1 = (S_1)$，$S_2 = (S_2, S_3)$，代入原始状态表，状态合并后得到如表 6-19 所示的最小化状态表。

表 6-19 "111"序列检测器的最小化状态表

原态	次态/输出	
	X = 0	X = 1
S_0	$S_0/0$	$S_1/0$
S_1	$S_0/0$	$S_2/0$
S_2	$S_0/0$	$S_3/1$

根据 6.3.4 节状态分配的原则 1，状态 S_0、S_1，S_0、S_2，S_1、S_2 应分配逻辑相邻编码；根据原则 2，S_0、S_1，S_0、S_2 应分配逻辑相邻编码；根据原则 3，S_0、S_1 应分配逻辑相邻编码；根据原则 4，状态 S_0 应作为逻辑 0。

故确定状态 S_0 的编码为 00，状态 S_1 的编码为 01，状态 S_2 的编码为 11，状态编码 10 为最小化状态表中的无用状态。将各状态的编码代入最小化状态表，得到的状态编码表如表 6-20 所示。

表 6-20 "111"序列检测器的状态编码表

原态 $Q_2^n Q_1^n$	次态 $Q_2^{n+1} Q_1^{n+1}$/输出 Y		原态 $Q_2^n Q_1^n$	次态 $Q_2^{n+1} Q_1^{n+1}$/输出 Y	
	X = 0	X = 1		X = 0	X = 1
0 0	00/0	01/0	1 1	00/0	11/1
0 1	00/0	11/0			

根据状态编码表，以及选定的 JK 触发器，可作出表 6-21 所示的状态转换真值表。

表 6-21 "111"序列检测器的状态转换真值表

现态			次态 $Q_2^{n+1} Q_1^{n+1}$/输出		Y
X	Q_2^n	Q_1^n	Q_2^{n+1}	Q_1^{n+1}	Y
0	0	0	0	0	
0	0	1	0	0	0
0	1	0	d	d	0
0	1	1	0	0	d
1	0	0	0	1	0
1	0	1	1	1	0
1	1	0	d	d	0
1	1	1	1	1	d

根据表 6-21 可作出图 6-27 所示的卡诺图。

根据卡诺图可求出状态方程和输出方程如下

$$Q_1^{n+1} = X \overline{Q_1^n} + X Q_1^n \quad Q_2^{n+1} = X Q_1^n \overline{Q_2^n} + X Q_2^n \quad Y = X Q_2^n$$

与 JK 触发器的特性方程 $Q^{n+1} = J \overline{Q^n} + \overline{K} Q^n$ 比较，可从状态方程中提取出对应触发器的激励方程如下

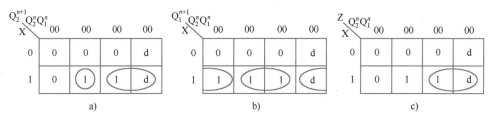

图 6-27　"111" 串行序列检测器的卡诺图

$$J_1 = X \quad K_1 = \overline{X} \quad J_2 = XQ_1^n \quad K_2 = \overline{X}$$

将无用状态 10 代入上面的状态方程，检查能否自启动和有无错误输出。无用状态检查表如表 6-22 所示。

表 6-22　"111" 序列检测器的无用状态检查表

X	Q_2^n	Q_1^n	Q_2^{n+1}	Q_1^{n+1}	Y
0	1	0	0	0	0
1	1	0	1	1	1

从表 6-22 可见，电路能自启动，即电路处于 10 状态时，无论输入是 0 还是 1，电路的下一个状态总能进入有效循环中。但从输出来看，若电路处于 10 状态，且输入为 1 时，电路有一错误输出。为了消除这个错误输出，在卡诺图中圈输出方程时不要圈无关项，这样得到的输出 $Y = XQ_2^n \overline{Q_1^n}$；或在电路中加开机复位电路，使开机后电路不会进入 10 状态。

由此可画出 "111" 串行序列检测器的逻辑电路图，如图 6-28 所示。

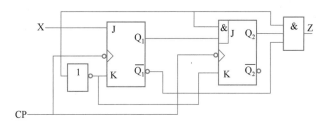

图 6-28　"111" 串行序列检测器的逻辑电路图

【例 6-12】用 JK 触发器设计一个 "0101" 串行序列检测器（可重叠），假设用 "1" 表示有效输出。

解：

设 A 为初始状态，B 为输入了有效字符 "0" 所处状态，C 为输入了有效字符 "01" 所处状态，D 为输入了有效字符 "010" 所处状态，则作状态图如图 6-29 所示。

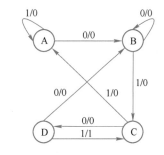

图 6-29　"0101" 串行序列检测器的状态图

给 A、B、C、D 四个状态分配状态编码为 A = 00，B = 01，C = 10，D = 11，则状态转换表如表 6-23 所示。

表 6-23　"0101" 串行序列检测器的状态转换表

nX	Q_2^n	Q_1^n	Q_2^{n+1}	Q_1^{n+1}	Z
0	0	0	0	1	0
0	0	1	0	1	0
0	1	0	1	1	0
0	1	1	0	1	0
1	0	0	0	0	0
1	0	1	1	0	0
1	1	0	0	0	0
1	1	1	1	0	1

根据状态转换表 6-23，可作出图 6-30 所示的卡诺图。

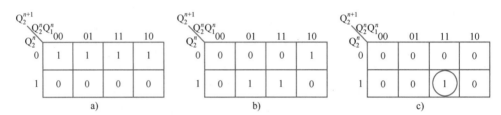

图 6-30　"0101" 串行序列检测器的卡诺图

根据卡诺图可求出状态方程和输出方程如下

$$Q_1^{n+1} = \overline{X} = \overline{X}Q_1^n + \overline{X}\,\overline{Q_1^n}$$

$$Q_2^{n+1} = XQ_1^n \cdot \overline{Q_2^n} + XQ_1^nQ_2^n + \overline{X}\,\overline{Q_1^n}Q_2^n = XQ_1^n \cdot \overline{Q_2^n} + (XQ_1^n + \overline{X}\,\overline{Q_1^n})Q_2^n$$

$$= XQ_1^n \cdot \overline{Q_2^n} + (\overline{X \oplus Q_1^n})Q_2^n$$

$$Z = XQ_2^nQ_1^n$$

相应的激励方程如下

$$J_1 = \overline{X}$$

$$K_1 = X$$

$$J_2 = XQ_1^n$$

$$K_2 = X \oplus Q_1^n$$

则 "0101" 串行序列检测器的逻辑电路图，如图 6-31 所示。

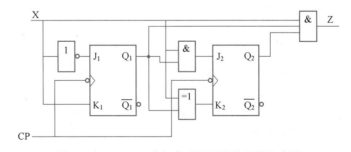

图 6-31　"0101" 串行序列检测器的逻辑电路图

【例 6-13】 用 JK 触发器设计一个 "10010" 串行序列检测器（可重叠），令 "1" 表示有效输出。

解：

设 S_0 为初始状态，S_1 为输入了有效字符 "1" 所处状态，S_2 为输入有效字符 "10" 所处状态，S_3 为输入有效字符 "100" 所处状态，S_4 为输入有效字符 "1001" 所处状态，则状态图如图 6-32 所示。

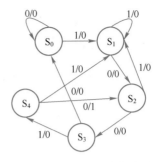

图 6-32　"10010" 串行序列检测器的状态图

给 S_0、S_1、S_2、S_3、S_4 五个状态分配状态编码为 $S_0 = 000$，$S_1 = 001$，$S_2 = 010$，$S_3 = 011$，$S_4 = 100$，则状态转换表如表 6-24 所示。

表 6-24　"10010" 串行序列检测器的状态转换表

X	Q_3^n	Q_2^n	Q_1^n	Q_3^{n+1}	Q_2^{n+1}	Q_1^{n+1}	Z
0	0	0	0	0	0	0	0
0	0	0	1	0	1	0	0
0	0	1	0	0	1	1	0
0	0	1	1	0	0	0	0
0	1	0	0	0	1	0	1
0	1	0	1	d	d	d	d
0	1	1	0	d	d	d	d
0	1	1	1	d	d	d	d
1	0	0	0	0	0	1	0
1	0	0	1	0	0	1	0
1	0	1	0	0	0	1	0
1	0	1	1	1	0	0	0
1	1	0	0	0	0	1	0
1	1	0	1	d	d	d	d
1	1	1	0	d	d	d	d
1	1	1	1	d	d	d	d

根据状态转换表 6-24，可作出图 6-33 所示的卡诺图。

根据卡诺图可求出状态方程和输出方程如下

$$Q_1^{n+1} = (X + Q_2^n)\overline{Q_1^n} + X\,\overline{Q_2^n}Q_1^n$$

$$Q_2^{n+1} = \overline{X}(Q_1^n + Q_3^n)\overline{Q_2^n} + X\,\overline{Q_1^n}Q_2^n$$

$$Q_3^{n+1} = XQ_2^nQ_1^n\,\overline{Q_3^n}$$

$$Z = \overline{X}Q_3^n\,\overline{Q_2^n}\,\overline{Q_1^n}$$

相应的激励方程如下

$$J_1 = X + Q_2^n,\quad K_1 = X\,\overline{Q_2^n}$$

$$J_2 = \overline{X}(Q_1^n + Q_3^n),\quad K_2 = \overline{\overline{X}\,\overline{Q_1^n}}$$

$$J_3 = XQ_2^nQ_1^n,\quad K_3 = 1$$

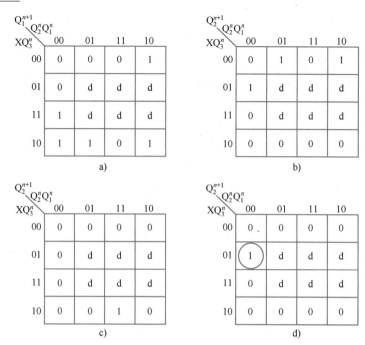

图 6-33　"10010"串行序列检测器的卡诺图

"10010"串行序列检测器的逻辑电路图，如图 6-34 所示。

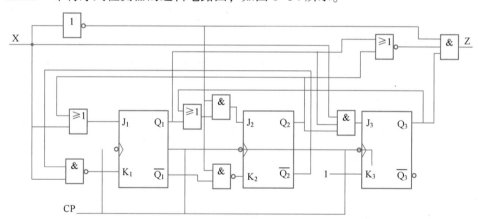

图 6-34　"10010"串行序列检测器的逻辑电路图

自启动检查表如表 6-25 所示。

表 6-25　"10010"串行序列检测器的自启动检查表

X	Q_3^n	Q_2^n	Q_1^n	Q_3^{n+1}	Q_2^{n+1}	Q_1^{n+1}	Z
0	1	0	1	0	1	0	0
0	1	1	0	0	1	1	0
0	1	1	1	0	0	0	0
1	1	0	1	0	0	1	0
1	1	1	0	0	0	1	0
1	1	1	1	0	0	0	0

由自启动检查表表 6-25 可知，电路自启动不存在问题，最终电路图不变。

6.4.2　代码检测器

代码检测器检测的对象是依次输入的指定代码。检测时应按各代码的规定进行分组，组与组之间不能混淆。

【例 6-14】 试设计一个能将串行输入的 3 位二进制代码转换为串行输出的 3 位循环码的同步时序电路。

解：

按题意，输入的 3 位一组的二进制代码为：

000，001，010，011，100，101，110，111

与之对应的循环码输出为：

000，001，011，010，110，111，101，100

根据题意，电路有一个输入 X，用于接收二进制代码，有一个输出 Z，用于送出循环码。

设电路的初始状态为 S_0，接收到的代码第 1 位有 0 和 1 两种可能，故需用状态 S_1 和状态 S_2 来记忆这两种输入情况。由以上 3 位二进制代码和 3 位循环码可见，若串行输入的第 1 位是 0，则电路的输出必为 0，而且在串行输入 3 位代码后，电路的串行输出码为 000、001、011、010 这 4 种中的一种。反之，若串行输入的第 1 位是 1，相应的电路输出必为 1，当串行输入 3 位代码后，电路的串行输出码为 110、111、101、100 这 4 种中的一种。

由以上分析可得，该串行代码转换器的原始状态图如图 6-35 所示，原始状态表如表 6-26 所示。

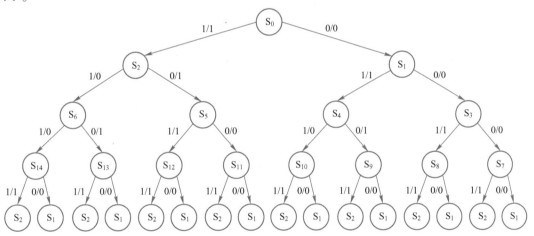

图 6-35　3 位二进制代码转换为 3 位循环码的原始状态图

表 6-26　3 位二进制代码转换为 3 位循环码的原始状态表

原态	次态/输出		原态	次态/输出	
	X = 0	X = 1		X = 0	X = 1
S_0	S_1/0	S_2/1	S_8	S_1/0	S_2/1
S_1	S_3/0	S_4/1	S_9	S_1/0	S_2/1
S_2	S_5/1	S_6/0	S_{10}	S_1/0	S_2/1
S_3	S_7/0	S_8/1	S_{11}	S_1/0	S_2/1
S_4	S_9/1	S_{10}/0	S_{12}	S_1/0	S_2/1
S_5	S_{11}/0	S_{12}/1	S_{13}	S_1/0	S_2/1
S_6	S_{13}/1	S_{14}/0	S_{14}	S_1/0	S_2/1
S_7	S_1/0	S_2/1			

通过观察法可见，原始状态表中的最大等效类为

$$(S_0),(S_1),(S_2,S_3)$$

令 $S_0=(S_0)$，$S_1=(S_1)$，$S_2=(S_2,S_3)$，代入原始状态表，状态合并后得到如表 6-27 所示的最小化状态表。

表 6-27 "111" 序列检测器的最小化状态表

原态	次态/输出	
	X = 0	X = 1
S_0	$S_0/0$	$S_1/0$
S_1	$S_0/0$	$S_2/0$
S_2	$S_0/0$	$S_3/1$

根据状态分配的原则 1，状态 S_0、S_1，S_0、S_2，S_1、S_2 应分配逻辑相邻编码；根据原则 2，S_0、S_1，S_0、S_2 应分配逻辑相邻编码；根据原则 3，S_0、S_1 应分配逻辑相邻编码；根据原则 4，状态 S_0 应作为逻辑 0。

故确定状态 S_0 的编码为 00，状态 S_1 的编码为 01，状态 S_2 的编码为 11，状态编码 10 为最小化状态表中的无用状态。将各状态的编码代入最小化状态表，得到的状态编码表如表 6-28 所示。

表 6-28 "111" 序列检测器的状态编码表

原态 $Q_2^n Q_1^n$	次态 $Q_2^{n+1}Q_1^{n+1}$/输出 Y		原态 $Q_2^n Q_1^n$	次态 $Q_2^{n+1}Q_1^{n+1}$/输出 Y	
	X = 0	X = 1		X = 0	X = 1
0 0	00/0	01/0	1 1	00/0	11/1
0 1	00/0	11/0			

根据状态编码表，以及选定的 JK 触发器，可作出表 6-29 所示的状态转换真值表。

表 6-29 "111" 序列检测器的状态转换真值表

现态			次态 $Q_2^{n+1}Q_1^{n+1}$/输出		Y
X	Q_1^n	Q_0^n	Q_2^{n+1}	Q_1^{n+1}	Y
0	0	0	0	0	
0	0	1	0	0	0
0	1	0	d	d	0
0	1	1	0	0	d
1	0	0	0	1	0
1	0	1	1	1	0
1	1	0	d	d	0
1	1	1	1	1	d

根据表 6-29 可作出图 6-36 所示的卡诺图，并从中求出状态方程和输出方程如下

$$Q_1^{n+1}=X\overline{Q_1^n}+XQ_1^n \quad Q_2^{n+1}=XQ_1^n\overline{Q_2^n}+XQ_2^n \quad Y=XQ_2^n$$

与 JK 触发器的特性方程 $Q^{n+1}=J\overline{Q^n}+\overline{K}Q^n$ 比较，可从状态方程中提取出对应触发器的激励方程如下

$$J_1=X \quad K_1=\overline{X} \quad J_2=XQ_1^n \quad K_2=\overline{X}$$

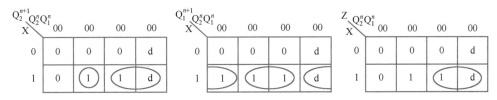

图 6-36 "111"串行序列检测器的卡诺图

将无用状态 10 代入上面的状态方程，检查能否自启动和有无错误输出。无用状态检查表如表 6-30 所示。

表 6-30 "111"序列检测器的无用状态检查表

X	Q_2^n	Q_1^n	Q_2^{n+1}	Q_1^{n+1}	Y
0	1	0	0	0	0
1	1	0	1	1	1

从表 6-30 可见，电路能自启动，即电路处于 10 状态时，无论输入是 0 还是 1，电路的下一个状态总能进入有效循环中。但从输出来看，若电路处于 10 状态，且输入为 1 时，电路有一错误输出。为了消除这个错误输出，在卡诺图中圈输出方程时，不要圈无关项，这样得到的输出 $Y = XQ_2^n \overline{Q_1^n}$。或在电路中加开机复位电路，使开机后电路不会进入 10 状态。

由此可画出"111"串行序列检测器的逻辑电路图，如图 6-37 所示。

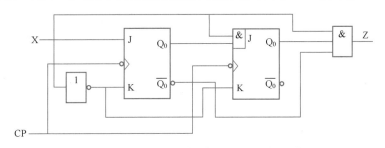

图 6-37 "111"串行序列检测器的逻辑电路图

【例 6-15】 设某同步时序电路，用于检测串行输入的余 3 码，其输入的顺序是先低位后高位，当出现非法数字（即输入了 0000，0001，0010，1101，1110，1111）时，电路的输出为 1，其余情况输出为 0。

解:

根据题意，电路有一个输入 X，用于接收余 3 码，有一个输出 Z，用于指示检测的结果。

该题需检测的代码组合有 16 种，并且要求对输入的 4 位二进制代码一组一组地检测，这与上例中的"111"串行序列检测器不同，所以，建立原始状态图的过程也不同。

设电路的初始状态为状态 A，接收到的代码第 1 位有 0 和 1 两种可能，故需用状态 B 和状态 C 来记忆这两种输入情况，如图 6-38a 所示。

当电路处于状态 B 时，这时电路将接收代码的第 2 位，这也有 0 和 1 两种可能，故在状态 B 又派生出了状态 D 和状态 E，如图 6-38b 所示。同理，由状态 D 又可派生出状态 F 和状态 G，如图 6-38c 所示。

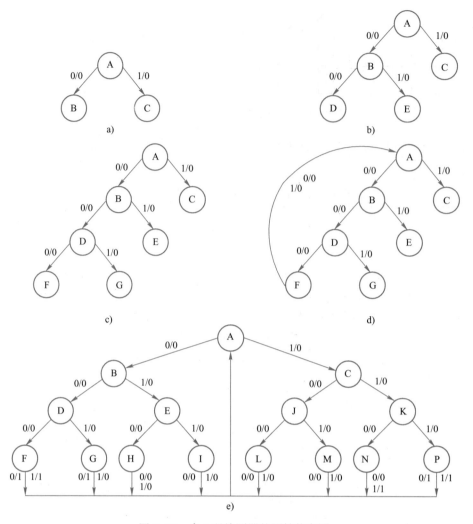

图 6-38　余 3 码检测器的原始状态图

当电路处于状态 F 时，表示电路已接收了 3 位代码，因此，无论收到的第 4 位代码是 0 还是 1，都应回到状态 A，以便检测下一组代码，如图 6-38d 所示。

依次类推，可作出一个完整的余 3 码检测电路的原始状态图，如图 6-38e 所示。对应的原始状态表如表 6-31 所示。

表 6-31　余 3 码检测器的原始状态表

原态	次态/输出		原态	次态/输出	
	X = 0	X = 1		X = 0	X = 1
A	B/0	C/0	I	A/0	A/0
B	D/0	E/0	J	L/0	M/0
C	J/0	K/0	K	N/0	P/0
D	F/0	G/0	L	A/0	A/0
E	H/0	I/0	M	A/0	A/0
F	A/1	A/1	N	A/0	A/1
G	A/1	A/0	P	A/1	A/1
H	A/0	A/0			

6.4.3　计数器

在数字电路中，记忆输入时钟脉冲（CP）个数的操作称为计数，实现计数操作的电路称为计数器。计数器是计算机和数字系统中的常用电路，广泛应用于定时、分频、控制和信号产生等场景。

1. 计数器的特点

计数器的主要特点如下：

1) 计数器除了输入时钟脉冲（CP）信号外，很少有额外的输入信号，其输出通常是原态的函数。因此，计数器是一种 Moore 型的时序电路，输入时钟脉冲 CCP，可看作触发器的时钟信号。

2) 从电路组成来看，计数器主要的组成单元是钟控触发器。计数器是数字仪表、数字系统以及计算机系统不可缺少的组成部分。

2. 计数器的分类

（1）按计数器中触发器的时钟是否同步分类

若计数器中触发器的时钟由外加 CP 统一作用，则称为同步计数器；否则，称为异步计数器。

（2）按计数器的进制分类

由 n 个触发器组成的计数器，若在计数过程中按二进制自然态序循环遍历 2^n 个独立状态，则称为 n 位二进制计数器（或模 2^n 进制计数器）；否则，称为非二进制计数器（或 N（$N \neq 2^n$）进制计数器），如七进制计数器、十进制计数器等。

（3）按计数时是递增还是递减分类

当输入计数脉冲到来时，按递增规律计数的电路称为加法计数器；按递减规律计数的电路称为减法计数器；在控制信号作用下，既可递增计数也可递减计数的电路称为可异计数器。

3. n 位二进制同步加法计数器

以 3 位二进制加法计数器为例，说明 n 位二进制加法计数器的构成方法和连接规律。图 6-39 是 3 位二进制加法计数器的状态图。

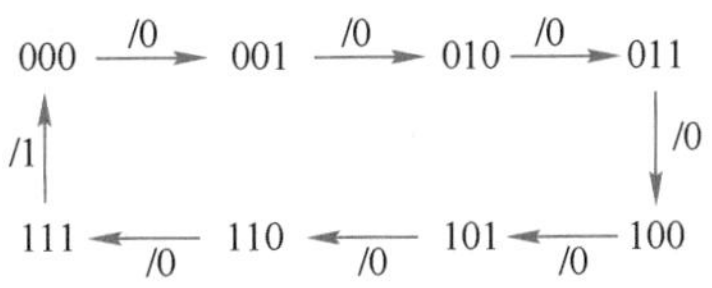

图 6-39　3 位二进制加法计数器的状态图

选用 JK 触发器，根据状态图可推导出表 6-32 的状态转换真值表。

表 6-32　3 位二进制加法计数器的状态转换真值表

Q_2^n	Q_1^n	Q_0^n	Q_2^{n+1}	Q_1^{n+1}	Q_0^{n+1}	C	Q_2^n	Q_1^n	Q_0^n	Q_2^{n+1}	Q_1^{n+1}	Q_0^{n+1}	C
0	0	0	0	0	1	0	1	0	0	1	0	1	0
0	0	1	0	1	0	0	1	0	1	1	1	0	0
0	1	0	0	1	1	0	1	1	0	1	1	1	0
0	1	1	1	0	0	0	1	1	1	0	0	0	1

根据状态转换真值表，通过卡诺图可求得 3 位二进制加法计数器的状态方程和输出方程

$$Q_0^{n+1}=\overline{Q_0^n} \quad Q_1^{n+1}=Q_0^n\,\overline{Q_1^n}+\overline{Q_0^n}Q_1^n \quad Q_2^{n+1}=Q_1^nQ_0^n\,\overline{Q_2^n}+\overline{Q_1^nQ_0^n}Q_2^n$$

$$C=Q_2^nQ_1^nQ_0^n$$

由 JK 触发器的特性方程和 3 位二进制加法计数器的状态方程，可得相应的激励方程

$$J_0=K_0=1 \quad J_1=K_1=Q_0^n \quad J_2=K_2=Q_1^nQ_0^n$$

根据激励方程和输出方程画出逻辑电路图，如图 6-40 所示。

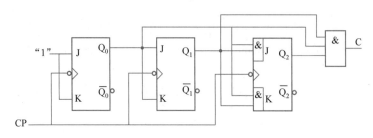

图 6-40　3 位二进制同步加法计数器的逻辑电路图

从电路可见，计数器中的第一级触发器是翻转触发器（$J_0=K_0=1$）；而其他高位触发器工作在保持/翻转方式（等效为 T 触发器），其翻转都发生在低位触发器 Q 端为"1"的条件下，这是因为在 n 位二进制加法计数中，当低位全为"1"时才需要向高位进位。由此，可确定第 i 级触发器的激励函数为：

$$J_i=K_i=Q_{i-1}^n\cdot Q_{i-2}^n\cdots Q_1^n\cdot Q_0^n \quad i=1,2,\cdots,n-1$$

4. n 位二进制同步减法计数器

以 3 位二进制减法计数器为例，说明 n 位二进制减法计数器的构成方法和连接规律。图 6-41 是 3 位二进制减法计数器的状态图。

$$000 \xleftarrow{/0} 001 \xleftarrow{/0} 010 \xleftarrow{/0} 011$$

选用 JK 触发器，根据状态图可推导出表 6-33 的状态转换真值表。

表 6-33　3 位二进制减法计数器的状态转换真值表

Q_2^n	Q_1^n	Q_0^n	Q_2^{n+1}	Q_1^{n+1}	Q_0^{n+1}	B	Q_2^n	Q_1^n	Q_0^n	Q_2^{n+1}	Q_1^{n+1}	Q_0^{n+1}	B
0	0	0	1	1	1	1	1	0	0	0	1	1	0
0	0	1	0	0	0	0	1	0	1	1	0	0	0
0	1	0	0	0	1	0	1	1	0	1	0	1	0
0	1	1	0	1	0	0	1	1	1	1	1	0	0

根据状态转换真值表，通过卡诺图可求得 3 位二进制减法计数器的状态方程和输出方程为

$$Q_0^{n+1}=\overline{Q_0^n} \quad Q_1^{n+1}=\overline{Q_0^n}\cdot Q_1^n+Q_0^nQ_1^n \quad Q_2^{n+1}=\overline{Q_1^n}\cdot\overline{Q_0^n}\cdot\overline{Q_2^n}+\overline{\overline{Q_1^n}\cdot\overline{Q_0^n}}Q_2^n$$

$$B=\overline{Q_2^n}\cdot\overline{Q_1^n}\cdot\overline{Q_0^n}$$

由 JK 触发器的特性方程和二进制减法计数器的状态方程，可得对应的激励方程

$$J_0=K_0=1 \quad J_1=K_1=\overline{Q_0^n} \quad J_2=K_2=\overline{Q_1^n}\cdot\overline{Q_0^n}$$

根据激励方程和输出方程画出逻辑电路图，如图 6-42 所示。

"1"
J
K
Q_0
$\overline{Q_0}$
Q_1
$\overline{Q_1}$
&
Q_2
$\overline{Q_2}$
B
CP

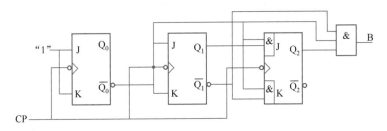

图 6-42　3 位二进制减法计数器的逻辑电路图

从电路可见，计数器中的第一级触发器是翻转触发器（$J_0=K_0=1$）；而其他高位触发器都工作在保持/翻转方式（等效为 T 触发器），其翻转发生在低位触发器 Q 端为“0”的条件下，这是因为在 n 位二进制加法计数器中，当低位全为“0”时才需要向高位借位。由此，可确定第 i 级触发器的激励函数为

$$J_i=K_i=\overline{Q_{i-1}^n}\cdot\overline{Q_{i-2}^n}\cdots\overline{Q_1^n}\cdot\overline{Q_0^n} \quad i=1,2,\cdots,n-1$$

5. *n* 位二进制同步可异计数器

结合前面的同步加法计数器和减法计数器，采用 $\overline{U}/D$ 作加减控制信号（$\overline{U}/D=0$ 时作加法，$\overline{U}/D=1$ 时作减法），可得图 6-43 所示的 3 位二进制同步可异计数器的逻辑电路图。

1
& ≥1
C/B
$\overline{U}$/D
"1"
J
K
Q_0
$\overline{Q_0}$
Q_1
$\overline{Q_1}$
Q_2
$\overline{Q_2}$
CP

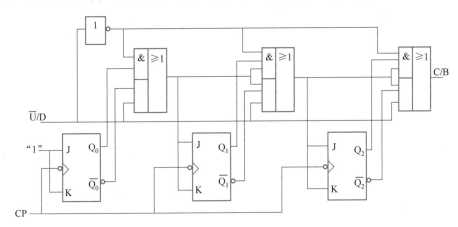

图 6-43　3 位二进制同步可异计数器的逻辑电路图

十进制计数器是使用最广的一类计数器，它是按 8421BCD 码的计数规律进行计数的。

6. 十进制同步加法计数器

十进制同步加法计数器的状态图如图 6-44 所示。

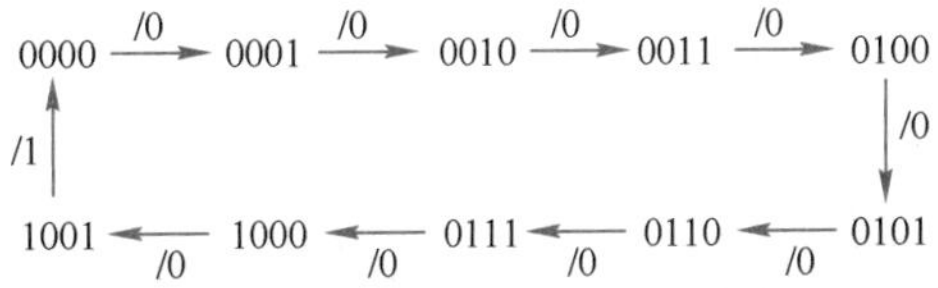

0000
0001
0010
0011
0100
0101
0110
0111
1000
1001
/0
/1

图 6-44　十进制同步加法计数器的状态图

电路选用使用较为方便的 JK 触发器，根据图 6-44 可作出表 6-34 的状态转换真值表。

表 6-34　十进制同步加法计数器的状态转换真值表

Q_3^n	Q_2^n	Q_1^n	Q_0^n	Q_3^{n+1}	Q_2^{n+1}	Q_1^{n+1}	Q_0^{n+1}	C	Q_3^n	Q_2^n	Q_1^n	Q_0^n	Q_3^{n+1}	Q_2^{n+1}	Q_1^{n+1}	Q_0^{n+1}	C
0	0	0	0	0	0	0	1	0	1	0	0	0	1	0	0	1	0
0	0	0	1	0	0	1	0	0	1	0	0	1	0	0	0	0	1
0	0	1	0	0	0	1	1	0	1	0	1	0	d	d	d	d	d
0	0	1	1	0	1	0	0	0	1	0	1	1	d	d	d	d	d
0	1	0	0	0	1	0	1	0	1	1	0	0	d	d	d	d	d
0	1	0	1	0	1	1	0	0	1	1	0	1	d	d	d	d	d
0	1	1	0	0	1	1	1	0	1	1	1	0	d	d	d	d	d
0	1	1	1	1	0	0	0	0	1	1	1	1	d	d	d	d	d

根据表 6-34 由卡诺图可求得十进制同步加法计数器的状态方程和输出方程如下

$$Q_0^{n+1} = \overline{Q_0^n}$$

$$Q_1^{n+1} = \overline{Q_3^n} Q_0^n \ \overline{Q_1^n} + \overline{Q_0^n} Q_1^n$$

$$Q_2^{n+1} = Q_1^n Q_0^n \ \overline{Q_2^n} + \overline{Q_1^n Q_0^n} Q_2^n$$

$$Q_3^{n+1} = Q_2^n Q_1^n Q_0^n \ \overline{Q_3^n} + \overline{Q_0^n} Q_3^n$$

$$C = Q_3^n Q_0^n$$

与 JK 触发器的特征方程 $Q^{n+1} = J \ \overline{Q^n} + \overline{K} Q^n$ 比较，可得十进制同步加法计数器的激励方程

$$J_0 = K_0 = 1 \qquad J_1 = \overline{Q_3^n} Q_0^n \qquad K_1 = Q_0^n$$

$$J_2 = K_2 = Q_1^n Q_0^n \qquad J_3 = Q_2^n Q_1^n Q_0^n \qquad K_3 = Q_0^n$$

检查电路能否自启动，将无用状态 1010~1111 代入状态方程和输出方程，可得表 6-35。

表 6-35　无用状态检查表

Q_3^n	Q_2^n	Q_1^n	Q_0^n	Q_3^{n+1}	Q_2^{n+1}	Q_1^{n+1}	Q_0^{n+1}	C	Q_3^n	Q_2^n	Q_1^n	Q_0^n	Q_3^{n+1}	Q_2^{n+1}	Q_1^{n+1}	Q_0^{n+1}	C
1	0	1	0	1	0	1	1	0	1	1	0	1	0	1	0	0	1
1	0	1	1	0	1	0	0	1	1	1	1	0	1	1	1	1	0
1	1	0	0	1	0	1	1	0	1	1	1	1	0	0	0	0	1

可见电路可自启动。根据激励方程和输出方程，可得图 6-45 所示的逻辑电路图。

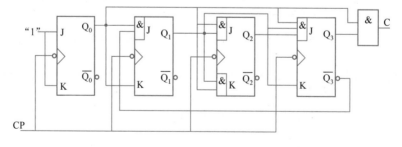

图 6-45　十进制同步加法计数器的逻辑电路图

7. 十进制同步减法计数器

十进制同步减法计数器的状态图如图 6-46 所示。

电路仍选用使用较为方便的 JK 触发器，根据图 6-46 可作出表 6-36 的状态转换真值表。

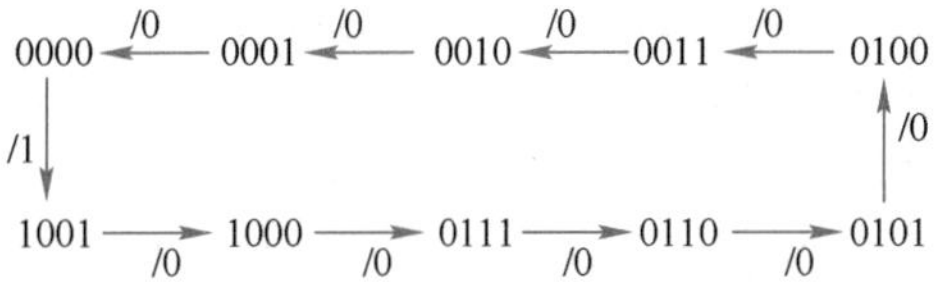

$$0000 \xleftarrow{/0} 0001 \xleftarrow{/0} 0010 \xleftarrow{/0} 0011 \xleftarrow{/0} 0100$$

$$\downarrow /1 \qquad\qquad\qquad\qquad\qquad\qquad \uparrow /0$$

$$1001 \xrightarrow{/0} 1000 \xrightarrow{/0} 0111 \xrightarrow{/0} 0110 \xrightarrow{/0} 0101$$

图 6-46 十进制同步减法计数器的状态图

表 6-36 十进制同步减法计数器的状态转换真值表

Q_3^n	Q_2^n	Q_1^n	Q_0^n	Q_3^{n+1}	Q_2^{n+1}	Q_1^{n+1}	Q_0^{n+1}	B	Q_3^n	Q_2^n	Q_1^n	Q_0^n	Q_3^{n+1}	Q_2^{n+1}	Q_1^{n+1}	Q_0^{n+1}	B
0	0	0	0	1	0	0	1	1	1	0	0	0	0	1	1	1	0
0	0	0	1	0	0	0	0	0	1	0	0	1	1	0	0	0	0
0	0	1	0	0	0	0	1	0	1	0	1	0	d	d	d	d	d
0	0	1	1	0	0	1	0	0	1	0	1	1	d	d	d	d	d
0	1	0	0	0	0	1	1	0	1	1	0	0	d	d	d	d	d
0	1	0	1	0	1	0	0	0	1	1	0	1	d	d	d	d	d
0	1	1	0	0	1	0	1	0	1	1	1	0	d	d	d	d	d
0	1	1	1	0	1	1	0	0	1	1	1	1	d	d	d	d	d

根据表 6-36，可由卡诺图可求得十进制同步减法计数器的状态方程和输出方程

$$Q_0^{n+1} = \overline{Q_0^n}$$

$$Q_1^{n+1} = (Q_3^n\,\overline{Q_0^n} + Q_2^n\,\overline{Q_0^n})\,\overline{Q_1^n} + Q_0^n Q_1^n$$

$$Q_2^{n+1} = Q_3^n\,\overline{Q_0^n} \cdot \overline{Q_2^n} + (Q_1^n + Q_0^n)\,Q_2^n$$

$$Q_3^{n+1} = \overline{Q_2^n} \cdot \overline{Q_1^n} \cdot \overline{Q_0^n} \cdot \overline{Q_3^n} + Q_0^n Q_3^n$$

$$B = \overline{Q_3^n} \cdot \overline{Q_2^n} \cdot \overline{Q_1^n} \cdot \overline{Q_0^n}$$

与 JK 触发器的特征方程 $Q^{n+1} = J\,\overline{Q^n} + \overline{K}Q^n$ 比较，可得十进制同步减法计数器的激励方程

$$J_0 = K_0 = 1 \qquad J_1 = \overline{\overline{Q_3^n} \cdot \overline{Q_2^n}} \cdot \overline{Q_0^n} \qquad K_1 = \overline{Q_0^n}$$

$$J_2 = Q_3^n\,\overline{Q_0^n} \qquad K_2 = \overline{Q_1^n} \cdot \overline{Q_0^n} \qquad J_3 = \overline{Q_2^n} \cdot \overline{Q_1^n} \cdot \overline{Q_0^n} \qquad K_3 = \overline{Q_0^n}$$

检查电路能否自启动，将无用状态 1010~1111 代入状态方程和输出方程，可得表 6-37。

表 6-37 无用状态检查表

Q_3^n	Q_2^n	Q_1^n	Q_0^n	Q_3^{n+1}	Q_2^{n+1}	Q_1^{n+1}	Q_0^{n+1}	B	Q_3^n	Q_2^n	Q_1^n	Q_0^n	Q_3^{n+1}	Q_2^{n+1}	Q_1^{n+1}	Q_0^{n+1}	B
1	0	1	0	0	1	0	1	0	1	1	0	1	1	1	0	0	0
1	0	1	1	1	0	1	0	0	1	1	1	0	0	1	0	1	0
1	1	0	0	0	0	1	1	0	1	1	1	1	1	1	1	0	0

可见电路可自启动。根据激励方程和输出方程，可得图 6-47 所示的逻辑电路图。

8. 十进制同步可异计数器

若把前面介绍的十进制加法计数器和十进制减法计数器用组合电路逻辑连接起来，并用 $U/\overline{D}$ 作为控制信号，$U/\overline{D}=1$ 进行加法运算；$U/\overline{D}=0$ 进行减法运算，这样就可实现十进制同步可异计数器的功能。当然也可用常规的设计方法，通过画状态图，作出状态转换真值表，画卡诺图，写出状态方程、输出方程和激励方程，最后得出电路。图 6-48 是十进制同步可异计数器的逻辑电路图。

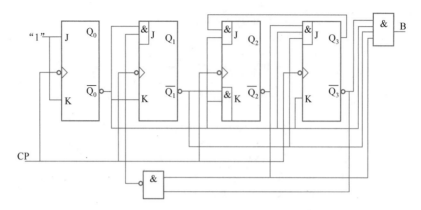

图 6-47　十进制同步减法计数器的逻辑电路图

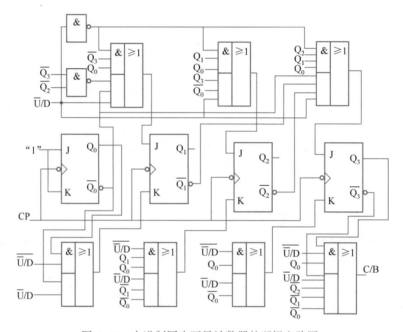

图 6-48　十进制同步可异计数器的逻辑电路图

6.4.4　寄存器

寄存器是用来暂存二进制信息（如计算机中的数据、指令等）的电路，除了数据的接收、保存、传送和清除等基本功能，根据需要，有的寄存器还具有移位、串并输入、串并输出和预置等功能。寄存器可分为 3 类，包括锁存器、基本寄存器和移位寄存器。

寄存器主要由触发器和控制门组成，因此可采用传统的时序电路方法分析其逻辑功能。但由于其结构简单且有规律，通常从触发器和门电路的基本功能出发直接进行分析。

1. 锁存器

1 位钟控 D 触发器只能传送或存储 1 位二进制数据，而在实际工作中往往要求一次传送或存储多位数据。为此，将多个钟控电平型 D 触发器的控制端 CP 连接起来，用一个公共的控制信号来控制，而各输入端仍各自独立地接收数据，这样就构成了一次能传送或存储多位数据的电路，称为锁存器。图 6-49 为 4 位锁存器的逻辑电路图，图中 4 个电平型 D 触发器对数据进行存储。

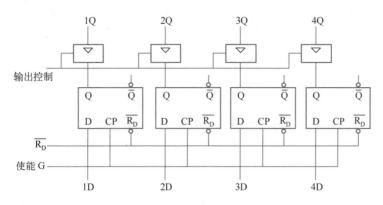

图 6-49 4 位锁存器的逻辑电路图

集成锁存器的类型很多，绝大多数是 D 锁存器，其位数有 4 位、8 位等。锁存器的输出包括单端输出 Q、反相输出 $\overline{Q}$ 以及互补输出 Q 和 $\overline{Q}$。为了便于在计算机的总线上使用，常用的 8 位 D 锁存器 74LS373、74LS573 等还具有三态输出特性。

2. 基本寄存器

基本寄存器是由若干个"维持-阻塞 D 触发器"组成的逻辑器件。1 位触发器可寄存 1 位二进制代码，寄存 n 位代码则需要 n 个触发器。与锁存器相同，将 n 个触发器的时钟端连接起来，用一个公共的控制信号控制，就构成了 n 位寄存器。图 6-50 为 4 位寄存器的逻辑电路图。

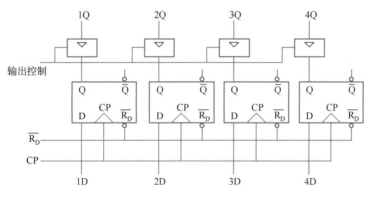

图 6-50 4 位寄存器的逻辑电路图

集成寄存器的种类也很多，其中 74LS374 是用 8D 触发器构成的寄存器（即一个集成电路芯片上有 8 个 D 触发器），具有三态控制输出，故也适用于计算机的总线系统。

从寄存数据的角度，锁存器和寄存器的功能相同。两者的区别是，锁存器为电平信号控制，而寄存器为同步时钟的跳变边沿控制。故两者有不同的应用领域，这取决于控制信号和数据之间的时间关系。若数据有效滞后于控制信号有效，只能使用锁存器；若数据有效提前于控制信号有效，且应用场景有同步操作要求，则选用寄存器。

3. 移位寄存器

在时钟的控制下，将所寄存数据向左或向右移位的寄存器，称为移位寄存器。移位寄存器的应用很广泛，如序列检测、序列产生、串行加法器、数据的并串转换等。图 6-51 为

4 位右移寄存器的逻辑电路图。该电路构成简单，左边 1 位触发器的输入 CP 端接到右边 1 位触发器的 D 输入端，同时将所有触发器的时钟端连接起来，用同步脉冲 CP 进行控制。类似地，将右边 1 位触发器的输出 Q 端接到左边 1 位触发器的 D 输入端，可构成左移寄存器。

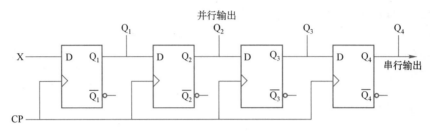

图 6-51　4 位右移寄存器的逻辑电路图

【例 6-16】 试设计一个 3 位串行输入/串行输出的移位寄存器，输入信号由低位到高位依次进行，输入端为 X，输出为组成寄存器的触发器的最高位。

解：

根据以上要求可直接作出该寄存器的状态图如图 6-52 所示，状态如表 6-38 所示。

用 JK 触发器实现，得到该三位串行输入/串行输出移位寄存器的卡诺图，如图 6-53 所示。

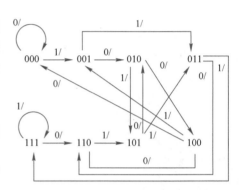

图 6-52　寄存器的状态图

表 6-38　寄存器的状态表

Q_3^n	Q_2^n	Q_1^n	Q_3^{n+1}	Q_2^{n+1}		Q_1^{n+1}		
			X = 0			X = 1		
0	0	0	0	0	0	0	0	1
0	0	1	0	1	0	0	1	1
0	1	0	1	0	0	1	0	1
0	1	1	1	1	0	1	1	1
1	0	0	0	0	0	0	0	1
1	0	1	0	1	0	0	1	1
1	1	0	1	0	0	1	0	1
1	1	1	1	1	0	1	1	1

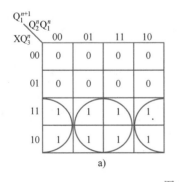

a)

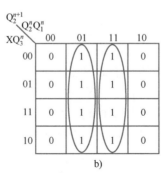

b)

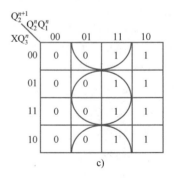

c)

图 6-53　使用 JK 触发器得到的卡诺图

根据卡诺图,可得三位串行输入/串行输出的移位寄存器的状态方程如下

$$Q_1^{n+1} = X \overline{Q_1^n} + XQ_1^n$$
$$Q_2^{n+1} = Q_1^n \overline{Q_2^n} + Q_1^n Q_2^n$$
$$Q_3^{n+1} = Q_2^n \overline{Q_3^n} + Q_2^n Q_3^n$$

则相应的激励方程如下

$$J_1 = X \qquad K_1 = \overline{X}$$
$$J_2 = Q_1^n \qquad K_2 = \overline{Q_1^n}$$
$$J_3 = Q_2^n \qquad K_3 = \overline{Q_2^n}$$

逻辑电路图如图 6-54 所示。

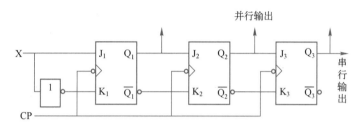

图 6-54 寄存器 JK 触发器的逻辑电路图

若由 D 触发器实现,则:

$$Q_3^{n+1} = Q_2^n \qquad Q_2^{n+1} = Q_1^n \qquad Q_1^{n+1} = X$$
$$D_3 = Q_2^n \qquad D_2 = Q_1^n \qquad D_1 = X$$

逻辑电路图如图 6-55 所示。

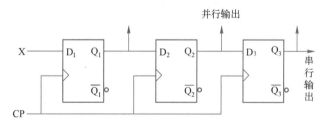

图 6-55 寄存器 D 触发器的逻辑电路图

6.4.5 移位寄存器型计数器

移位寄存器型计数器是寄存器与计数器的有机结合,是一种典型的同步时序逻辑电路,包括环形计数器、扭环形计数器、最大长度移位寄存器型计数器等。

1. 环形计数器

4 位环形计数器电路如图 6-56 所示。由电路可见,4 位环形计数器是自循环的移位寄存器。

利用逻辑分析的方法,列出电路的方程组,推导出状态转换表,可得如图 6-57 所示状态图。

工程上常将环形计数器作为正节拍脉冲发生器(环形脉冲分配器)使用,有效循环是 1000、0100、0010、0001,其他的为无效循环。接通电源时,若电路的初始状态不在有效循环内,就不能正常工作,即该电路不能自启动。为了确保电路能正常计数,必须通过串行输

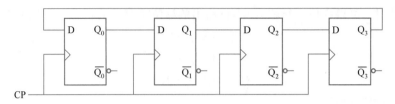

图 6-56　4 位环形计数器的逻辑电路图

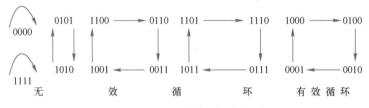

图 6-57　环形计数器的状态图

入或并行输入端将电路设置成有效循环中的某一状态，这只需修改电路的激励方程如下

$$D_0 = \overline{Q_0^n} \cdot \overline{Q_1^n} \cdot \overline{Q_2^n}$$

$$D_1 = Q_0^n$$

$$D_2 = Q_1^n$$

$$D_3 = Q_2^n$$

由激励方程，可得能自启动的 4 位环形计数器。其电路如图 6-58 所示。

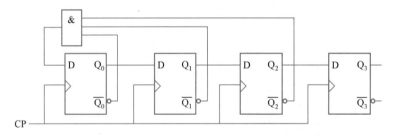

图 6-58　能自启动的 4 位环形计数器的逻辑电路图

2. 扭环形计数器

n 位扭环形计数器的结构特点是

$$D_i = Q_{i-1}^n, \quad D_0 = \overline{Q_{n-1}^n} \tag{6-8}$$

图 6-59 为 4 位扭环形计数器的逻辑电路图。利用逻辑分析的方法，列出电路的方程组，推导出状态转换表，可得如图 6-60 所示的状态图。

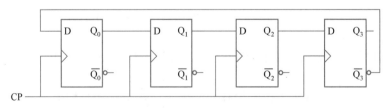

图 6-59　4 位扭环形计数器的逻辑电路图

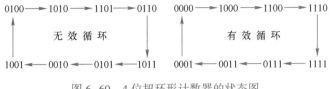

图 6-60　4 位扭环形计数器的状态图

由状态图可知，n 级触发器构成的扭环形计数器可记 $2n$ 个数；同时，电路存在无效循环。为了有效工作，修改激励方程可得能自启动的 4 位扭环形计数器，如图 6-61 所示。

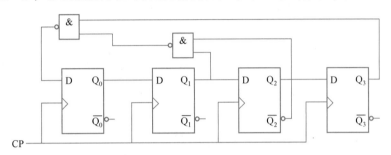

图 6-61　能自启动的 4 位扭环形计数器

扭环形计数器的特点是，每次状态变化时仅有一个触发器翻转。这样，在得到的有效循环内，任意两个相邻码组之间只有一位发生了改变。因此，译码不会产生译码尖峰，而且所有的译码门电路都只需两个输入端。

3. 最大长度移位寄存器型计数器

最大长度移位寄存器型计数器指的是计数长度 $N = 2^{n-1}$ 的移位寄存器型计数器，其反馈逻辑电路由异或门组成。图 6-62 为 3 位最大长度移位寄存器型计数器的逻辑电路图，状态图如图 6-63 所示。由于无论多少个 0 异或结果均为 0，所以此类计数器中全 0 状态总是无效状态，且为无效循环。可通过修改控制方程的方法使电路为可自启动。表 6-39 为 $n = 3 \sim 12$ 时的反馈逻辑。

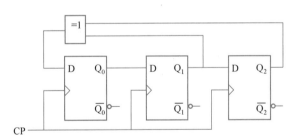

图 6-62　3 位最大长度移位寄存器型计数器的逻辑电路图

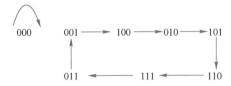

图 6-63　3 位最大长度移位寄存器型计数器的状态图

表 6-39 最大长度移位寄存器型计数器的反馈逻辑

移位寄存器位数 n	反 馈 逻 辑
3	$D_0 = Q_2^n \oplus Q_1^n$ 或 $D_0 = Q_2^n \oplus Q_0^n$
4	$D_0 = Q_3^n \oplus Q_2^n$ 或 $D_0 = Q_3^n \oplus Q_0^n$
5	$D_0 = Q_4^n \oplus Q_2^n$ 或 $D_0 = Q_4^n \oplus Q_1^n$
6	$D_0 = Q_5^n \oplus Q_4^n$ 或 $D_0 = Q_5^n \oplus Q_0^n$
7	$D_0 = Q_6^n \oplus Q_5^n$ 或 $D_0 = Q_6^n \oplus Q_0^n$
8	$D_0 = Q_7^n \oplus Q_5^n \oplus Q_4^n \oplus Q_3^n$ 或 $D_0 = Q_7^n \oplus Q_3^n \oplus Q_2^n \oplus Q_1^n$
9	$D_0 = Q_8^n \oplus Q_4^n$ 或 $D_0 = Q_8^n \oplus Q_3^n$
10	$D_0 = Q_9^n \oplus Q_6^n$ 或 $D_0 = Q_9^n \oplus Q_2^n$
11	$D_0 = Q_{10}^n \oplus Q_8^n$ 或 $D_0 = Q_{10}^n \oplus Q_1^n$
12	$D_0 = Q_{11}^n \oplus Q_{10}^n \oplus Q_7^n \oplus Q_5^n$ 或 $D_0 = Q_{11}^n \oplus Q_5^n \oplus Q_3^n \oplus Q_0^n$

6.5 典型同步时序逻辑电路集成芯片的应用

本节介绍典型同步时序逻辑电路集成芯片的应用，包括集成计数器及其应用和集成寄存器及其应用。

6.5.1 集成计数器及其应用

1. 集成二进制计数器

常用的二进制同步计数器包括加法计数器和可异计数器。

（1）集成 4 位二进制同步加法计数器

集成 4 位同步二进制加法计数器与 3 位二进制同步加法计数器工作原理相同，只是为了扩展和方便使用，增加了一些辅助功能。下面，以典型的芯片 74LS161 为例进行讨论。

74LS161 的引脚功能排列图和逻辑符号如图 6-64 所示。图中，CP 是输入计数脉冲（上升沿有效），$\overline{CR}$是清 0 端，$\overline{LD}$是置数控制端，CT_P 和 CT_T 是计数器工作状态控制端，$D_0 \sim D_3$ 是并行输入数据端，CO 是进位信号输出端，$Q_0 \sim Q_3$ 是计数器状态输出端。表 6-40 为集成 4 位二进制同步计数器 74LS161 的状态表。

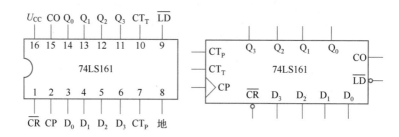

图 6-64 74LS161 的引脚功能排列图和逻辑符号

由表 6-40 可知，集成 4 位二进制同步加法计数器 74LS161 具有下列功能：

1）异步清 0。在$\overline{CR}$=0 时，其他输入信号都不起作用。由集成钟控触发器的逻辑特征可知，其异步复位输入信号优先，$\overline{CR}$=0 通过$\overline{R_D}$使计数器清 0。

表 6-40　74LS161 的状态表

输入													工作模式
$\overline{CR}$	$\overline{LD}$	CT_P	CT_T	CP	D_3	D_2	D_1	D_0	Q_3^{n+1}	Q_2^{n+1}	Q_1^{n+1}	Q_0^{n+1}	
0	d	d	d	d	d	d	d	d	0	0	0	0	异步清0
1	0	d	d	↑	d_3	d_2	d_1	d_0	d_3	d_2	d_1	d_0	同步置数
1	1	1	1	↑	d	d	d	d	加法计数				加法计数
1	1	0	d	d	d	d	d	d	Q_3^n	Q_2^n	Q_1^n	Q_0^n	数据保持
1	1	d	0	d	d	d	d	d	Q_3^n	Q_2^n	Q_1^n	Q_0^n	数据保持

2）同步并行置数。当 $\overline{CR}=1$、$\overline{LD}=0$ 时，在 CP 上升沿的作用下，数据 $d_3d_2d_1d_0$ 并行置入计数器，使 $Q_3^{n+1}Q_2^{n+1}Q_1^{n+1}Q_0^{n+1}=d_3d_2d_1d_0$。

3）二进制同步加法计数。当 $\overline{CR}=1$、$\overline{LD}=1$ 时，若 $CT_P=CT_T=1$，则计数器对 CP 信号按 4 位二进制数自然顺序进行加法计数。

4）保持。当 $\overline{CR}=1$、$\overline{LD}=1$ 时，若 $CT_P=CT_T=0$，则计数器将保持原态不变。而进位信号输出有两种情况：若 $CT_T=0$，则 $CO=0$；若 $CT_T=1$，则 $CO=Q_3^nQ_2^nQ_1^nQ_0^n$。

可见，74LS161 是一个具有异步清 0、同步置数、可保持状态不变的 4 位二进制同步加法计数器。

另外一种 4 位二进制同步加法计数器 74LS163 芯片，除了采用同步清 0 方式外，其逻辑功能、计数工作原理和引脚排列都与 74LS161 一样，其状态表如表 6-41 所示。

表 6-41　74LS163 的状态表

输入													工作模式
$\overline{CR}$	$\overline{LD}$	CT_P	CT_T	CP	D_3	D_2	D_1	D_0	Q_3^{n+1}	Q_2^{n+1}	Q_1^{n+1}	Q_0^{n+1}	
0	d	d	d	↑	d	d	d	d	0	0	0	0	异步清0
1	0	d	d	↑	d_3	d_2	d_1	d_0	d_3	d_2	d_1	d_0	同步置数
1	1	1	1	↑	d	d	d	d	加法计数				加法计数
1	1	0	d	D	d	d	d	d	Q_3^n	Q_2^n	Q_1^n	Q_0^n	数据保持
1	1	d	0	d	d	d	d	d	Q_3^n	Q_2^n	Q_1^n	Q_0^n	数据保持

（2）集成 4 位二进制同步可异计数器

74LS191 是 4 位二进制同步可异（加/减）计数器，具有异步预置和计数值保持功能。图 6-65 为 74LS191 的引脚排列图和逻辑符号。图中，$\overline{LD}$ 为异步预置控制端，具有最高优先

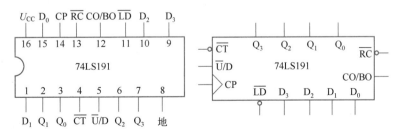

图 6-65　74LS191 的引脚排列图和逻辑符号

级，$\overline{LD}$为"0"可通过触发器异步置位、复位端实现异步预置。计数器的保持功能由CT控制，$\overline{CT}=0$，可进行正常计数；$\overline{CT}=1$，计数器保持原态不变。$\overline{U}/D$ 是其加/减控制端，$\overline{U}/D=0$，进行加法计数；$\overline{U}/D=1$，进行减法计数。CO/BO 为进位/借位输出端。$\overline{RC}$ 是多位级联可异计数器时（$\overline{RC}=\overline{CP \cdot CO/BO \cdot CT}$），作为时钟输入与输出的连接。当$\overline{CT}=0$、CO/BO=1时，$\overline{RC}=CP$。所以，$\overline{RC}$端产生的输出进位（借位）脉冲的波形与输入计数脉冲的波形是相同的。表 6-42 为 74LS191 的状态表。

表 6-42   74LS191 的状态表

输入								输出				工作模式
$\overline{LD}$	$\overline{CT}$	$\overline{U}/D$	CP	D_3	D_2	D_1	D_0	Q_3^{n+1}	Q_2^{n+1}	Q_1^{n+1}	Q_0^{n+1}	
0	d	d	d	d_3	d_2	d_1	d_0	d_3	d_2	d_1	d_0	并行异步置数
1	0	0	↑	d	d	d	d	加法计数				加法计数
1	0	1	↑	d	d	d	d	减法计数				减法计数
1	1	d	d	d	d	d	d	Q_3^n	Q_2^n	Q_1^n	Q_0^n	数据保持

2. 集成十进制计数器

下面介绍两种典型的集成十进制计数器，包括集成十进制同步加法计数器和集成十进制同步可异计数器。

（1）集成十进制同步加法计数器

集成十进制同步加法计数器的 TTL 产品有 74LS160、74LS162 等。其中，74LS160 是8421BCD 码同步加法计数器，具有异步清 0、同步置数、保持、进位输出等附加功能，74LS160 的引脚图和逻辑符号如图 6-66 所示，其状态表如表 6-43 所示。

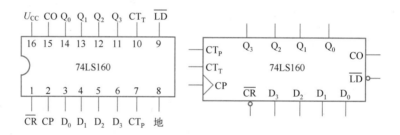

图 6-66   74LS160 的引脚图和逻辑符号

表 6-43   74LS160 的状态表

输入									Q_3^{n+1}	Q_2^{n+1}	Q_1^{n+1}	Q_0^{n+1}	工作模式
$\overline{CR}$	$\overline{LD}$	CT_P	CT_T	CP	D_3	D_2	D_1	D_0					
0	d	d	d	d	d	d	d	d	0	0	0	0	异步清 0
1	0	d	d	↑	d_3	d_2	d_1	d_0	d_3	d_2	d_1	d_0	同步置数
1	1	1	1	↑	d	d	d	d	加法计数				加法计数
1	1	0	d	d	d	d	d	d	Q_3^n	Q_2^n	Q_1^n	Q_0^n	数据保持
	1	d	0	d	d	d	d	d	Q_3^n	Q_2^n	Q_1^n	Q_0^n	数据保持

由表 6-43 可以看出，集成十进制同步加法计数器 74LS160 具有下列功能：

1）异步清 0。在 $\overline{CR}=0$ 时，其他输入信号都不起作用。由集成钟控触发器的逻辑特性可知，其异步复位输入信号优先，$\overline{CR}=0$ 通过 $\overline{R}_D$ 使计数器清 0。

2）同步并行置数。当 $\overline{CR}=1$、$\overline{LD}=0$ 时，在 CP 上升沿的作用下，数据 $d_3 d_2 d_1 d_0$ 并行置入计数器，使 $Q_3^{n+1} Q_2^{n+1} Q_1^{n+1} Q_0^{n+1} = d_3 d_2 d_1 d_0$。

3）十进制同步加法计数。当 $\overline{CR}=1$、$\overline{LD}=1$ 时，若 $CT_P=CT_T=1$，则计数器对 CP 信号按 8421BCD 码的计数规律进行加法计数。

4）保持。当 $\overline{CR}=1$、$\overline{LD}=1$ 时，若 $CT_P=CT_T=0$，则计数器将保持原态不变。而进位信号输出有两种情况：若 $CT_T=0$，则 $CO=0$；若 $CT_T=1$，则 $CO=Q_3^n Q_2^n Q_1^n Q_0^n$。

可见，74LS160 是具有异步清 0、同步置数、可保持状态不变的十进制同步加法计数器。

（2）集成十进制同步可异计数器

74LS190 是集成十进制同步可异（加/减）计数器，还具有异步预置和计数值保持功能。图 6-67 为 74LS190 的引脚排列图和逻辑符号。图中，$\overline{LD}$ 为异步预置控制端，具有最高优先级，$\overline{LD}$ 为 "0" 时可通过触发器异步置位、复位端实现异步预置。计数器的保持功能由 $\overline{CT}$ 控制，$\overline{CT}=0$，可进行正常计数；$\overline{CT}=1$，计数器保持原态不变。$\overline{U}/D$ 是其加/减控制端，$\overline{U}/D=0$，进行加法计数；$\overline{U}/D=1$，进行减法计数。CO/BO 为进位/借位输出端。$\overline{RC}$ 是多位级联可异计数器时（$\overline{RC}=\overline{CP} \cdot \overline{CO/BO} \cdot \overline{CT}$），作为时钟输入与输出的连接。当 $\overline{CT}=0$、CO/BO=1 时，$\overline{RC}=$ CP，所以 RC 端产生的输出进位（借位）脉冲的波形与输入计数脉冲的波形相同。

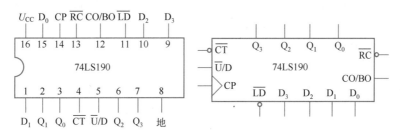

图 6-67　74LS190 的引脚排列图和逻辑符号

表 6-44 为 74LS190 的状态表。

表 6-44　74LS190 的状态表

输入								输出				工作模式
$\overline{LD}$	$\overline{CT}$	$\overline{U}/D$	CP	D_3	D_2	D_1	D_0	Q_3^{n+1}	Q_2^{n+1}	Q_1^{n+1}	Q_0^{n+1}	
0	d	d	d	d_3	d_2	d_1	d_0	d_3	d_2	d_1	d_0	并行异步置数
1	0	0	↑	d	d	d	d	加法计数				加法计数
1	0	1	↑	d	d	d	d	减法计数				减法计数
1	1	d	d	d	d	d	d	Q_3^n	Q_2^n	Q_1^n	Q_0^n	数据保持

3. 任意进制计数器

集成计数器一般都有清 0 输入端和置数输入端。而无论是清 0 还是置数，都有同步和异步之分。同步清 0 和同步置数指的是，清 0 和置数的实现发生在 CP 的跳变边沿瞬间；而异步清 0 和异步置数与 CP 无关。

（1）用同步反馈归 0 法和同步反馈置数法构成任意进制计数器

【例 6-17】 试利用同步反馈归 0 法将 74LS163 构成十一进制加法计数器。

图 6-68 是用 74LS163 构成的十一进制加法计数器。74LS163 除了采用同步清 0 方式外，其逻辑功能、计数工作原理和引脚排列和 74LS161 是一样的。当电路计数到状态 "1010" 时，用于状态检测的与非门输出低电平，使 74LS163 进入同步复位工作方式，但还需等待 CP（上升沿）的作用才能实现复位。当电路复位到 "0000" 状态后，与非门输出高电平，使

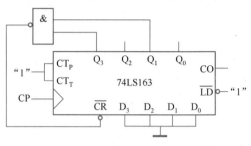

图 6-68　74LS163 构成的十一进制加法计数器

电路又可按计数方式继续计数。同步复位法的特点是，被检测的状态 "1010" 是稳定状态，当电路处于该状态时要等待下一个时钟脉冲的上升沿才能复位为 "0000" 状态。所以，该电路的计数状态为 "0000~1010"，实现了十一进制加法计数。采用同步计数器，并用同步复位方法实现任意进制计数器，可使计数循环中无过渡状态存在，保证了计数器的输出稳定可靠。

【例 6-18】 试用同步置数法将 74LS163 构成十三进制加法计数器。

图 6-69 是用 74LS163 构成的十三进制加法计数器。当电路计数到 "1100" 时，电路进入同步预置状态，同样还需等待 CP（上升沿）的作用才能将 "0000" 置入计数器。当新状态 "0000" 出现后，电路又进入计数模式。所以，该电路的计数状态为 "0000~1100"，实现了十三进制加法计数。

（2）用异步归 0 法构成任意进制计数器

【例 6-19】 试用异步归 0 法将 74LS161 构成十二进制加法计数器。

图 6-70 是用 74LS161 构成的十二进制加法计数器。当电路计数使状态变为 "1100" 时，与非门输出为低电平，作用在 74LS161 的异步复位端$\overline{CR}$上，使 74LS161 立即复位。故计数器状态 "1100" 只保留短暂的瞬间就消失了，相当于计数器的计数范围为 "0000~1011"，电路实现了十二进制计数。状态回到 "0000" 后，与非门输出又回到高电平，电路自然进入计数工作方式，开始下一个计数循环。

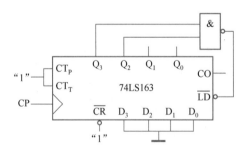

图 6-69　74LS163 构成的十三进制加法计数器

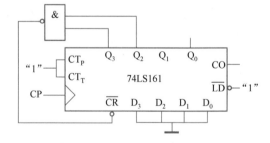

图 6-70　74LS161 构成的十二进制加法计数器

4. 计数器的扩展级联

集成计数器一般都设置级联用的输入端和输出端，只要正确连接就可将计数器的容量扩展到所需大小。所谓级联，指的是把多个计数器串接起来，从而获得所需容量的计数器。

【例 6-20】 试用 74LS161 构成 256 进制计数器。

图 6-71 是用两片 74LS161 构成的 256 进制计数器，根据 74LS161 的状态表 6-40 不难理解其工作原理。当第 1 片 74LS161 从状态 "0000" 计到 "1111" 时进位输出 CO＝1，使第 2 片 74LS161 的 CT_T 和 CT_P 为高电平，第 2 片 74LS161 也处于计数状态。这时再来 1 个时钟脉冲，第 1 片 74LS161 从状态 "1111" 返回 "0000"，同时第 2 片 74LS161 也计了 1 个数。此后，由于第 1 片 74LS161 的进位输出 CO＝0，第 2 片 74LS161 处于保持状态，以此类推，第 1 片 74LS161 每计 16 个数使第 2 片 74LS161 计 1 个数，以此实现了 256 进制计数的目的。

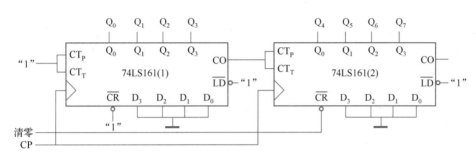

图 6-71　用 74LS161 级联构成 256 进制计数器

【例 6-21】 试用 74LS163 构成 150 进制计数器。

一般是先将两片 74LS163 级联起来构成 256 进制计数器，然后再用反馈归 0 法获得所需容量的计数器，图 6-72 是用两片 74LS163 构成的 150 进制计数器。

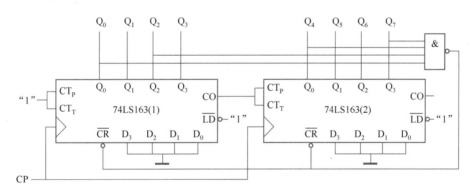

图 6-72　用两片 74LS163 构成 150 进制计数器

6.5.2　集成寄存器及其应用

实际应用中常采用中规模通用移位寄存器。如图 6-73 所示为 4 位双向移位寄存器 74LS194 的引脚图和逻辑符号。图中，$\overline{CR}$ 是清 0 端，M_0、M_1 是工作方式控制端，D_{SR} 和 D_{SL} 分别是右移和左移串行数据输入端，$D_3 \sim D_0$ 是并行数据输入端，$Q_3 \sim Q_0$ 是并行数据输出端，CP 是时钟信号。表 6-45 为 74LS194 的功能表。

从表 6-45 可见，74LS194 具有以下功能。

（1）清 0 功能

当 $\overline{CR}＝0$ 时，对移位寄存器异步清 0。

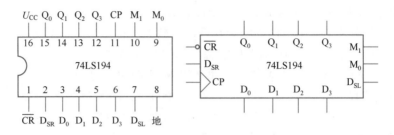

图 6-73 4 位双向移位寄存器 74LS194

表 6-45 **74LS194 的功能表**

输入										输出				工作模式
$\overline{CR}$	M_1	M_0	D_{SR}	D_{SL}	CP	D_0	D_1	D_2	D_3	Q_0^{n+1}	Q_1^{n+1}	Q_2^{n+1}	Q_3^{n+1}	
0	d	d	d	d	d	d	d	d	d	0	0	0	0	异步清0
1	d	d	d	d	0	d	d	d	d	Q_0^n	Q_1^n	Q_2^n	Q_3^n	保持
1	1	1	d	d	↑	d_3	d_2	d_1	d_0	d_3	d_2	d_1	d_0	并行输入
1	0	1	1	d	↑	d	d	d	d	1	Q_0^n	Q_1^n	Q_2^n	右移入1
1	0	1	0	d	↑	d	d	d	d	0	Q_0^n	Q_1^n	Q_2^n	右移入0
1	1	0	d	1	↑	d	d	d	d	Q_1^n	Q_2^n	Q_3^n	1	左移入1
1	1	0	d	0	↑	d	d	d	d	Q_1^n	Q_2^n	Q_3^n	0	左移入0
1	0	0	d	d	d	d	d	d	d	Q_3^n	Q_2^n	Q_1^n	Q_0^n	保持

（2）保持功能

当 $\overline{CR}=1$，$CP=0$ 或 $M_1=M_2=0$ 时，双向移位寄存器状态保持不变。

（3）并行置数功能

当 $\overline{CR}=1$，$M_1=M_2=1$ 时，在 CP 上升沿的作用下，将加在并行输入端 $D_3 \sim D_0$ 的数据 $d_3 \sim d_0$ 并行置入寄存器。

（4）串行右移功能

当 $\overline{CR}=1$，$M_1=0$、$M_0=1$ 时，在 CP 上升沿的作用下，依次将加在 D_{SR} 端的数据串行右移入寄存器。

（5）串行左移功能

当 $\overline{CR}=1$，$M_1=1$、$M_0=0$ 时，在 CP 上升沿的作用下，依次将加在 D_{SL} 端的数据串行左移入寄存器。

【例 6-22】试用 74LS194 设计一个"10010"串行序列检测器。

根据设计要求和移位寄存器的特性，可以很方便地设计出对应的检测器。图 6-74 是用 74LS194 构成的"10010"串行序列检测器，74LS194 工作于右移方式，实现串/并转换，组合逻辑部分实现了特定序列的提取。

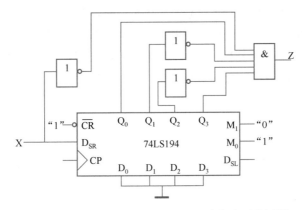

图 6-74　74LS194 构成的 "10010" 串行序列检测器

6.6　同步时序逻辑电路的应用实例

本节通过具体实例，介绍同步时序逻辑电路的应用。

6.6.1　计数器用作分频器

当计数器输入脉冲的频率为 F_I 时（即每秒输入 F_I 个脉冲），模 N 计数器的进位输出端输出脉冲的频率为 $F_O = F_I/N$。此时，模 N 计数器可用作分频比为 N 的数字式分频器。当计数器用作分频器时，从实现分频功能的角度来看，只关心分频比（即计数器的模），而不关心计数器的状态编码。

74LS163 构成的 12 分频电路如图 6-75 所示，该电路采用同步清 0 的方法构成模 12 计数器，计数状态为 0000~1011，Q_3 输出信号是输入信号的 12 分频。

图 6-76 为同步置数法构成的模 12 计数器，反馈信号直接采用计数器的进位输出信号 CO，计数器状态为 0100~1111，CO 输出 12 分频信号。该分频器也称为可编程分频器，可在不改变硬件连接的条件下，通过改变预置数来改变计数器的模，从而改变分频器的分频比。当预置数为 0000 时，计数器的模为 16，构成 16 分频器；当预置数为 0110 时，计数器的模为 10，构成 10 分频器。分频比 N 与预置数 K 之间的关系是 $N = 16 - K$。

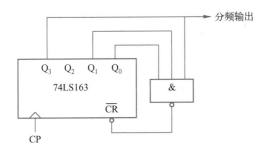

图 6-75　分频比固定的 12 分频器

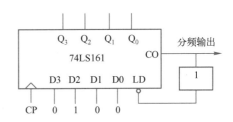

图 6-76　由可编程分频器构成的 12 分频器

6.6.2　计数型序列信号发生器

图 6-77 为计数器和数据选择器构成的 11001100 序列信号发生器。其中，十六进制计数器 74LS161 通过异步复位实现模 8 加法计数器，计数状态依次为 000~111。计数状态作为

8 选 1 数据选择器 74LS151 的地址输入 $A_2 A_1 A_0$，8 位序列码依次置于数据选择器的数据输入端 $D_0 \sim D_7$。在外部时钟作用下，模 8 计数器循环计数，数据选择器循环输出指定的 8 位序列"11001100"。可见，修改反馈复位连接可以改变计数器的模，从而改变序列码的长度；改变数据选择器数据输入端的预置数可以改变序列码。这样的电路结构可以实现任意 8 位以内的序列发生器。

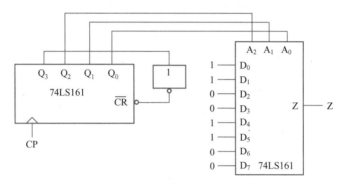

图 6-77　计数型序列信号发生器

6.7　本章小结

本章主要介绍时序逻辑电路中的同步时序逻辑电路，包括基本电路结构的特点、分类、分析和设计的基本原理与方法、典型的同步时序逻辑电路设计与应用，并通过丰富的设计实例，让大家学以致用。典型的同步时序逻辑电路包括串行序列检测器、代码检测器、计数器、寄存器、移位寄存器型计数器等。其中，计数器和寄存器在计算机及其他数字系统中广泛使用，是数字系统的重要组成部分。本章详细讨论了计数器和寄存器的原理、设计、集成器件及典型应用，为进一步理解同步时序逻辑电路打下基础。

本章关键知识点如下：

1）描述时序逻辑电路的方法包括逻辑方程、状态转移真值表、状态转移图和时序波形图等；

2）同步时序逻辑电路的分析步骤一般为：根据电路写出逻辑方程组→列出状态转换真值表→画出状态转换图→画出时序波形图（工作波形图）→分析说明电路逻辑功能；

3）同步时序逻辑电路的设计步骤一般为：建立原始状态图（或状态表）→状态化简→状态分配及状态编码→触发器类型选择→列出状态转换真值表→讨论自启动问题→画出电路图；

4）计数器是一种简单而实用的典型同步时序逻辑电路，不仅能统计输入脉冲的个数，还可用于分频、定时、产生接拍数等。

5）寄存器是一种常用的时序逻辑电路器件，分为普通寄存器和移位寄存器。移位寄存器应用较广，可以实现数码串并行转换、接拍延迟、计数分频以及序列信号发生器等。

6.8　习题

1. 简述时序逻辑电路和组合逻辑电路的区别。

2. 简述 Moore 型同步时序电路和 Mealy 型同步时序电路的区别。

3. 分析如图 6-78 所示的同步时序电路，列出状态表，画出状态图。设 Q 端起始状态为

0，试写出对应输入序列 X 为 01110100 时的输出序列 Z。

4. 分析如图 6-79 所示的同步时序电路，列出状态表，画出状态图。对应 CP 和输入 X 的波形，画出 Q 和 Z 的波形。设 Q 端起始状态为 0。

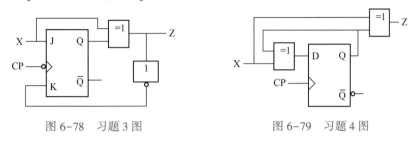

图 6-78　习题 3 图　　　　　　图 6-79　习题 4 图

5. 分析如图 6-80 所示的同步时序电路，列出状态表，画出状态图。

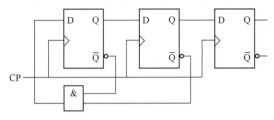

图 6-80　习题 5 图

6. 分析如图 6-81 所示的同步时序电路，说明该电路的功能。

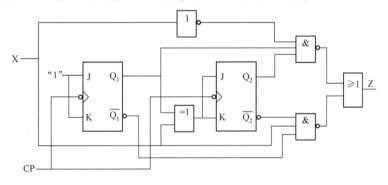

图 6-81　习题 6 图

7. 分析如图 6-82 所示的同步时序电路，画出状态表和状态图，对应时钟画出各触发器的输出波形。

8. 分析如图 6-83 所示的同步时序电路，画出状态表和状态图，说明电路的功能，并对应 CP 画出各触发器的输出波形。

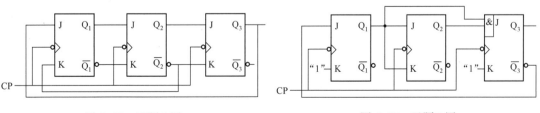

图 6-82　习题 7 图　　　　　　图 6-83　习题 8 图

9. 画出"1011"序列检测器的状态图。典型输入和输出序列如下。

输入 X：1 0 1 0 1 0 1 1 0 1 1 0 0 0 1 1 1 1 0 1 1 0 0 0 1

输出 Z：0 0 0 0 0 0 0 1 0 0 1 0 0 0 0 0 0 0 0 1 0 0 0 0

10. 设计一个代码检测器，该电路从输入端串行输入 2421 码（先低位后高位），当出现非法数字时，电路输出 Z=1，否则输出 Z=0。试画出状态图。

11. 用隐含表法化简表 6-46 和表 6-47。

表 6-46　习题 11 表

原　态	次态/输出	
	X=0	X=1
A	A/0	G/1
B	B/0	D/0
C	D/1	E/0
D	G/1	E/1
E	E/0	G/1
F	F/0	D/1
G	C/0	F/0

表 6-47　习题 11 表

原　态	次态/输出	
	X=0	X=1
A	C/1	D/1
B	B/0	C/1
C	C/1	A/0
D	D/0	C/0
E	E/0	C/0
F	F/0	C/1

12. 用隐含表法化简表 6-48 和表 6-49。

表 6-48　习题 12 表

原　态	次态/输出	
	X=0	X=1
A	B/0	D/0
B	B/d	D/d
C	A/1	E/1
D	d/1	E/1
E	F/0	d/1
F	d/d	c/d

表 6-49　习题 12 表

原　态	次态/输出	
	X=0	X=1
A	D/d	A/d
B	B/0	A/d
C	D/0	B/d
D	C/d	C/d
E	C/1	B/d

13. 按照相邻法编码原则对表 6-50 和表 6-51 进行状态编码。

表 6-50　习题 13 表

原　态	次态/输出	
	X=0	X=1
A	C/0	D/0
B	C/0	A/0
C	B/0	D/0
D	A/1	E/1

表 6-51　习题 13 表

原　态	次态/输出	
	X=0	X=1
A	C/0	B/0
B	A/0	A/1
C	A/1	D/1
D	D/0	C/0

14. 分别用 JK 触发器、D 触发器和 T 触发器作为同步时序电路器件，实现表 6-50 和表 6-51 经状态编码后的功能。试写出激励函数和输出函数表达式，比较用哪种触发器时电路最简。

15. 试画出二进制数串行比较器的最简状态图，参加比较的两组串行二进制数低位先行。

16. 试用 JK 触发器设计一个可控计数器，当控制端 C=1 时，实现 000→100→110→111→011→000；当 C=0 时，实现 000→110→010→011→111→000。

17. 试用 JK 触发器设计一个"0010"串行序列检测器（可重叠）。

18. 试用 JK 触发器设计一个"110"代码检测器。

19. 试用 D 触发器设计一个八进制加法计数器。

20. 试用 JK 触发器设计一个六进制减法计数器。

21. 试设计一个可变序列检测器，当控制变量 X=0 时，电路能检测出序列 Y 中的

"101"子序列；而在 X = 1 时，则检测出"1001"子序列。设检测器输出为 Z，且被检测子序列不可重叠。

22. 试分别画出利用下列方法构成的七进制加法计数器的连线图。

（1）利用 74LS161 的异步清 0 功能。

（2）利用 74LS161 的同步置数功能。

（3）利用 74LS163 的同步清 0 功能。

23. 试用 74LS161 构成 160 进制计数器。

24. 试用 T 触发器设计一个产生"11110000"的序列发生器。

25. 分析如图 6-84 所示的序列发生器电路，画出状态图，当起始状态不是"0000"时，说明输出序列。

26. D 触发器构成的 3 级环形计数器电路如图 6-85 所示。该电路不能自启动。请修改第一级的反馈函数，使电路能自启动。画出修改后的电路图和状态图。

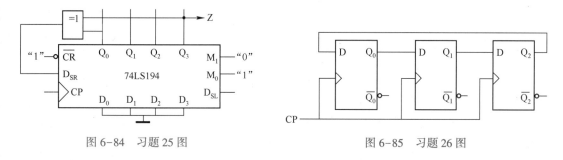

图 6-84　习题 25 图　　　　　　　　　图 6-85　习题 26 图

27. D 触发器构成的 3 级扭环形计数器电路如图 6-86 所示。该电路不能自启动，请修改第一级的反馈函数，使电路能自启动，画出修改后的电路图和状态图。

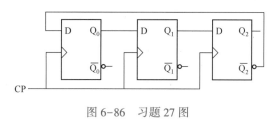

图 6-86　习题 27 图

28. 试用两片 74LS160（集成十进制加法计数器）按 8421BCD 码构成 28 进制计数器。要求两片芯片的级间同步，画出电路图。

29. 试用 74LS160 和 74LS151（8 选 1 数据选择器）构成"11010"序列信号发生器。画出电路图。

30. 试用 74LS160 构成一个能对时钟脉冲进行 100 分频的分频电路。

第 7 章
异步时序逻辑电路

根据时钟信号是否一致，可以将时序逻辑电路分为两大类：同步时序逻辑电路和异步时序逻辑电路。而根据输入信号的类型不同，异步时序逻辑电路又可分为脉冲异步时序逻辑电路和电平异步时序逻辑电路。本章将分别介绍这两种异步时序逻辑电路的分析和设计方法，以及典型的异步时序逻辑集成芯片的原理和应用方法。

7.1 异步时序逻辑电路的分类及特点

在同步时序逻辑电路中，每个触发器的状态变化是在统一的时钟信号的控制下同时发生的；而在异步时序逻辑电路中，每个触发器的状态变化是没有统一的时钟信号控制的，电路状态的变化是由外部输入信号的变化引起的，而外部输入信号的类型有两种：脉冲信号和电平信号，因此异步时序逻辑电路根据输入信号的类型不同，分为脉冲异步时序逻辑电路和电平异步时序逻辑电路。若输入信号为脉冲型，则电路结构如图 7-1a 所示，称为脉冲异步时序逻辑电路；若输入信号为电平型，则电路结构如图 7-1b 所示，称为电平异步时序逻辑电路。

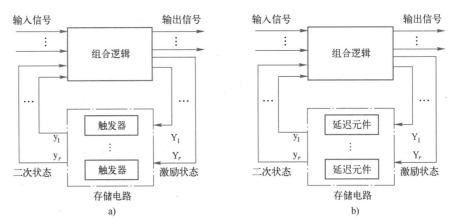

图 7-1 异步时序逻辑电路的结构模型

脉冲异步时序逻辑电路中的存储电路部分是由触发器组成的，而电平异步时序逻辑电路的存储电路部分是由延迟元件组成的。延迟元件可以是专用的延迟元件，也可以利用带反馈的组合电路本身的内部延迟性能。由于这两种电路的结构不同，描述和研究它们的工具和方法也有所不同。描述脉冲异步时序逻辑电路的工具是状态图和状态表，其分析和设计的方法基本上与同步时序逻辑电路类似。而描述电平异步时序逻辑电路的工具是状态流程图和时间图，其分析和设计的方法与同步时序逻辑电路有很大的差别。

7.2　脉冲异步时序逻辑电路

脉冲异步时序逻辑电路中的存储电路部分是由触发器组成的，触发器可以是带时钟控制端的，也可以是不带时钟控制端的，带时钟控制端的通常采用边沿型触发器，而不带时钟控制端的通常采用基本型 RS 触发器。输入的脉冲信号直接决定触发器的状态变化。为了保持电路可靠工作，输入信号必须满足下列要求：

1）输入脉冲有足够的宽度，以保证触发器的状态变化可靠。

2）输入脉冲之间有足够的间隙，第二个输入脉冲的到达应在第一个输入脉冲所引起的整个电路响应结束之后。

3）若有多个输入信号，不允许同时出现两个或两个以上脉冲信号。因为电路中没有统一时钟，几个输入脉冲之间的微小时差就可能导致电路状态按不同的顺序转换。

7.2.1　脉冲异步时序逻辑电路的分析

脉冲异步时序逻辑电路的分析步骤与同步时序逻辑电路的分析步骤非常类似。但是，由于脉冲异步时序逻辑电路没有统一的时钟脉冲以及对输入信号的约束，因此在分析步骤上略有差别，其差别主要体现在以下两点。

1）当存储元件采用时钟控制触发器时，对触发器的时钟控制端应当作为激励函数处理。分析时应该特别注意每个触发器的时钟端何时有脉冲作用，仅当时钟端有脉冲作用时，触发器的状态才根据触发器的状态方程进行改变，否则触发器的状态保持不变。若采用非时钟控制触发器，则应注意作用到触发器输入端的脉冲信号。

2）由于不允许两个或两个以上输入端同时出现脉冲，加之输入端无脉冲出现时，电路状态不会发生变化。因此，分析时可以排除这种情况，从而使分析过程中所使用的状态图和状态表的内容会简单一些，具体地说，n 个输入端应该存在 2^n 种组合，但是在脉冲异步时序逻辑电路的分析中只考虑各自单独出现脉冲的 n 种情况。

脉冲异步时序逻辑电路的具体分析步骤如下：

1）根据电路图，写出电路的方程组，方程组包括时钟方程、激励方程和输出方程，再将激励方程代入触发器的特性方程，得到每个触发器的状态方程。

2）根据方程组，列出状态转换真值表，这时要注意每个触发器的时钟输入是否有效，只有有效时触发器的状态才按照状态方程进行改变，否则应保持不变。

3）根据状态转换真值表，画出电路的状态图。

4）根据状态图，用文字描述电路的逻辑功能。

【例 7-1】分析图 7-2 所示的电路，说明其逻辑功能。

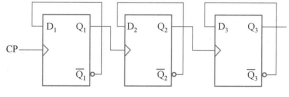

图 7-2　例 7-1 的电路图

解：该电路是一个脉冲异步时序逻辑电路，3个D触发器的时钟不一致，各触发器翻转时刻不同，电路状态的改变直接由输入脉冲CP触发，分析过程如下：

第一步，根据电路图，写出电路的方程组。

根据图7-2写出各触发器的时钟方程为：$CP_1 = CP$，$CP_2 = Q_1$，$CP_3 = Q_2$。

各触发器的激励方程为：$D_1 = \overline{Q_1^n}$，$D_2 = \overline{Q_2^n}$，$D_3 = \overline{Q_3^n}$。

将各触发器的激励方程代入D触发器的特性方程，可以得到各触发器的状态方程为：$Q_1^{n+1} = \overline{Q_1^n}$，$Q_2^{n+1} = \overline{Q_2^n}$，$Q_3^{n+1} = \overline{Q_3^n}$。

第二步，根据电路的方程组，列出状态转换真值表。

作状态表的方法与同步时序逻辑电路相似，列出现态与次态、输出的状态转换真值表。在这里需要注意的是，由于电路中各触发器将按照各自的时钟脉冲的有、无进行翻转，而本例中的触发器是边沿型D触发器，因此只有当每个触发器的时钟为上升沿时，它的状态才会按照其状态方程进行改变，否则应该保持不变。而且高位触发器的翻转依赖于低位触发器的翻转，因此在作状态转换真值表时，对于某一组现态应先填写低位触发器的次态值，再依次填写高位触发器的次态值。

当电路现态为$Q_3^n Q_2^n Q_1^n = 000$时，若输入脉冲CP到达（CP＝1）时，产生一个上升沿，使得Q_1从0变成1，Q_1产生一个上升沿送入Q_2的时钟，上升沿正是Q_2应该发生状态改变的时刻，则$Q_2^{n+1} = \overline{Q_2^n} = 1$，即$Q_2$由0变成1，将$Q_2$产生的上升沿送入$Q_3$的时钟，上升沿正是$Q_3$应该发生状态改变的时刻，则$Q_3^{n+1} = \overline{Q_3^n} = 1$，因此电路的次态为$Q_3^{n+1} Q_2^{n+1} Q_1^{n+1} = 111$。

当电路现态为$Q_3^n Q_2^n Q_1^n = 001$时，若输入脉冲CP到达（CP＝1）时，产生一个上升沿，使得Q_1从1变成0，Q_1产生一个下降沿送入Q_2的时钟，下降沿不是Q_2应该发生状态改变的时刻，则Q_2的状态应该保持不变，即$Q_2^{n+1} = Q_2^n = 0$，将$Q_2 = 0$送入Q_3的时钟，低电平不是Q_3应该发生状态改变的时刻，则Q_3的状态应该保持不变，即$Q_3^{n+1} = Q_3^n = 0$，因此电路的次态为$Q_3^{n+1} Q_2^{n+1} Q_1^{n+1} = 000$。

当电路现态为$Q_3^n Q_2^n Q_1^n = 010$时，若输入脉冲CP到达（CP＝1）时，产生一个上升沿，使得Q_1从0变成1，Q_1产生一个上升沿送入Q_2的时钟，上升沿正是Q_2应该发生状态改变的时刻，则$Q_2^{n+1} = \overline{Q_2^n} = 0$，即$Q_2$由1变成0，将$Q_2$产生的下降沿送入$Q_3$的时钟，下降沿不是$Q_3$应该发生状态改变的时刻，则$Q_3$的状态应该保持不变，即$Q_3^{n+1} = Q_3^n = 0$，因此电路的次态为$Q_3^{n+1} Q_2^{n+1} Q_1^{n+1} = 001$。

当电路现态为$Q_3^n Q_2^n Q_1^n = 011$时，若输入脉冲CP到达（CP＝1）时，产生一个上升沿，使得Q_1从1变成0，Q_1产生一个下降沿送入Q_2的时钟，下降沿不是Q_2应该发生状态改变的时刻，则Q_2的状态应该保持不变，即$Q_2^{n+1} = Q_2^n = 1$，将$Q_2 = 1$送入Q_3的时钟，高电平不是Q_3应该发生状态改变的时刻，则Q_3的状态应该保持不变，即$Q_3^{n+1} = Q_3^n = 0$，因此电路的次态为$Q_3^{n+1} Q_2^{n+1} Q_1^{n+1} = 010$。

当电路现态为$Q_3^n Q_2^n Q_1^n = 100$时，若输入脉冲CP到达（CP＝1）时，产生一个上升沿，使得Q_1从0变成1，Q_1产生一个上升沿送入Q_2的时钟，上升沿正是Q_2应该发生状态改变的时刻，则$Q_2^{n+1} = \overline{Q_2^n} = 1$，即$Q_2$由0变成1，将$Q_2$产生的上升沿送入$Q_3$的时钟，上升沿正是$Q_3$应该发生状态改变的时刻，则$Q_3^{n+1} = \overline{Q_3^n} = 0$，因此电路的次态为$Q_3^{n+1} Q_2^{n+1} Q_1^{n+1} = 011$。

当电路现态为$Q_3^n Q_2^n Q_1^n = 101$时，若输入脉冲CP到达（CP＝1）时，产生一个上升沿，使得Q_1从1变成0，Q_1产生一个下降沿送入Q_2的时钟，下降沿不是Q_2应该发生状态改变的时刻，则 Q_2 的状态应该保持不变，即 $Q_2^{n+1}=Q_2^n=0$，将 $Q_2=0$ 送入 Q_3 的时钟，低电平不是 Q_3 应该发生状态改变的时刻，则 Q_3 的状态应该保持不变，即 $Q_3^{n+1}=Q_3^n=1$，因此电路的次态为 $Q_3^{n+1}Q_2^{n+1}Q_1^{n+1}=100$。

当电路现态为 $Q_3^nQ_2^nQ_1^n=110$ 时，若输入脉冲 CP 到达（CP = 1）时，产生一个上升沿，使得 Q_1 从 0 变成 1，Q_1 产生一个上升沿送入 Q_2 的时钟，上升沿正是 Q_2 应该发生状态改变的时刻，则 $Q_2^{n+1}=\overline{Q_2^n}=0$，即 Q_2 由 1 变成 0，将 Q_2 产生的下降沿送入 Q_3 的时钟，下降沿不是 Q_3 应该发生状态改变的时刻，则 Q_3 的状态应该保持不变，即 $Q_3^{n+1}=Q_3^n=1$，因此电路的次态为 $Q_3^{n+1}Q_2^{n+1}Q_1^{n+1}=101$。

当电路现态为 $Q_3^nQ_2^nQ_1^n=111$ 时，若输入脉冲 CP 到达（CP = 1）时，产生一个上升沿，使得 Q_1 从 1 变成 0，Q_1 产生一个下降沿送入 Q_2 的时钟，下降沿不是 Q_2 应该发生状态改变的时刻，则 Q_2 的状态应该保持不变，即 $Q_2^{n+1}=Q_2^n=1$，将 $Q_2=1$ 送入 Q_3 的时钟，高电平不是 Q_3 应该发生状态改变的时刻，则 Q_3 的状态应该保持不变，即 $Q_3^{n+1}=Q_3^n=1$，因此电路的次态为 $Q_3^{n+1}Q_2^{n+1}Q_1^{n+1}=110$。

这样，就可作出完整的状态转换真值表如表 7-1 所示，其中 CP = 1 表示有输入脉冲，表中只给出了各触发器应该发生状态改变的上升沿。

表 7-1　例 7-1 的状态转换真值表

输入	现态			次态			时钟		
CP	Q_3^n	Q_2^n	Q_1^n	Q_3^{n+1}	Q_2^{n+1}	Q_1^{n+1}	CP_3	CP_2	CP_1
1	0	0	0	1	1	1	↑	↑	↑
1	0	0	1	0	0	0			↑
1	0	1	0	0	0	1		↑	↑
1	0	1	1	0	1	0			↑
1	1	0	0	0	1	1	↑	↑	↑
1	1	0	1	1	0	0			↑
1	1	1	0	1	0	1		↑	↑
1	1	1	1	1	1	0			↑

第三步，根据电路的状态转换真值表，画出电路的状态图。

由表 7-1 可直接画出电路的状态图，如图 7-3 所示。

第四步，根据电路的状态图，给出电路的逻辑功能描述。

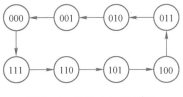

图 7-3　例 7-1 的状态图

从图 7-3 可以看出，电路共有 8 个状态，分别为 000、001、010、011、100、101、110 和 111。在输入脉冲的作用下，从 111 依次递减到 000，再回到 111，因此该电路为一个异步八进制减法计数器，其输入脉冲 CP 为计数脉冲。

【例 7-2】分析图 7-4 所示的电路，说明其逻辑功能。

解：该电路是一个脉冲异步时序逻辑电路，3 个 JK 触发器的时钟不一致，各触发器翻转时刻不同，电路状态的改变直接由输入脉冲 CP 触发，分析过程如下：

第一步，根据电路图，写出电路的方程组。

根据图 7-4 写出各触发器的时钟方程为：$CP_1=CP$，$CP_2=CP_3=Q_1$。

各触发器的激励方程为：$J_1=K_1=1$，$J_2=\overline{Q_3^n}$，$K_2=1$，$J_3=Q_2^n$，$K_3=1$。

输出方程为：$Z=Q_1^n\overline{Q_2^n}Q_3^n$。

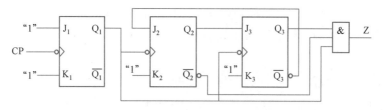

图 7-4　例 7-2 的电路图

将各触发器的激励方程代入 JK 触发器的特性方程，可以得到各触发器的状态方程为：
$Q_1^{n+1}=\overline{Q_1^n}$，$Q_2^{n+1}=\overline{Q_3^n}Q_2^n$，$Q_3^{n+1}=Q_2^nQ_3^n$。

第二步，根据电路的方程组，列出状态转换真值表。

作状态表的方法与同步时序逻辑电路相似，列出现态与次态、输出的状态转换真值表。在这里需要注意的是，由于电路中各触发器将按照各自的时钟脉冲的有、无进行翻转，由于本例中的触发器是边沿型 JK 触发器，因此只有当每个触发器的时钟为下降沿时，它的状态才会按照其状态方程进行改变，否则应该保持不变。而且高位触发器的翻转依赖于低位触发器的翻转，因此在作状态转换真值表时，对于某一组现态应先填写低位触发器的次态值，再依次填写高位触发器的次态值。

当电路现态为 $Q_3^nQ_2^nQ_1^n=000$ 时，若输入脉冲 CP 到达（CP = 1）时，产生一个下降沿，使得 Q_1 从 0 变成 1，产生一个上升沿送入 Q_2 和 Q_3 的时钟，而上升沿不是 Q_2 和 Q_3 应该发生状态改变的时刻，因此 Q_2 和 Q_3 的状态应该保持不变，即 $Q_3^{n+1}Q_2^{n+1}=Q_3^nQ_2^n=00$，因此电路的次态为 $Q_3^{n+1}Q_2^{n+1}Q_1^{n+1}=001$。

当电路现态为 $Q_3^nQ_2^nQ_1^n=001$ 时，若输入脉冲 CP 到达（CP = 1）时，产生一个下降沿，使得 Q_1 从 1 变成 0，产生一个下降沿送入 Q_2 和 Q_3 的时钟，下降沿是 Q_2 和 Q_3 应该发生状态改变的时刻，因此 Q_2 和 Q_3 的状态应该按照状态方程进行改变，则 $Q_2^{n+1}=1$，$Q_3^{n+1}=0$，因此电路的次态为 $Q_3^{n+1}Q_2^{n+1}Q_1^{n+1}=010$。

当电路现态为 $Q_3^nQ_2^nQ_1^n=010$ 时，若输入脉冲 CP 到达（CP = 1）时，产生一个下降沿，使得 Q_1 从 0 变成 1，产生一个上升沿送入 Q_2 和 Q_3 的时钟，而上升沿不是 Q_2 和 Q_3 应该发生状态改变的时刻，因此 Q_2 和 Q_3 的状态应该保持不变，即 $Q_3^{n+1}Q_2^{n+1}=Q_3^nQ_2^n=01$，因此电路的次态为 $Q_3^{n+1}Q_2^{n+1}Q_1^{n+1}=011$。

以此类推，可作出完整的状态转换真值表如表 7-2 所示，其中 CP = 1 表示有输入脉冲。

表 7-2　例 7-2 的状态转换真值表

输入	现态			次态			时钟			输出
CP	Q_3^n	Q_2^n	Q_1^n	Q_3^{n+1}	Q_2^{n+1}	Q_1^{n+1}	CP_3	CP_2	CP_1	Z
1	0	0	0	0	0	1			↓	0
1	0	0	1	0	1	0	↓	↓	↓	0
1	0	1	0	0	1	1			↓	0
1	0	1	1	1	0	0	↓	↓	↓	0
1	1	0	0	1	0	1			↓	0
1	1	0	1	0	0	0	↓	↓	↓	1
1	1	1	0	1	1	1			↓	0
1	1	1	1	0	0	0	↓	↓	↓	0

第三步，根据电路的状态转换真值表，画出电路的状态图。

由表 7-2 可直接画出电路的状态图，如图 7-5 所示。

第四步，根据电路的状态图，给出电路的逻辑功能描述。

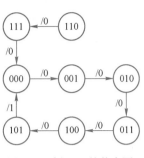

图 7-5　例 7-2 的状态图

从图 7-5 可以看出，电路共有 8 个状态，其中有效状态有 6 个，分别为 000、001、010、011、100、101。在输入脉冲的作用下，从 000 依次递增到 101，再回到 000，并产生一个高电平有效的进位输出，而无效状态 110 和 111 也会在有限个输入时钟作用下变成 000 状态，进入电路的有效状态的循环，因此该电路为一个可以自启动的异步六进制加法计数器，其输入脉冲为计数脉冲，其输出脉冲为进位信号。

7.2.2　脉冲异步时序逻辑电路的设计

脉冲异步时序逻辑电路的设计方法有两种基本思路，第一种思路是从状态图出发，其设计方法与同步时序逻辑电路的设计方法类似；第二种思路是从时序图出发，先给出电路的一种时钟方程的可行方案，再设计得到电路的其他方程组，进而得到电路图。

1. 从状态图出发设计脉冲异步时序逻辑电路

该方法与同步时序逻辑电路的设计方法类似，其步骤为：

1）根据设计要求，设计电路的原始的状态图和状态表。

2）检查原始的状态图和状态表是否为最简形式，如果不是，需要将其化简为最简的状态图和状态表。

3）确定触发器的类型和个数，进行状态编码。

4）将编码方案代入最简状态图或状态表，得到状态转换真值表。

5）根据状态转换真值表，得到电路的输出方程和各触发器的时钟方程及状态方程，并根据触发器的特性方程，从状态方程中得到各触发器的激励方程。

6）若电路存在无效状态，需要对电路进行自启动检查。

7）画出逻辑电路图。

由于脉冲异步时序逻辑电路的时钟不一致，需要对每个触发器分别确定其时钟方程，因此在具体步骤的处理上，应注意以下几点：

1）当有多个输入脉冲时，只考虑每个输入脉冲单独有效的情况，即 n 个输入信号只有 n 种组合，其他组合都作为无关项处理。

2）由于电路中的各触发器没有统一时钟，所以要为每个触发器分别确定时钟信号。时钟信号的确定原则为：触发器的状态有变化时，一定是触发器在时钟信号作用下按照状态方程发生状态改变的结果，因此时钟信号必须有效（有脉冲），即时钟信号必须为 1；触发器的状态不变时，可能是时钟信号无效（无脉冲），或者时钟信号有效（有脉冲），但恰巧变化前的状态和变化后的状态一样，因此时钟信号可以为 0，也可以为 1。为了使时钟方程比较简单，可以尽可能使其为 0，以使激励端为无关项，有利于激励方程的化简，如果时钟信号为 1，那么必须按照触发器的特性方程来确定该触发器的合适的激励值。基于这种思想，可以列出常用的边沿型 D 触发器和边沿型 JK 触发器的时钟控制端与激励端的对应激励表如表 7-3 和表 7-4 所示，其中 CP 为 0 表示时钟端无脉冲输入，CP 为 1 表示时钟端有脉冲输入。

表 7-3 D 触发器的激励表

$Q^n \rightarrow Q^{n+1}$	CP	D
0→0	0	d
	1	0
0→1	1	1
1→0	1	0
1→1	0	d
	1	1

表 7-4 JK 触发器的激励表

$Q^n \rightarrow Q^{n+1}$	CP	J	K
0→0	0	d	d
	1	0	d
0→1	1	1	d
1→0	1	d	1
1→1	0	d	d
	1	d	0

3）状态分配时，同一现态在不同输入下的次态不要求分配逻辑相邻的编码。

下面通过具体的例子来说明。

【例 7-3】用 D 触发器设计一个脉冲异步时序逻辑电路。该电路有三个输入端：x_1、x_2、x_3，一个输出端 Z，当且仅当输入 x_1-x_2-x_3 序列时，输出 Z 由 0 变成 1，仅当又出现一个 x_2 脉冲时，输出 Z 才由 1 变成 0。

解：根据题意，一个典型的输入、输出波形如图 7-6 所示。

1）根据题意，设计电路的原始的状态图和状态表。

设电路初始状态为 A，识别到 x_1 后进入状态 B，识别到 x_1-x_2 后进入状态 C，识别到 x_1-x_2-x_3 后进入状态 D，这样就可以得到该电路产生高电平的一个关键路径，如图 7-7a 所示。又根据每个状态有三个不同的输入情况，得到完整的原始状态图，如图 7-7b 所示，根据原始的状态图可得到原始的状态表，如表 7-5 所示。

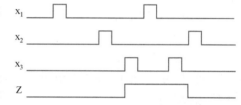

图 7-6 例 7-3 的典型输入、输出波形图

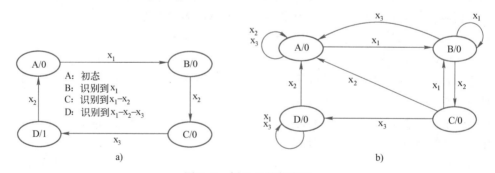

图 7-7 例 7-3 的状态图

a）部分原始状态图 b）完整原始状态图

表 7-5 例 7-3 的原始状态表

现态	次态			输出
	x_1	x_2	x_3	Z
A	B	A	A	0
B	B	C	A	0
C	B	A	D	0
D	D	A	D	1

2）状态化简到最简。由表 7-5 所示的状态表，可以看出该表已经是最简的了，因此不需要再进行化简了。

3）确定触发器的个数，进行状态编码。由于最简的状态表中有 4 个状态，所以电路需要 2 个触发器，由于编码原则二不适合于脉冲异步时序逻辑电路，按照编码原则一和编码原则三进行状态分配。按照编码原则一，状态 AB、AC、AD、BC、CD 应该分配逻辑相邻的编码。按照编码原则三，状态 AB、AC、BC 应该分配逻辑相邻的编码。因此可以得到一组可行的编码方案：A = 00、B = 01、C = 11、D = 10。

4）将编码方案代入最简状态图或状态表，得到状态转换真值表。

将编码方案代入原始的状态表，得到状态转换真值表，如表 7-6 所示。

表 7-6　例 7-3 的状态转换真值表

现态 $y_2^n y_1^n$	次态 $y_2^{n+1} y_1^{n+1}$			输出 Z
	x_1	x_2	x_3	
00	01	00	00	0
01	01	11	00	0
11	01	00	10	0
10	10	00	10	1

5）根据状态转换真值表，得到电路的输出方程和各触发器的时钟方程及状态方程，并根据触发器的特性方程，从状态方程中得到各触发器的激励方程。

首先，根据表 7-6，可得到输出方程为：$Z = y_2^n \overline{y_1^n}$。

然后，根据表 7-6 和表 7-3 确定各触发器的时钟输入和激励输入，应该先将发生了状态改变的位置的时钟输入填 1，并写入对应位置的激励输入，如表 7-7 所示。

表 7-7　例 7-3 的激励表

现态 $y_2 y_1$	次态 $y_2^{n+1} y_1^{n+1}$			现态 $y_2 y_1$	次态 $y_2^{n+1} y_1^{n+1}$		
	x_1	x_2	x_3		x_1	x_2	x_3
00				00	1		
01		1		01			1
11	1	1		11		1	1
10		1		10			

CP₂ の下 —— CP₁

现态 $y_2 y_1$	次态 $y_2^{n+1} y_1^{n+1}$			现态 $y_2 y_1$	次态 $y_2^{n+1} y_1^{n+1}$		
	x_1	x_2	x_3		x_1	x_2	x_3
00				00	1		
01		1		01			0
11	0	0		11		0	0
10		0		10			

D₂ —— D₁

为了得到尽量简化的时钟方程和激励方程，合适地选择那些没有发生状态改变的位置的时钟输入填 1 或填 0，并写入对应位置的激励输入，得到最终的激励表，如表 7-8 所示。

207

表 7-8　例 7-3 的最终激励表

现态	次态 $y_2^{n+1}y_1^{n+1}$			现态	次态 $y_2^{n+1}y_1^{n+1}$		
y_2y_1	x_1	x_2	x_3	y_2y_1	x_1	x_2	x_3
00	0	1	0	00	1	0	1
01	1	1	0	01	1	0	1
11	1	1	0	11	0	1	1
10	0	1	0	10	0	1	1

CP₂ 　　　　　　　　CP₁

现态	次态 $y_2^{n+1}y_1^{n+1}$			现态	次态 $y_2^{n+1}y_1^{n+1}$		
y_2y_1	x_1	x_2	x_3	y_2y_1	x_1	x_2	x_3
00	d	0	d	00	1	d	0
01	0	1	d	01	1	d	0
11	0	0	d	11	d	0	0
10	d	0	d	10	d	0	0

D_2 　　　　　　　　D_1

由表 7-8 得到电路中两个 D 触发器的时钟方程和激励方程为：

$CP_1 = x_3 + \overline{y_1}x_1 + y_2x_2$，$D_1 = x_1$。

$CP_2 = x_2 + y_1x_1$，$D_2 = x_2\overline{y_2}y_1$。

6) 检查电路能否自启动。本电路中所有状态都是有效状态，没有无效状态，因此不需要作自启动检查。

7) 画出逻辑电路图。根据得到的输出方程和各触发器的时钟方程及激励方程，可画出电路的逻辑电路图，如图 7-8 所示。

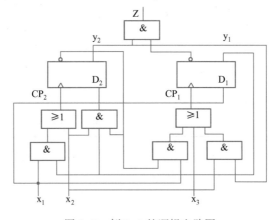

图 7-8　例 7-3 的逻辑电路图

【例 7-4】用边沿型 JK 触发器设计一个异步六进制加法计数器，以高电平输出作为进位信号。

解：

1) 根据题意，设计出六进制加法计数器的状态图和状态表，并可以将状态化简和状态编码一并完成，状态图如图 7-9 所示，状态表如表 7-9 所示。

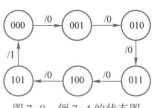

图 7-9　例 7-4 的状态图

208

表 7-9　例 7-4 的状态表

现态	次态	输出
$Q_2Q_1Q_0$	$Q_2^{n+1}Q_1^{n+1}Q_0^{n+1}$	Z
000	001	0
001	010	0
010	011	0
011	100	0
100	101	0
101	000	1

2）根据最简状态图和状态表，补齐无效状态，得到状态转换真值表，如表 7-10 所示。

表 7-10　例 7-4 的状态转换真值表

现态			次态			输出
Q_2^n	Q_1^n	Q_0^n	Q_2^{n+1}	Q_1^{n+1}	Q_0^{n+1}	Z
0	0	0	0	0	1	0
0	0	1	0	1	0	0
0	1	0	0	1	1	0
0	1	1	1	0	0	0
1	0	0	1	0	1	0
1	0	1	0	0	0	1
1	1	0	d	d	d	d
1	1	1	d	d	d	d

3）根据状态转换真值表，得到电路的输出方程和各触发器的时钟方程及状态方程，并根据触发器的特性方程，从状态方程中得到各触发器的激励方程。

首先，根据表 7-10，可以得到输出 Z 的卡诺图，如图 7-10 所示。

为了防止无效状态产生错误输出，因此只严格圈定为 1 的格子，可得到输出方程为：$Z=Q_2^n\overline{Q_1^n}Q_0^n$。

然后，根据表 7-10 和表 7-4 确定 3 个边沿型 JK 触发器的时钟输入和激励输入，应该先将发生了状态改变的位置的时钟输入填 1，并写入对应位置的激励输入，如图 7-11 所示。

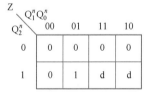

图 7-10　例 7-4 中输出 Z 的卡诺图

为了得到尽量简化的时钟方程和激励方程，合适地选择那些没有发生状态改变的位置的时钟输入填 1 或填 0，并写入对应位置的激励输入，得到最终的激励表，如图 7-12 所示。

电路在外部输入 CP 控制下发生状态变化，由图 7-11 得到电路中 3 个边沿型 JK 触发器的时钟方程和激励方程为：

$CP_0=1 \cdot CP=CP$，$J_0=K_0=1$；$CP_1=Q_0$，$J_1=\overline{Q_2^n}$，$K_1=1$；$CP_2=Q_0$，$J_2=Q_1^n$，$K_2=1$

4）检查电路能否自启动。电路存在两个无效状态，根据时钟方程和激励方程，分别检

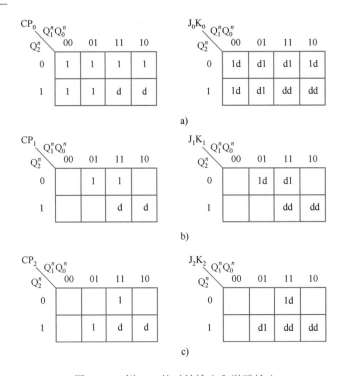

图 7-11　例 7-4 的时钟输入和激励输入

a）CP$_0$ 和 J$_0$、K$_0$ 的卡诺图　b）CP$_1$ 和 J$_1$、K$_1$ 的卡诺图　c）CP$_2$ 和 J$_2$、K$_2$ 的卡诺图

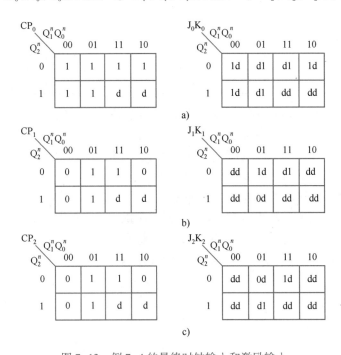

图 7-12　例 7-4 的最终时钟输入和激励输入

a）CP$_0$ 和 J$_0$、K$_0$ 的最终卡诺图　b）CP$_1$ 和 J$_1$、K$_1$ 的最终卡诺图　c）CP$_2$ 和 J$_2$、K$_2$ 的最终卡诺图

查两个无效状态的次态，如表 7-11 所示，其中 CP = 1 表示有外部输入脉冲，表中只给出了各 JK 触发器应该发生状态改变的下降沿。

表 7-11　例 7-4 的无效状态的次态表

输入	现态			次态			时钟			输出
CP	Q_2^n	Q_1^n	Q_0^n	Q_2^{n+1}	Q_1^{n+1}	Q_0^{n+1}	CP_2	CP_1	CP_0	Z
1	1	1	0	1	1	1			↓	0
1	1	1	1	0	0	0	↓	↓	↓	0

5）画出逻辑电路图。根据得到的输出方程和各触发器的时钟方程及激励方程，可画出电路的逻辑电路图，如图 7-13 所示。

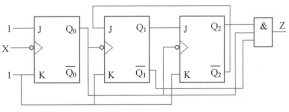

图 7-13　例 7-4 的逻辑电路图

2. 从时序图出发设计脉冲异步时序逻辑电路

该方法应该根据题设要求，先给出电路的时序图，分析时序图得到该电路一种时钟方程的可行方案，再根据电路的状态转换真值表，分析时钟方程和触发器的特征方程，得到电路各触发器的激励方程，进而得到逻辑电路图。

【例 7-5】用边沿型 D 触发器设计一个异步五进制加法计数器，以高电平输出作为进位信号。

解：先给出电路的时序图，如图 7-14 所示。

由图 7-14 的时序图中 Q_0、Q_1、Q_2 发生变化的位置，可以得出一组可行的时钟方程如下：

$$CP_0 = CP_2 = CP, \quad CP_1 = \overline{Q_0}$$

该电路是一个五进制加法计数器，其状态图应该如图 7-15 所示。

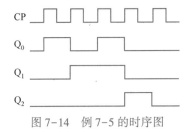

图 7-14　例 7-5 的时序图

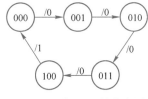

图 7-15　例 7-5 的状态图

由图 7-15 所示的状态图，可以得到电路的状态转换真值表如表 7-12 所示。

表 7-12　例 7-5 的状态转换真值表

现态			次态			输出
Q_3^n	Q_2^n	Q_1^n	Q_3^{n+1}	Q_2^{n+1}	Q_1^{n+1}	Z
0	0	0	0	0	1	0
0	0	1	0	1	0	0
0	1	0	0	1	1	0
0	1	1	1	0	0	0
1	0	0	0	0	0	1
1	0	1	d	d	d	d
1	1	0	d	d	d	d
1	1	1	d	d	d	d

根据表 7-12、表 7-3 和得出的一组可行的时钟方程 $CP_0 = CP_2 = CP$、$CP_1 = \overline{Q_0}$，扩展状态转换真值表，填入各触发器的激励信号如表 7-13 所示，其中 $CP = 1$ 表示有外部输入脉冲，表中只给出了各 D 触发器应该发生状态改变的上升沿。

表 7-13　例 7-5 的扩展状态转换真值表

输入	现态			次态			时钟			激励			输出
CP	Q_2^n	Q_1^n	Q_0^n	Q_0^{n+1}	Q_2^{n+1}	Q_2^{n+1}	CP_2	CP_2	CP_0	D_2	D_1	D_0	Z
1	0	0	0	0	0	1	↑		↑	0	d	1	0
1	0	0	1	0	1	0	↑	↑	↑	0	1	0	0
1	0	1	0	0	1	1	↑		↑	0	d	1	0
1	0	1	1	1	0	0	↑	↑	↑	1	0	0	0
1	1	0	0	0	0	0	↑		↑	0	d	0	1
1	1	0	1	d	d	d				d	d	d	d
1	1	1	0	d	d	d				d	d	d	d
1	1	1	1	d	d	d				d	d	d	d

由表 7-13 可得电路的输出方程和三个触发器的激励方程的卡诺图，如图 7-16 所示。

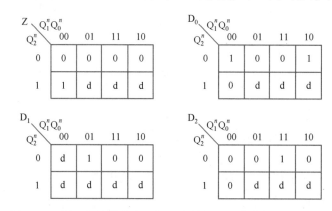

图 7-16　例 7-5 的输出方程和三个触发器的激励方程的卡诺图

由图 7-16 所示的卡诺图可得电路的输出方程为：$Z = Q_2^n \overline{Q_1^n} \, \overline{Q_0^n}$，三个触发器的激励方程为：$D_0 = \overline{Q_2^n} \, \overline{Q_0^n}$，$D_1 = \overline{Q_1^n}$，$D_2 = Q_1^n Q_0^n$。

由于电路存在三个无效状态，所以需要对这三个无效状态进行自启动检查。根据时钟方程、激励方程和输出方程，分别检查两个无效状态的次态和输出，如表 7-14 所示，其中 $CP = 1$ 表示有外部输入脉冲，表中只给出了各 D 触发器应该发生状态改变的上升沿。

表 7-14　例 7-5 的无效状态的次态表

输入	现态			次态			时钟			输出
CP	Q_2^n	Q_1^n	Q_0^n	Q_2^{n+1}	Q_1^{n+1}	Q_0^{n+1}	CP_2	CP_1	CP_0	Z
1	1	0	1	0	1	0	↑	↑	↑	0
1	1	1	0	0	1	0	↑		↑	0
1	1	1	1	1	0	0	↑	↑	↑	0

经检查，电路可以自启动，因此根据得到的输出方程和各触发器的时钟方程及激励方程，可画出电路的逻辑电路图，如图 7-17 所示。

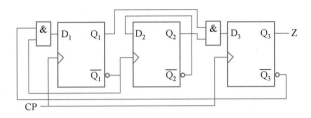

图 7-17　例 7-5 的逻辑电路图

7.3　电平异步时序逻辑电路

本章前两节讨论了脉冲异步时序逻辑电路，状态的改变依赖于脉冲（时钟脉冲或输入脉冲）。为进一步提高电路的工作速度，降低功耗，可以采用电平异步时序逻辑电路，其结构框图如图 7-1b 所示。

在存储电路中采用无时钟的触发器或门电路，"延迟"可以是电路器件的延迟、线路的延迟或专门的延迟器件。为便于分析，假设所有反馈回路的延迟时间都定为相同 Δt。电路中 Y 随 X 的变化而变化，Y 变化后经过一定的延迟后形成二次状态 y 反馈到输入端，从而引起电路状态的进一步变化，直到 Y=y 电路才进入稳定状态。

为确保电平异步时序电路工作正常，对输入信号作一定的限制：

1）不允许两个或两个以上的输入电平同时发生变化。如当输入为 00 时，输入只能作 00→01 或 00→10 变化，而不能作 00→11 的变化。我们称之为输入只能作相邻变化。

2）输入电平的变化引起的整个电路响应结束之后，才允许输入电平作第二次变化。即仅当电路处于稳态时，才允许输入信号发生变化。

例如，一个由或非门组成的电路如图 7-18 所示。其激励函数和输出函数为

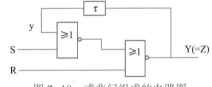

$$Y = \overline{y + \overline{S} + R} = (y + S)\overline{R}$$

其状态转移真值表如表 7-15 所示。

图 7-18　或非门组成的电路图

表 7-15　状态转移真值表

输　　　入		二次状态	激励状态
R	S	y	Y
0	0	0	0
0	0	1	1
0	1	0	1
0	1	1	1
1	0	0	0
1	0	1	0
1	1	0	0
1	1	1	0

状态转移表为如表 7-16 所示。

表 7-16　状态转移表

二次状态	激励状态 Y/Z			
y	RS = 00	RS = 01	RS = 10	RS = 11
0	⓪/0	1/1	⓪/0	⓪/0
1	①/1	①/1	0/0	0/0

在输入状态不变的情况下，如果激励状态与二次状态相同，则称为稳定状态，如果激励状态与二次状态不同，则称为不稳定状态。通过输入和二次状态就可以确定电路的激励状态，因此将输入和二次状态写在一起，称为电路的总态，记作(x,y)。

状态转移表又称为流程表，因为输入发生变化时，可以通过它确定状态信号的变化过程。当输入信号发生变化时，首先是激励状态发生变化，在流程表上表现为总态作水平方向移动，然后是二次状态变化，即总态在流程表上作垂直方向移动，直到达到稳定总态。

例如在（00，0）时，输入作 00→01 变化，则总态的变化为$(00,0) \rightarrow (01,0) \rightarrow (01,1)$。又如在$(11,0)$时，输入作 11→10 变化，则总态的变化为$(11,0) \rightarrow (10,0)$。

从流程表可以看出任何行（对应于某种二次状态）以及任何列（对应于某种输入）一般都不止有一个圈（稳定状态），因此在电平异步电路中要用"总态/输出"来反映电路的状况。用箭头来代表输入允许变化的方向，就可以将流程表画成总态图，如图 7-19 所示。

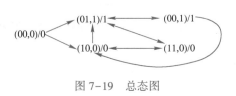

图 7-19　总态图

7.3.1　电平异步电路的分析

电平异步电路的分析是对给定的电路图，根据逻辑函数确定流程表，并根据输入波形，作出状态变化的时间图，最后说明电路的功能，其主要步骤如下：

1）分析电路的组成结构，写出激励方程与输出方程。

2）列出流程表，并在流程表中圈出所有稳定的激励状态。根据流程表画出流程图。

3）根据输入波形作出总态响应序列，根据总态响应序列画出时间图。

4）说明电路功能。

下面通过例子来说明上述分析步骤。

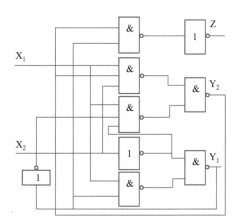

图 7-20　逻辑电路图

【例 7-6】分析图 7-20 的逻辑电路图，说明其功能。

解：电路的激励方程和输出方程为

$Y_2 = X_1 X_2 y_2 + X_1 \overline{X_2} \cdot \overline{y_1}$

$Y_1 = X_2 + X_1 y_1$

$Z = y_2 y_1$

电路的流程表如表 7-17 所示。

表 7-17　流程表

二次状态	激励状态/输出（$Y_2 Y_1$/Z）			
$y_2 y_1$	$X_2 X_1 = 00$	$X_2 X_1 = 01$	$X_2 X_1 = 11$	$X_2 X_1 = 10$
00	⓪⓪/0	10/0	01/0	01/0
01	00/0	⓪①/0	⓪①/0	⓪①/0
11	00/1	01/1	①①/1	01/1
10	00/0	①⓪/0	11/0	01/0

电路的流程图如图 7-21 所示。

由图可知，该电路为 00—01—11 序列检测器。

设电路的初始总态为 $(X_2X_1，y_2y_1)=(00,00)$，当输入序列为 $00\rightarrow01\rightarrow11\rightarrow10\rightarrow00\rightarrow10\rightarrow11\rightarrow01$ 时，其总态的变化如图 7-22 所示。

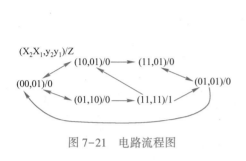

图 7-21　电路流程图

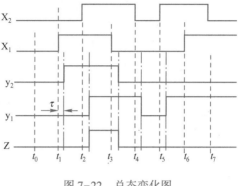

图 7-22　总态变化图

7.3.2　电平异步电路中的竞争与险象

电平异步时序电路中包含许多组合电路，如果组合电路的内部输出（Y）上出现险象，就会导致错误的状态转换，即可能使电路最后停留在不是原来所期望的状态上。对于电平异步电路，这种错误的后果要比单纯的组合电路严重得多。所以在设计电平异步时序电路的过程中，对激励状态（Y）和输出（Z）要注意消除这种组合险象。

在电平异步电路的分析和设计中，我们通常假设每个激励状态变量到二次状态变量的延迟相等，但在实际情况下这很难保证。若输入发生变化，同时引起两个或多个激励状态变量变化，如果它们各自的延迟不相等，则有可能使电路处于错误的状态。这种由于反馈所引起的竞争，在组合逻辑中是不会出现的，是电平异步时序电路中所特有的。

图 7-23 与图 7-24 给出了非临界竞争和临界竞争下激励状态的两种情况的示意图。

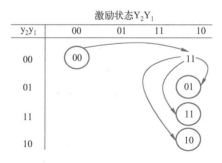

图 7-23　非临界竞争　　　　　　　　　　图 7-24　临界竞争

在图 7-23 中，当输入由 00→01 时，y_2y_1 应当由 00→11，但是 y_2y_1 不可能保证同时变化，所以可能出现的变化是 00→01→11，或 00→10→11，无论哪种变化，在图 7-23 它都会到达正确的稳态，这种情况称为非临界竞争。而在图 7-24 中，当输入由 00→10 时，y_2y_1 应当由 00→11，但是 y_2y_1 不可能保证同时由 0→1，所以还有可能出现由 00→01 到达 01 稳态，也有可能由 00→10 到达 10 稳态，这种由于延迟不相等，导致最终到达不希望的状态的现象称为临界竞争。

临界竞争的两个必要条件:

1) 至少有两个状态变量同时变化。

2) 输入变化后所在的列有至少两个不同的稳态。

如果产生临界竞争,可以采用下面两种方法中的一种来消除状态竞争:

1) 稳态和非稳态分配相邻的状态编码。

2) 稳态和非稳态之间增加过渡状态。

【例 7-7】输入为 $x_2 x_1$,请对表 7-18 所示流程表进行无竞争的状态变量分配。

表 7-18　流程表

二 次 状 态	00	01	11	10
A	Ⓐ	C	B	Ⓐ
B	A	Ⓑ	Ⓑ	Ⓑ
C	Ⓒ	Ⓒ	D	A
D	C	Ⓓ	Ⓓ	Ⓓ

解:在流程图表中,找出每行的稳态和非稳态,若非稳态所在的列中有两个或多个稳态,则让稳态和非稳态分配相邻的编码。作出状态相邻图,如图 7-25 所示。

所以 A 为 00,B 为 01,C 为 10,D 为 11。

【例 7-8】已知输入为 $x_2 x_1$,请对表 7-19 所示流程表进行无竞争的状态变量分配。

表 7-19　流程表

二 次 状 态	00	01	11	10
A	Ⓐ/1	C/0	Ⓐ/0	B/0
B	A/1	Ⓑ/1	C/1	Ⓑ/0
C	Ⓒ/0	Ⓒ/0	Ⓒ/1	Ⓒ/1

解:根据流程表作出状态相邻图,如图 7-26 所示。

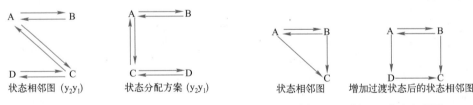

图 7-25　例 7-7 状态相邻图　　　　图 7-26　例 7-8 状态相邻图

在原有的状态相邻图中无法保证所有需要相邻的状态都能够分配为相邻状态,所以需要添加过渡状态,从而实现状态的相邻。本例在 A→C 之间添加过渡状态 D,以消除 A、C 之间的状态竞争。添加过渡状态 D 后,修改流程表,添加一行 D,在原来 A→C 的地方修改 C/0 为 D/0,同时在 D 行所对应的列填 C/0。D 行其他列可以填为无关项,也可以填与 D 相邻的状态(A 或 C),如表 7-20 所示。

表 7-20　修改后的流程表

二 次 状 态	00	01	11	10
A	Ⓐ/1	D/0	Ⓐ/0	B/0
B	A/1	Ⓑ/1	C/1	Ⓑ/0
C	Ⓒ/0	Ⓒ/0	Ⓒ/1	Ⓒ/1
D	–/–	C/0	–/–	–/–

7.3.3　电平异步时序电路设计

电平异步时序电路的设计包括以下几个步骤：

1）根据要求，建立原始总态图和原始流程表。

2）对流程表进行状态化简。

3）对简化的流程表进行无临界竞争的状态分配。

4）写出激励状态和输出表达式。

5）画出逻辑电路图。

下面通过具体的例子来说明每一步的详细过程。

【例 7-9】设计一个电平异步电路的原始流程表，输入为 x_1 和 x_2，输出为 Z，输入输出满足如下的关系：

1）只要 $x_1 = 0$，则 Z=0。

2）$x_1 = 1$ 时，x_2 的第一次跳变使输出 Z=1，直到 $x_1 = 0$ 时，输出才由 1 变为 0。

解：根据要求，建立原始总态图和原始流程表。

根据逻辑功能要求，假设一个输入输出作为初始状态，由初始状态出发，输入作相邻变化，每当出现一个新的输入输出组合时，添加一个新状态，如果出现的输入输出组合已经存在，则要看是否符合设计要求，若不满足设计要求，则仍应该添加一个新状态。

从所有的状态出发，输入作相邻变化，直到不产生新状态为止，然后再由原始总态图形成原始流程表。在设计过程中，还可以画出典型的输入输出时间图以帮助设计。

我们假设初始状态为 (00,A)/0，输入为 $x_1 x_2$。把总态图的形成分为图 7-27 所示的几个小图。

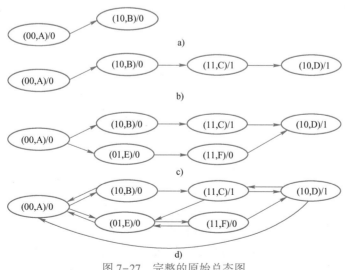

图 7-27　完整的原始总态图

根据原始总态图可以列出原始流程表，每个二次状态占一行，如表 7-21 所示。

表 7-21　部分原始流程表 1

二 次 状 态	激励状态/输出			
	$x_1 x_2 = 00$	$x_1 x_2 = 01$	$x_1 x_2 = 11$	$x_1 x_2 = 10$
A	Ⓐ/0			
B				Ⓑ/0
C			Ⓒ/1	
D				Ⓓ/1
E		Ⓔ/0		
F			Ⓕ/0	

根据原始总态图，从每行的稳态出发，输入作相邻变化，填写相应的过渡状态和输出，过渡状态的输出与两个稳态的输出相同，如果两个稳态的输出不同，则过渡状态的输出为无关项。在输入不可能出现的列，状态和输出均为无关项。

表 7-22 为根据总态图中 A 状态的输入变化作出的部分原始流程表。

表 7-22　部分原始流程表 2

二 次 状 态	激励状态/输出			
	$x_1 x_2 = 00$	$x_1 x_2 = 01$	$x_1 x_2 = 11$	$x_1 x_2 = 10$
A	Ⓐ/0	E/0	-/-	B/0
B				Ⓑ/0
C			Ⓒ/1	
D				Ⓓ/1
E		Ⓔ/0		

对总态表中的每一个稳态均按上述的方法，即可作出完整的原始流程表，如表 7-23 所示。

表 7-23　完整的原始流程表

二 次 状 态	激励状态/输出			
	$x_1 x_2 = 00$	$x_1 x_2 = 01$	$x_1 x_2 = 11$	$x_1 x_2 = 10$
A	Ⓐ/0	E/0	-/-	B/0
B	A/0	-/-	C/-	Ⓑ/0
C	-/-	E/-	Ⓒ/1	D/1
D	A/0	-/-	C/1	Ⓓ/1
E	A/0	Ⓔ/0	F/0	-/-
F	-/-	E/0	Ⓕ/0	D/-

【例 7-10】设计一个电平异步电路，输入为 $x_2 x_1$，输出为 Z。当输入 $x_2 x_1$ 为 00→01→11 时，输出为 1，否则输出为 0。画出电路的逻辑图。

解：1）根据要求，建立原始总态图和原始流程表。注意 F 状态的添加是因为当输入为 00→01→11→01→11 时，输出应为 0，而不是 1。

根据图 7-28 所示的原始总态图可以作出原始流程表，如表 7-24 所示，输入为 x_2x_1。

表 7-24　原始流程表

二次状态	激励状态/输出			
	00	01	11	10
A	Ⓐ/0	B/0	-/-	C/0
B	A/0	Ⓑ/0	D/-	-/-
C	A/0	-/-	E/0	Ⓒ/0
D	-/-	F/-	Ⓓ/1	C/-
E	-/-	F/0	Ⓔ/0	C/0
F	A/0	Ⓕ/0	E/0	-/-

2）对原始流程表进行状态化简。

化简的方法与同步时序电路中状态化简的方法相同，采用隐含表法进行化简，如图 7-29 所示。

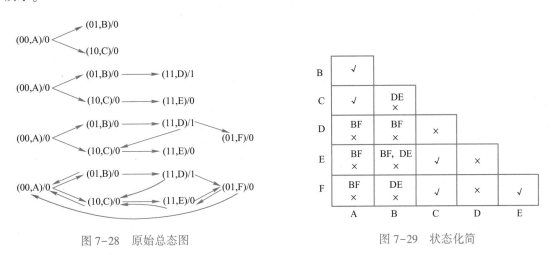

图 7-28　原始总态图　　　　　　　　　图 7-29　状态化简

根据相容状态作状态合并图，如图 7-30 所示。

最大相容类的集合为 {(A，B)，(D)，(C，E，F)}。

简化后的流程表如表 7-25 所示。

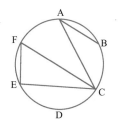

图 7-30　状态合并图

表 7-25　流程表

二次状态	激励状态/输出			
	00	01	11	10
A	Ⓐ/0	Ⓐ/0	D/-	C/0
C	A/0	Ⓒ/0	Ⓒ/0	Ⓒ/0
D	-/-	C/-	Ⓓ/1	C/-

3）对简化的流程表进行无临界竞争的状态分配。

根据简化的流程表作状态相邻图，在可能产生临界竞争的情况下分配相邻状态，如图 7-31 所示。

所以 A 分配 00，D 分配 01，C 分配 11。根据分配的状态值，可得到如表 7-26 所示的二进制形式的流程表。

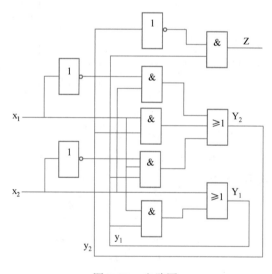

图 7-31 状态分配

表 7-26 二进制形式的流程表

二次状态 y_2y_1	Y_2Y_1/Z			
	$x_2x_1=00$	$x_2x_1=01$	$x_2x_1=11$	$x_2x_1=10$
00	00/0	00/0	01/-	11/0
01	-/-	11/-	01/1	11/-
11	00/0	11/0	11/0	11/0
10	-/-	-/-	-/-	-/-

4）写出激励状态和输出表达式。

根据上面的二进制流程表，可得输出和激励的表达式，如图 7-32 所示。

$y_2y_1 \backslash x_2x_1$	00	01	11	10
00	0	0	—	0
01	—	—	1	—
11	0	0	0	0
10	—	—	—	—

$Z=\overline{y_2}y_1$

$y_2y_1 \backslash x_2x_1$	00	01	11	10
00	0	0	0	1
01	—	1	0	—
11	0	1	1	1
10	—	—	—	—

$Y_2=x_2\overline{x_1}+\overline{x_2}x_1y_1+x_1y_2$

$y_2y_1 \backslash x_2x_1$	00	01	11	10
00	0	0	1	1
01	—	1	1	1
11	0	1	1	1
10	—	—	—	—

$Y_1=x_2+x_1y_1$

图 7-32 输出和激励的表达式

5）画出逻辑电路图，如图 7-33 所示。

图 7-33 电路图

7.4 异步计数器的原理与应用

集成芯片 74LS90 是一个异步的 BCD 码十进制计数器，它本质上是一种二-五-十进制计数器。74LS90 是由两个独立的计数器组成的组合结构，一个计数器是二进制计数器，另一个计数器是五进制计数器。

1. 74LS90 的电路结构

74LS90 的管脚图如图 7-34 所示。注意 74LS90 的引脚中电源（U_{cc}）和地（GND）的位置比较特殊。

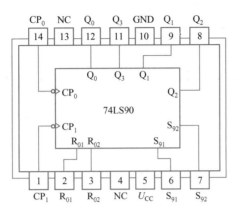

图 7-34　74LS90 引脚图

74LS90 的原理图如图 7-35 所示。

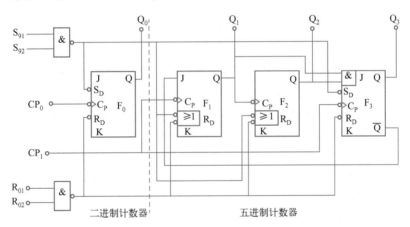

图 7-35　74LS90 原理图

图 7-35 中的左边第一个触发器构成一个二进制计数器，其余三个触发器构成一个异步五进制计数器，因此 74LS90 可以实现二进制计数、五进制计数和十进制计数，而对于十进制计数来说，根据引脚的不同连接方式，可以实现 8421BCD 码十进制计数和 5421BCD 码十进制计数。

2. 74LS90 的功能表

根据图 7-35 的原理图，可分析出 74LS90 的功能表如表 7-27 所示。

表 7-27　74LS90 的功能表

功　能	输　入						输　出			
	R_{01}	R_{02}	S_{91}	S_{92}	CP_0	CP_1	Q_3	Q_2	Q_1	Q_0
异步清零	1	1	0	×	×	×	0	0	0	0
			×	0						

（续）

功　能	输　　入						输　　出			
	R_{01}	R_{02}	S_{91}	S_{92}	CP_0	CP_1	Q_3	Q_2	Q_1	Q_0
异步置 9	0	×	1	1	×	×	1	0	0	1
	×	0								
二进制计数	0	×	0	×	↓	0	输出 Q_0			
五进制计数					0	↓	输出 $Q_3Q_2Q_1$			
8421 计数					↓	Q_0	输出 8421 码 $Q_3Q_2Q_1Q_0$			
5421 计数	×	0	×	0	Q_3	↓	输出 5421 码 $Q_3Q_2Q_1Q_0$			
保持					0	0	不变			

由表 7-27 可知，74LS90 具有以下功能。

（1）异步清 0

当复位输入端 $R_{01} = R_{02} = 1$ 且置位输入端 S_{91}、S_{92} 至少有一个为 0 时，不论有无时钟脉冲 CP，计数器输出将被直接清零，即 $Q_3Q_2Q_1Q_0 = 0000$。

（2）异步置 9

当置位输入端 $S_{91} = S_{92} = 1$ 且复位输入端 R_{01}、R_{02} 至少有一个为 0 时，不论有无时钟脉冲 CP，计数器输出将被直接置 9，即 $Q_3Q_2Q_1Q_0 = 1001$。

（3）保持

当 $R_{01}R_{02} = 0$ 且 $S_{91}S_{92} = 0$ 时，若无计数脉冲，则计数器将保持输出不变。

（4）计数

当 $R_{01}R_{02} = 0$ 且 $S_{91}S_{92} = 0$ 时，若有计数脉冲，根据 CP_0 和 CP_1 的不同接法，则计数器实现二进制计数、五进制计数和十进制计数。

在实现十进制计数时，如果 CP_0 外接时钟脉冲 CP，CP_1 接 Q_0，则说明二进制计数器作为低位，五进制计数器作为高位，可以实现 8421 码十进制计数功能。如图 7-36a 所示。如果 CP_1 外接时钟脉冲 CP，CP_0 接 Q_3，则说明二进制计数器作为高位，五进制计数器作为低三位，可以实现 5421 码十进制计数功能。如图 7-36b 所示。

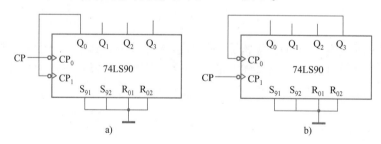

图 7-36　74LS90 十进制计数的连接方法

a）8421 计数　b）5421 计数

3. 74LS90 的应用

74LS90 的应用主要体现在两个方面，一是构成任意进制计数器，二是 74LS90 的级联。

（1）构成任意进制计数器

构成任意进制计数器主要利用复位输入端 R_{01} 和 R_{02} 异步清 0，使计数器状态返回到 0000。

【例 7-11】 用 74LS90 构成七进制计数器。

解：七进制计数器应该包含 7 个状态，由于 74LS90 的复位输入端 R_{01} 和 R_{02} 是异步清 0 的，因此需要计数到 7 再清 0，其实现电路如图 7-37 所示。

（2）74LS90 的级联

【例 7-12】 用 74LS90 构成 100 进制计数器。

解：每个 74LS90 可以实现十进制计数，因此 100 进制计数器正好需要两片 74LS90 级联，如果每个 74LS90 实现 8421BCD 码计数，并且将低片的 Q_3 与高片的 CP_0 相连，即每当低片由 1001 变为 0000 时的 Q_3 会产生 1 个下降沿，以此作为高片的计数脉冲，其实现电路如图 7-38 所示。

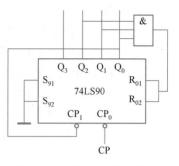

图 7-37　例 7-11 的电路图

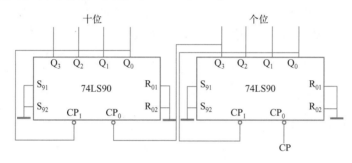

图 7-38　例 7-12 的电路图

【例 7-13】 用 74LS90 构成 24 进制计数器。

解：先将两片 74LS90 级联实现一个 100 进制计数器，每片按照 8421BCD 码计数，实现方法参照例 7-12，然后再进行任意进制计数器的改造。24 进制计数器应该包含 24 个状态，由于 74LS90 的复位输入端 R_{01} 和 R_{02} 是异步清 0 的，所以需要计数到 24 再清 0，而 24 的 8421BCD 码为 00100100，其实现电路如图 7-39 所示。

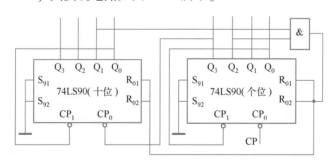

图 7-39　例 7-13 的电路图

7.5　本章小结

本章首先介绍了异步时序逻辑电路的分类和特点，其次分别学习了脉冲异步时序逻辑电路和电平异步时序逻辑电路的分析方法与设计方法，最后介绍了一种典型的异步时序逻辑电路集成芯片——异步计数器 74LS90，学习了其原理和应用。

具体关键知识点梳理如下：

1）异步时序逻辑电路按输入信号不同分为两类：脉冲异步时序逻辑电路和电平异步时序逻辑电路，这两类异步时序逻辑电路的存储电路部分也不同，脉冲异步时序逻辑电路的存储电路是由触发器组成的，而电平异步时序逻辑电路的存储电路是由延迟元件组成的。

2）脉冲异步时序逻辑电路的分析步骤和设计步骤与同步时序逻辑电路分析步骤和设计步骤类似，唯一的区别是脉冲异步时序逻辑电路的方程组中除了激励方程、状态方程和输出方程以外，还有时钟方程，因此在分析电路和设计电路的过程中应先考虑时钟方程，再进行后续步骤。

3）电平异步时序逻辑电路的分析步骤和设计步骤中不仅涉及描述时序逻辑电路所需的状态图，还引出了总态图的概念。电平异步时序逻辑电路的分析和设计都是以总态图为基础展开的，在电路分析时，需要通过分析根据输入波形得到的总态图归纳出电路功能描述；在电路设计时，需要先画出原始总态图才能开展后续的设计步骤。

4）异步计数器集成 74LS90 芯片应重点掌握两类应用，一是级联问题，二是任意进制计数器的改造问题。

7.6　习题

1. 分析如图 7-40 所示的电路功能。

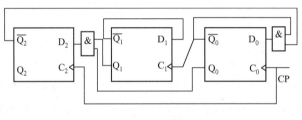

图 7-40　习题 1 图

2. 分析如图 7-41 所示的电路功能。

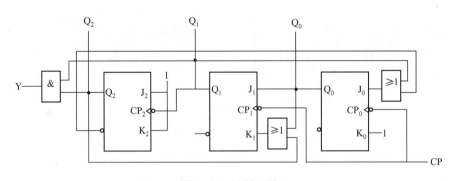

图 7-41　习题 2 图

3. 分析如图 7-42 所示的电路功能。

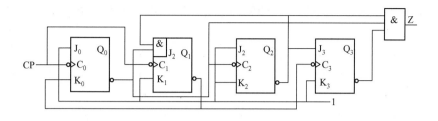

图 7-42 习题 3 图

4. 分析如图 7-43 所示的电路功能，画出电路的状态转换图。

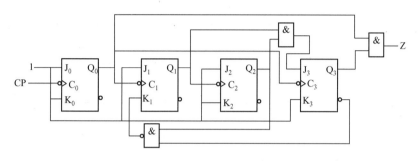

图 7-43 习题 4 图

5. 分析如图 7-44 所示的电路功能。

6. 设计一个异步十进制 8421 码加法计数器。

7. 设计一个异步八进制减法计数器。

8. 表 7-28 为异步时序电路的流程表，输入为 x_1x_2，试进行无竞争的状态分配。

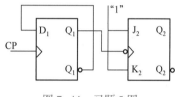

图 7-44 习题 5 图

表 7-28 习题 8 流程表

二 次 状 态	00	01	11	10
A	Ⓐ/1	C/0	Ⓐ/0	B/0
B	A/1	Ⓑ/1	C/1	Ⓑ/0
C	D/0	Ⓒ/0	Ⓒ/1	D/1
D	Ⓓ/0	B/—	A/—	Ⓓ/1

9. 表 7-29 为异步时序电路的流程表，输入为 x_1x_2，请标注出稳态，并进行无竞争的状态变量分配。

表 7-29 习题 9 流程表

二 次 状 态	00	01	11	10
A	A	D	A	D
B	D	B	D	D
C	A	C	D	D
D	D	D	A	D

10. 请设计一个两输入（$x_1 x_2$）两输出（$z_1 z_2$）的电平异步电路，输入和输出的关系如下：

（1）当 $x_1 x_2 = 00$ 时，$z_1 z_2 = 00$。

（2）当输入为 $00-01-11$ 变化时，输出为 10，输出 10 一直保持，直到输入为 00 时为止。

（3）当输入为 $00-10-11$ 变化时，输出为 01，输出 01 一直保持，直到输入为 00 时为止。

11. 试用 JK 触发器设计脉冲序列 $x_1-x_1-x_2$ 检测器，若符合则输出为 1，否则输出为 0。输入输出的典型波形如图 7-45 所示。

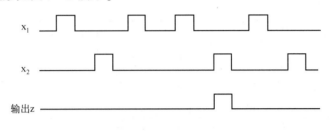

图 7-45 习题 11 图

12. 简化表 7-30 所示的原始流程表。

表 7-30 习题 12 原始流程表

二 次 状 态	激励状态/输出			
	$x_2 x_1 = 00$	$x_2 x_1 = 01$	$x_2 x_1 = 11$	$x_2 x_1 = 10$
A	A/0	E/0	d/d	B/d
B	A/0	d/d	C/d	B/0
C	d/d	E/d	C/1	D/1
D	d/1	d/d	C/1	D/1
E	A/0	E/0	F/0	d/d
F	d/d	E/0	F/0	D/d

13. 在流程表 7-31 中，输入为 $x_1 x_2$，输出为 z，初始总态为（11，B），$x_1 x_2$ 输入作 $11-10-00-01$ 变化，请确定状态和输出变化序列。

表 7-31 习题 13 流程表

二 次 状 态	00	01	11	10
A	D/0	C/0	B/0	A/0
B	C/0	C/0	B/1	D/0
C	C/0	C/1	B/1	D/1
D	D/0	C/1	C/0	A/0

14. 在流程表 7-32 中，输入为 $x_1 x_2$，输出为 z，请确定过渡状态的输出值。

表 7-32 习题 14 流程表

二 次 状 态	00	01	11	10
A	A/1	D/—	B/—	A/1
B	C/—	B/0	B/1	C/—
C	C/0	B/—	C/1	D/—
D	C/—	D/1	D/1	A/—

15. 根据二进制状态表 7-33，输出为 z，用边沿 JK 触发器实现脉冲异步电路，并画出电路图。

表 7-33 习题 15 二进制状态表

y_2y_1	x_1	x_2	x_3	z
00	00	01	11	0
01	01	11	10	0
11	11	10	00	0
10	10	00	01	1

16. 用 74LS90 构成 25 进制 8421 码计数器。

17. 用 74LS90 构成 12 进制 5421 码计数器。

18. 用 74LS90 构成 60 进制 8421 码计数器。

19. 用 74LS90 构成九进制 5421 码计数器。

20. 分析图 7-46 的功能。

21. 分析图 7-47 是多少进制计数器？

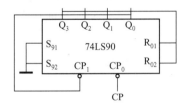

图 7-46 习题 20 图

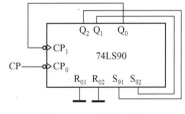

图 7-47 习题 21 图

22. 分析图 7-48 的功能。

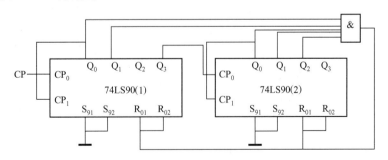

图 7-48 习题 22 图

第 8 章
硬件描述语言 Verilog HDL

受软件设计实现的启发，数字系统设计开发人员希望用类似软件编程一样的方法设计和实现数字电路，于是产生了硬件描述语言。Verilog HDL 是一种硬件描述语言，它基于 C 语言但又不是 C 语言，用来对数字逻辑电路进行建模和实现。本章将介绍 Verilog HDL 的基本语法和基于不同级别的描述方法，并给出了用 Verilog HDL 设计实现组合逻辑电路和时序逻辑电路的方法与实例。

8.1 Verilog HDL 语言概述

1983 年 Gateway Design Automation 公司为其仿真器产品设计了一款硬件描述语言，这就是 Verilog HDL 语言的前身。虽然这款硬件描述语言只是公司内部使用的，但是由于该公司的仿真器产品受到普遍的欢迎，因此 Verilog HDL 也逐渐为许多设计者所接受。为了推广和普及，1990 年 Verilog HDL 被推荐给 IC 设计师。1992 年 Verilog 语言国际性组织 OVI（Open Verilog International）开始促进 Verilog HDL 的标准化，1995 年 Verilog 被批准成为 IEEE 标准（IEEE Std1364-1995）。Verilog HDL 借鉴了 C 语言的很多特性，因此它比其他硬件描述语言更容易学习。

Verilog HDL 是一种用于数字系统建模的硬件描述语言，模型的抽象层次可以从开关级、门级、数据流级到行为级（算法级）。建模的对象可以简单到只有一个逻辑门，也可以复杂到一个完整的数字系统，用 Verilog HDL 语言可以分层次地描述数字系统。Verilog HDL 语言的主要功能如下：

1）提供了基本的内置门原语，例如 and、or、nand 等都是 Verilog HDL 内部固有的。

2）创建了用户定义原语的灵活性。用户定义的原语即可以描述组合逻辑电路，也可以描述时序逻辑电路。

3）提供了开关级原语，例如 pmos 和 nmos 等也是 Verilog HDL 内部固有的。

4）提供了明确的语言结构以便为指定设计中端口到端口的延迟、路径延迟以及设计的时序检测。

5）可以采用 4 种不同的级别（开关级、门级、数据流级、行为级）或采用混合风格为设计建模。

6）提供了两种数据类型：线网型和寄存器（变量）型。线网型可以描述结构化元件间的物理连线；而寄存器型可以描述抽象的数据存储元件。

7）用模块实例引用结构，可以描述一个由任意多个层次构成的设计。

8）设计规模可大可小，Verilog HDL 对设计的规模不施加任何限制。

9）使用编程语言接口（PLI）机制，能够进一步扩展 Verilog HDL 的描述能力。PLI 是一些子程序的集合，这些子程序允许外部函数访问 Verilog 模块的内部信息，允许设计者与仿真器进行交互。

10）可以用 Verilog 语言设计生成测试激励，并为测试制定约束条件。

11）在行为级，Verilog HDL 不仅可以对设计进行寄存器（RTL）级的描述，还可以对设计进行体系结构行为级和算法行为级的描述。

12）Verilog HDL 具有内建逻辑函数，例如位运算符 &（按位与）和 |（按位或）。

13）Verilog HDL 具有高级编程语言结构，例如条件语句、分支语句和循环语句。

14）Verilog HDL 可以建立并发和时序模型。

15）人机对话方便，提供了设计者和 EDA 工具间的交互，ASIC 和 FPGA 设计者可以用 Verilog HDL 来编写可综合的代码。

16）提供了功能强大的文件读写能力。

8.2　Verilog HDL 基本语法

本节将简单介绍 Verilog HDL 的基本语法和基本要素。

8.2.1　标识符

Verilog HDL 中的标识符是由任意的字母、数字、$符和下画线组成的字符序列，但是标识符的第一个字符必须是字母或者下画线，此外，标识符是区分大小写的。例如，count 和 COUNT 是不同的。

Verilog HDL 定义了一系列的保留标识符，叫作关键词，仅用于表示特定的含义。但是应该注意只有小写的关键词才是保留字。例如，标识符 always 是关键词，而标识符 ALWAYS 与 always 不同，不是保留字。

8.2.2　数值和常数

Verilog HDL 有下列 4 种基本数值：

1）0：逻辑 0 或"假"。

2）1：逻辑 1 或"真"。

3）x 或 X：未知。

4）z 或 Z：高阻。

这里的未知 x 和高阻 z 都是不分大小写的。Verilog HDL 中的常量是由以上 4 种基本数值组成的。

Verilog HDL 中有 3 种类型的常数：整型数、实数和字符串。

1. 整型数

在 Verilog HDL 中，整型数可以有两种形式表示：十进制数格式和基数格式。

（1）十进制数格式

十进制数格式的整数被定义为带有一个可选的+或−操作符的数字序列。例如，32 是十进制数 32，−15 是十进制数−15。十进制数格式的整数值代表一个有符号的数，负数可使用补码表示，因此 32 用 7 位二进制数的补码表示为 0100000，−15 用 6 位二进制数的补码表示为 110001。

（2）基数格式

基数格式的整数定义格式为：<位宽><'［s 或 S］进制><数值>

其中，位宽是该常量用二进制表示的位数，位宽可以采用默认位宽（这由具体的机器系统决定，但至少 32 位）；s 或 S 表示有符号数；进制为表示的整数的进制形式，可以是二进制整数（用 b 或 B 表示），可以是十进制整数（用 d 或 D 表示），可以是十六进制整数（用 h 或 H 表示），可以是八进制整数（用 o 或 O 表示）。下面给出一些实例：

```
8'b10101100        //位宽为 8 的二进制数 10101100
8'ha2              //位宽为 8 的十六进制数 10100010
6'so72             //位宽为 6 的有符号十进制数 111010,它是十进制下的-6
4'd-4              //非法:数值不能为负
(2+3)'b10          //非法:位宽不能用表达式表示
```

注意，x 或 z 在十六进制数值中代表 4 位 x 或 z，在八进制数值中代表 3 位 x 或 z，在二进制数值中代表 1 位 x 或 z。

若定义的位宽比常量指定的位宽大，对于无符号数则在数的左边填 0 补齐，对于有符号数则在数的左边填符号位补齐，但如果数最左边一位是 x 或 z，则相应地在左边填 x 或 z 补齐，例如：

```
10'b10             //左边填 0 占位,0000000010
10'bx0x1           //左边填 x 占位,xxxxxxx0x1
8'sb101101         //左边填符号位占位,11101101
```

若定义的位宽比常量指定的位宽小，则最左边多余的位将被截断，例如：

```
3'b110010011       //等同于 3'b011
5'hOFFF            //等同于 5'h1F
3'sb10100          //等同于 3'sb100
```

2. 实数

在 Verilog HDL 中，实数可以有两种形式的定义：十进制表示法和科学计数法。

（1）十进制表示法

例如，12.56、1.345、1234.5678。

（2）科学计数法

例如，1.56E2、5E-3。

3. 字符串

在 Verilog HDL 中，字符串由双引号内的字符序列组成，用一串 8 位二进制 ASCII 码的形式表示，每一个 8 位二进制 ASCII 码表示一个字符。例如："hello!""abc"。

用反斜杠（\）字符来表示某些特殊的字符，例如：

```
\n                 表示换行符
\t                 表示制表符
\\                 表示反斜杠(\)本身
\"                 表示双引号字符(")
```

8.2.3 数据类型

在 Verilog HDL 中有两大类数据类型：线网类型和变量类型。线网类型表示 Verilog HDL 中结构化元件间的物理连线，线网类型的变量不能存储值，它的值由驱动元件的值决定，根据输入变化来更新其值，如果没有驱动元件连接到线网类型的变量，那么线网类型变量的缺省值为 Z（高阻）。变量类型表示一个抽象的数据存储单元，变量类型的变量对应的是具有状态保持作用的电路元件，例如触发器、寄存器等，只能在 always 语句或 initial 语句中被明确赋值，并且它的值在被重新赋值前一直保持原值。变量类型的变量默认值为 X（未知）。

1. 线网类型

在 Verilog HDL 中提供了很多不同的线网类型，包括 wire、trior、trireg、tri、wand、tri1、wor、triand、tri0、supply0、supply1，但最常见的是 wire 类型，Verilog HDL 模块中输入/输出信号类型默认时自动定义为 wire 类型，本书中只简单介绍 wire 类型。

wire 类型变量的定义格式为：

wire [n-1:0] 变量名 1，变量名 2，…，变量名 n；

或　wire [n:1] 变量名 1，变量名 2，…，变量名 n；

其中，[n-1:0]或[n:1]表示该 wire 类型变量的位宽，即该变量有几位；如果一次定义多个变量，变量名之间用逗号隔开；声明语句最后要用分号表示语句结束。例如：

```
wire   a;                //定义了一个 1 位的 wire 类型变量 a
wire   [7:0] b;          //定义了一个 8 位的 wire 类型变量 b
wire   a, b;             //定义了两个 1 位的 wire 类型变量 a 和 b
wire   [7:0] a, b;       //定义了两个 8 位的 wire 类型变量 a 和 b
```

2. 寄存器类型

在 Verilog HDL 中提供了 5 种变量类型，包括 reg、integer、time、real、realtime，可通过赋值语句改变变量的值。本书中只简单介绍 reg 类型和 integer 类型。

（1）reg 类型

reg 类型的变量声明与 wire 类型的变量声明类似，其定义格式为：

reg [n-1:0]变量名 1，变量名 2，…，变量名 n；

或　reg [n:1] 变量名 1，变量名 2，…，变量名 n；

其中，[n-1:0]或[n:1]表示该 reg 类型变量的位宽，即该变量有几位；如果一次定义多个变量，变量名之间用逗号隔开；声明语句最后要用分号表示语句结束。例如：

```
reg   a;                 //定义了一个 1 位的 reg 类型变量 a
reg   [7:0] b;           //定义了一个 8 位的 reg 类型变量 b
reg   a, b;              //定义了两个 1 位的 reg 类型变量 a 和 b
reg   [7:0] a, b;        //定义了两个 8 位的 reg 类型变量 a 和 b
```

（2）integer 类型

integer 类型的变量定义格式如下：

integer 变量名 1，变量名 2，…，变量名 n [n-1:0]；

或　integer　变量名 1，变量名 2，…，变量名 n [n-1:0]；

其中，[n-1:0]或[n:1]表示 integer 类型数组的范围，即由几个整型数组成的数组，一个整型数至少有 32 位；如果一次定义多个变量，变量名之间用逗号隔开；声明语句最后要用分号表示语句结束。例如：

```
integer   a, b;          //定义了两个整型变量 a 和 b
integer   c [7:0];       //定义了一个 8 个整型数组成的数组 c
```

8.2.4　Verilog HDL 的基本结构

Verilog HDL 的语句和结构与 C 语言很像，但是又不同，C 语言描述的是软件程序，而 Verilog HDL 描述的硬件电路，因此不能按照软件程序的思路和方法来理解和分析 Verilog

HDL 代码，而必须从电路结构的角度来分析、理解和设计 Verilog HDL 代码。

Verilog HDL 的基本设计单元是模块（module），无论是基本逻辑元件还是复杂的数字系统，Verilog HDL 都是使用模块来描述的。一个典型的 Verilog HDL 模块的基本结构如下：

```
module    模块名(端口列表);
          端口定义;
          中间变量定义;
          程序主体;
endmodule
```

其中，module 和 endmodule 是 Verilog HDL 中模块的开始和结束的关键字；模块名的定义必须符合 Verilog HDL 中关于标识符的命名规范；模块名后面的端口列表中需列出该模块与外界相关联的所有输入和输出端口，端口之间用逗号隔开；端口定义中需详细说明端口列表中的各端口是输入端口还是输出端口，用关键字 input 和 output 来描述；对于模块中使用的线网类型或者寄存器类型变量，可以在中间定义中描述；程序主体是模块实现功能的详细描述。例如：

```
module examplemodule(in1, in2, out1, out2);    //定义了一个名为 examplemodule 的模块
    input    in1, in2;                          //定义了 in1 和 in2 为输入端口
    output    out1, out2;                       //定义了 out1 和 out2 为输出端口
    wire    x, y;                               //定义了两个 wire 类型的中间变量 x 和 y
    reg    a, b;                                //定义了两个 reg 类型的中间变量 a 和 b
    assign    x = in1&y;                        //连续赋值语句 assign
    module_name    u1(in1, in2, …);            //调用模块实例
    always@ (in2)                               //过程赋值语句
    begin
    …
    end
endmodule
```

在 Verilog HDL 模块中程序主体可以描述为四种基本级别：开关级、门级、数据流级和行为级，本书重点关注后面三种级别，具体的描述方法将在 8.4 节详细介绍。

8.3　Verilog HDL 的操作符

与 C 语言类似，Verilog HDL 提供了极其丰富的操作符，包括按位、逻辑、算术、关系、等价、缩减、移位、条件和拼接等操作符。通过这些操作符，可以实现各种复杂的表达式，进而描述出功能强大的数字电路。

8.3.1　算术操作符

Verilog HDL 支持 6 种算术操作符：加法（+）、减法（−）、乘法（＊）、除法（/）、取模（%）和幂运算（＊＊）。整数除法（/）截断任何小数部分，例如：7/4 的运算结果为 1。取模（%）操作符求出与第一个操作符符号相同的余数，例如：7%4 的运算结果为 3，−7%4 的运算结果为−3。算术操作符中任意操作数中只要有一位为 x 或 z，则整个运算结果为 x，例如：'b10x1+'b01111 的运算结果为不确定数'bxxxxx。

1. 算术运算结果的位宽

算术表达式运算结果的位宽由最大操作数的位宽决定。在赋值语句中，算术运算结果的位宽也由赋值等号左边目标变量的位宽决定。例如：

```
reg  [3:0]  a, b, c;
reg  [5:0]  d;
...
c = a + b;
d = a + b;
```

第一个加法运算的结果位宽由 a、b 和 c 的位宽决定，由于 a、b 和 c 的位宽相同，都是 4，因此结果位宽为 4。第二个加法运算的结果位宽由 a、b 和 d 的位宽决定，但是 a、b 和 d 的位宽不相同，则结果位宽由 a、b 和 d 中位宽最大的那个决定，d 的位宽最大，d 的位宽为 6，因此结果位宽为 6。在第一条赋值语句中，加法操作的溢出部分被丢弃，而在第二条赋值语句中，任何溢出的位将被存储在结果位 d[4] 中。

2. 有符号数和无符号数

在执行算术运算和赋值时，应该注意到哪些操作数需要被当作无符号数处理，哪些操作数需要被当作有符号数处理。无符号数被存储在线网、寄存器变量或用普通（没有有符号标记 s）的基数格式表示的整型数中。有符号数被存储在整型变量、十进制形式的整数、有符号的线网、有符号的寄存器变量或用 s（有符号）标记的基数格式表示的整型数中。

在 Verilog HDL 中有两个系统函数 $signed 和 $unsigned 可以进行有符号形式和无符号形式之间的转换。例如：

```
$signed(4'b1101)     //转换成一个有符号数,其值为-3
$unsigned(4'shA)     //转换成一个无符号数,其值为 10
```

在一个表达式中混用有符号数和无符号数时，必须非常小心，通常只要有一个操作数是无符号数，那么在开始操作前，所有的其他操作数也都被转换成了无符号数。为了完成有符号数的运算，可以用 $signed 系统函数将所有无符号数转换成有符号数。

8.3.2　关系操作符

Verilog HDL 支持 4 种关系操作符：大于（>）、小于（<）、大于等于（>=）、小于等于（<=）。关系操作符对两个操作数逐位进行比较，其结果为真（值为 1）或假（值为 0）；若操作数中有一位为 x 或 z，则结果为 x。例如：

```
23 > 25              //结果为假(值为 0)
52 <16'hxFF          //结果为 x
```

若操作数的位宽不同，如果所有操作数都是无符号数，则位宽较小的操作数需在高位填 0 补齐；如果所有操作数都是有符号数，则位宽较小的操作数需在高位填符号位补齐。例如：

```
'b1000 >='b01110     //等同于'b01000 >= 'b01110,结果为假(值为 0)
4'sb1011 <= 8'sh1A   //等同于 8'sb11111011 <= 8'sb00011010,结果为真(值为 1)
```

若表达式中有一个操作数是无符号数，则该表达式的其余操作数都被当作无符号数处理，例如：

```
(4'sd9 * 4'd2) < 4   //等同于 18 < 4,结果为假(值为 0)
```

8.3.3　等价操作符

Verilog HDL 支持 4 种等价操作符：逻辑相等（==）、逻辑不等（!=）、全等（===）、非全等（!==）。等价操作符对两个操作数逐位进行比较，对于逻辑相等（==）和逻辑不等（!=）的比较结果是真（值为1）或假（值为0），若操作数中有一位为 x 或 z，则结果为 x；而对于全等（===）和非全等（!==），则是将 x 或 z 当作数值（不考虑其物理含义）严格地按字符值进行比较的，因此其结果不是1就是0，没有未知的情况。例如：

```
'b11x0 == 'b11x0        //比较结果为未知
'b11x0 === 'b11x0       //比较结果为1
'b010x !== 'b11x0       //比较结果为1,虽然两个操作数中都有x,但第一位不同
```

若两个操作数位宽不同，如果操作数都是无符号数，则位宽较小的操作数需在高位填 0 补齐；如果操作数都是有符号数，则位宽较小的操作数需在高位填符号位补齐。例如：

```
2'b10 == 4'b0010        //等同于4'b0010 == 4'b0010,比较结果为1
```

8.3.4　位操作符

Verilog HDL 支持 5 种位操作符：取反（~）、与（&）、或（|）、异或（^）和同或（^~或~^）。位操作符对输入的操作数进行逐位操作（即对应位进行操作）。表 8-1 列举了不同位操作符逐位操作的结果。

表 8-1　不同位操作符逐位操作的结果

a）~逐位操作的结果

~	0	1	x	z
结果	1	0	x	x

b）& 逐位操作的结果

&	0	1	x	z
0	0	0	0	0
1	0	1	x	x
x	0	x	x	x
z	0	x	x	x

c）| 逐位操作的结果

|	0	1	x	z
0	0	1	x	x
1	1	1	1	1
x	x	1	x	x
z	x	1	x	x

d）^ 逐位操作的结果

^	0	1	x	z
0	0	1	x	x
1	1	0	x	x
x	x	x	x	x
z	x	x	x	x

e)　~^逐位操作的结果

~ ^	0	1	x	z
0	1	0	x	x
1	0	1	x	x
x	x	x	x	x
z	x	x	x	x

例如：假设 a='b0110，b='b0100，则 a|b='b0110，a & b='b0100。

若两个操作数的位宽不等，且其中一个操作数是无符号数，则位宽较小的操作数需在高位填 0 补齐；若两个操作数都是有符号数，则位宽较小的操作数需在高位填符号位补齐。例如：

```
'b0110 ^ 'b10000          //等同于'b00110 ^ 'b10000,操作结果为'b10110
4'sb1010 & 8'sb01100010   //等同于 8'b11111010 & 8'b01100010,操作结果为 8'b01100010
```

8.3.5　逻辑操作符

Verilog HDL 支持 3 种逻辑操作符：逻辑与（&&）、逻辑或（｜｜）和逻辑非（!）。如果操作数中没有 x 或 z，则逻辑操作的结果是 1 位宽的布尔值（0 或 1）；如果操作数中有 x 或 z，则逻辑操作的结果是 1 位宽的 x。逻辑操作符与位操作符不同，通常逻辑操作符用于连接布尔表达式，而位操作符用于电路信号的连接。例如：

```
(a = = b) && (( c ! = d) | | (e > 10))        //连接 3 个布尔表达式
```

8.3.6　缩减操作符

Verilog HDL 支持 6 种缩减操作符：缩减与（&）、缩减与非（~ &）、缩减或（｜）、缩减或非（~｜）、缩减异或（^）、缩减同或（~^ 或 ^~）。缩减操作符对单个操作数上的所有位进行操作，产生 1 位的操作结果。

1. 缩减与（&）

只要操作数中任意一位的值为 0，则操作的结果便为 0；只要操作数中任意一位的值为 x 或 z，则操作的结果便为 x；否则其操作结果为 1。

2. 缩减与非（~ &）

对缩减与的操作结果求反，便可以得到缩减与非的操作结果。

3. 缩减或（｜）

只要操作数中任意一位的值为 1，则操作的结果便为 1；只要操作数中任意一位的值为 x 或 z，则操作的结果便为 x；否则其操作结果为 0。

4. 缩减或非（~｜）

对缩减或的操作结果求反，便可以得到缩减或非的操作结果。

5. 缩减异或（^）

只要操作数中任意一位的值为 x 或 z，则操作的结果便为 x；若操作数中有偶数个 1，则操作的结果便为 0；否则其操作结果为 1。

6. 缩减同或（~^ 或 ^~）

对缩减异或的操作结果求反，便可以得到缩减同或的操作结果。

例如：

```
|'b0110           //操作结果为1
&'b0100           //操作结果为0
~ ^'b0110         //操作结果为1
^4'b01x0          //操作结果为x
```

8.3.7 移位操作符

Verilog HDL 支持 4 种移位操作符: 逻辑左移 (<<)、逻辑右移 (>>)、算术左移 (<<<)、算术右移 (>>>)。移位操作符将位于操作符左侧的操作数向左或右移位,移位的次数由右侧的操作数决定,右侧的操作数总被认为是一个无符号数。若右侧的操作数为 x 或 z,则移位操作的结果必定为 x。对逻辑移位操作符来说,由于移位而腾空的位总是填 0。对于算术移位操作符来说,左移腾空的位总是填 0;而在右移中,如果位于操作符左侧的操作数是无符号数,则腾空的位总是填 0,如果位于操作符左侧的操作数是有符号数,则腾空的位总是填符号位。例如:

```
8'b00010111 >> 2      //移位结果为 8'b00000101
8'b00010111 << 2      //移位结果为 8'b01011100
8'b00010111 >>> 4     //移位结果为 8'b00000001
8'b00010111 <<< 4     //移位结果为 8'b01110000
4'sb1011 >>>2         //移位结果为 4'sb1110
```

8.3.8 条件操作符

在 Verilog HDL 中,条件操作符根据条件表达式的值从两个表达式中选择一个表达式,语句的格式如下:

条件表达式? 表达式 1 : 表达式 2;

若条件表达式的值为真,则选择表达式 1;若条件表达式的值为假,则选择表达式 2;若条件表达式的值为 x 或 z,则先计算表达式 1 和表达式 2 的值,然后逐位比较计算结果,如果相等,则该结果为最后结果,否则结果为 x。例如:

wire [2:0] student = marks > 18? grade_a : grade_b;

执行该条件操作符时,先计算条件表达式 marks > 18,若为真,则 student = grade_a;若为假,则 student = grade_b。

8.3.9 拼接和复制操作符

在 Verilog HDL 中,拼接操作符用花括号 {} 表示,通过拼接操作符可以将多个操作数拼接在一起,组成一个操作数,拼接操作符的每个操作数必须有确定的位宽。

拼接操作符的用法是将各个操作数用花括号括起来,每个操作数之间用逗号隔开,操作数类型可以是线网类型或者寄存器类型。例如:

```
reg   a;
reg   [1:0] b, c;
reg   [2:0] d;
a =1'b1;   b = 2'b00;   c = 2'b10;   d = 3'b110;
x = {b, c}                //拼接操作结果为 x = 4'b0010
y = {a, b, c, d,3'b001}   //拼接操作结果为 y = 11'b10010110001
z = {a, b[0], c[1]}       //拼接操作结果为 z = 3'b101
```

如果需要多次重复拼接同一个操作数，可以使用常数表示需要重复拼接的次数，例如：

```
reg   a;
reg   [1:0] b, c;
a = 1'b1;   b = 2'b00;   c = 2'b10;
x = {4{a}}                  //拼接操作结果为 x = 4'b1111
y = {4{a}, 2{b}}            //拼接操作结果为 y = 8'b11110000
z = {4{a}, 2{b}, c}         //拼接操作结果为 z = 10'b1111000010
```

8.4　基本逻辑门电路的 Verilog HDL

数字电路中最基本的逻辑元件就是逻辑门，在传统的数字电路设计中，设计者使用这些基本逻辑门来构造数字系统。用 Verilog HDL 来描述基本逻辑门电路至少可以有两种方法，一是利用 Verilog HDL 中预先定义的内置门实例语句；二是利用连续赋值 assign 语句。

8.4.1　与门的 Verilog HDL 描述

二输入的与门逻辑电路的模块定义如图 8-1 所示。定义模块名为 AND_G，输入为 A 和 B，输出为 F。

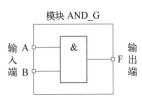

图 8-1　与门逻辑电路的模块定义

Verilog HDL 采用内置门实例语句来实现电路的门级描述。在 Verilog HDL 中有 7 种内置门实例语句：and、nand、or、nor、xor、xnor、buf，其中，and 是与门实例语句；nand 是与非门实例语句；or 是或门实例语句；nor 是或非门实例语句；xor 是异或门实例语句；xnor 是同或门实例语句；buf 是缓冲器实例语句。

【例 8-1】 二输入与门逻辑电路描述。

门级描述：

```
module AND_G(A, B, F);
     input   A, B;
     output   F;
     and U1(F, A, B);
endmodule
```

Verilog HDL 采用连续赋值语句 assign 和位操作符来实现电路的数据流级描述。注意：连续赋值语句 assign 可以对线网型变量赋值，而不能对寄存器型变量赋值。

数据流级描述：

```
module AND_G(A, B, F);
     input   A, B;
     output   F;
     assign   F = A&B;
endmodule
```

8.4.2　或门的 Verilog HDL 描述

二输入的或门逻辑电路的模块定义如图 8-2 所示。定义模块名为 OR_G，输入为 A 和 B，输出为 F。

【例 8-2】 二输入或门的逻辑电路描述。

门级描述：

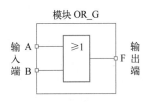

图 8-2　或门逻辑电路的模块定义

```
module   OR_G(A, B, F);
    input   A, B;
    output   F;
    or   U2(F, A, B);
endmodule
```

数据流级描述：

```
module   OR_G(A, B, F);
    input   A, B;
    output   F;
    assign   F = A | B;
endmodule
```

8.4.3　非门的 Verilog HDL 描述

非门逻辑电路的模块定义如图 8-3 所示。定义模块名为 NOT _G，输入为 A，输出为 F。

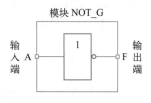

【例 8-3】 非门的逻辑电路描述。

图 8-3　非门逻辑电路的模块定义

门级描述：

```
module   NOT_G(A, F);
    input   A;
    output   F;
    not   U3(F, A);
endmodule
```

数据流级描述：

```
module   NOT_G(A, F);
    input   A;
    output   F;
    assign   F = ~A;
endmodule
```

8.4.4　与非门的 Verilog HDL 描述

二输入的与非门逻辑电路的模块定义如图 8-4 所示。定义模块名为 NAND_G，输入为 A 和 B，输出为 F。

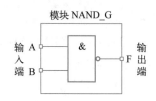

【例 8-4】 二输入与非门的逻辑电路描述。

图 8-4　与非门逻辑电路的模块定义

门级描述：

```
module NAND_G(A, B, F);
    input   A, B;
    output   F;
    nand   U4(F, A, B);
endmodule
```

数据流级描述：

```
module NAND_G(A, B, F);
    input   A, B;
    output   F;
    assign   F = ~ (A & B);
```

endmodule

8.4.5　或非门的 Verilog HDL 描述

二输入的或非门逻辑电路的模块定义如图 8-5 所示。定义模块名为 XOR_G，输入为 A 和 B，输出为 F。

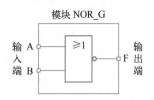

图 8-5　或非门逻辑电路的模块定义

【例 8-5】二输入或非门的逻辑电路描述。

门级描述：

```
module NOR_G(A, B, F);
    input    A, B;
    output   F;
    nor   U5(F, A, B);
endmodule
```

数据流级描述：

```
module NOR_G(A, B, F);
    input    A, B;
    output   F;
    assign   F = ~ (A | B);
endmodule
```

8.4.6　缓冲器电路的 Verilog HDL 描述

缓冲器电路的模块定义如图 8-6 所示。定义模块名为 BUF_G，输入为 A，输出为 F。

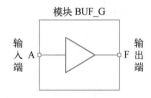

图 8-6　缓冲器逻辑电路的模块定义

【例 8-6】缓冲器的逻辑电路描述。

门级描述：

```
module   BUF_G(A, F);
    input   A;
    output   F;
    buf   U6(F, A);
endmodule
```

数据流级描述：

```
module   BUF_G(A, F);
    input   A;
    output   F;
    assign   F = A;
endmodule
```

8.4.7　与或非门的 Verilog HDL 描述

四输入的与或非门逻辑电路的模块定义如图 8-7 所示。定义模块名为 ANDORNOT_G，输入为 A、B、C 和 D，输出为 F。

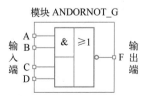

图 8-7　与或非门逻辑电路的
模块定义

【例 8-7】四输入的与或非门的逻辑电路描述。

门级描述：

```
module ANDORNOT_G(A, B, C, D, F);
    input   A, B, C, D;
    output  F;
    wire    AandB, CandD;
    and    U1(AandB, A, B);
    and    U2(CandD, C, D);
    nor    U3(F, AandB, CandD);
endmodule
```

数据流级描述:

```
module ANDORNOT_G(A, B, C, D, F);
    input   A, B, C, D;
    output  F;
    assign  F = ~((A&B)|(C&D));
endmodule
```

8.5 Verilog HDL 的描述方式

Verilog HDL 非常灵活, 可以从不同的层次来设计和描述数字电路。最基本的 Verilog HDL 描述级别有: 开关级、门级、数据流级和行为级。熟悉 NMOS 和 PMOS 的电路设计者可以采用 Verilog HDL 开关级描述; 熟悉逻辑门的电路设计者可以采用 Verilog HDL 门级描述; 熟悉输入与输出之间逻辑函数表达式的电路设计者可以采用 Verilog HDL 数据流级描述; 熟悉输入到输出的流程或算法的电路设计者可以采用 Verilog HDL 行为级描述。本书重点介绍门级、数据流级和行为级。为了演示 Verilog HDL 的不同描述方式, 本节将以一个 4 选 1 数据选择器为例来详细阐述。

4 选 1 数据选择器的功能框图如图 8-8 所示, 其中 D_0、D_1、D_2、D_3 是 4 选 1 数据选择器的 4 个数据输入端, A_0、A_1 是两个地址选择输入端, F 是 4 选 1 数据选择器的输出端。

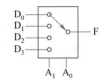

图 8-8 4 选 1 数据选择器的功能框图

4 选 1 数据选择器会根据地址选择输入端 A_1A_0 的值, 从 4 个数据输入端 D_0、D_1、D_2、D_3 中选择一个输入到输出, 其功能表如表 8-2 所示。

由表 8-2 可得 4 选 1 数据选择器的逻辑函数为
$$F=\overline{A_1A_0}D_0+\overline{A_1}A_0D_1+A_1\overline{A_0}D_2+A_1A_0D_3。$$

4 选 1 数据选择器的逻辑电路图如图 8-9 所示。

表 8-2 4 选 1 数据选择器的功能表

地址选择输入端		输 出
A_1	A_0	F
0	0	D_0
0	1	D_1
1	0	D_2
1	1	D_3

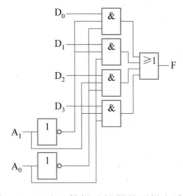

图 8-9 4 选 1 数据选择器的逻辑电路图

8.5.1 门级描述

给定一个电路的门级逻辑电路图，可以由电路图中的各逻辑门的物理连接方式直接得到其 Verilog HDL 门级描述。由图 8-9 所示的电路图可以实现 4 选 1 数据选择器的门级描述：

```
module  MUX4_1(F, D0, D1, D2, D3, A0, A1);
        input   D0, D1, D2, D3;
        input   A0, A1;
        output  F;
        wire   A0n, A1n, and1, and2, and3, and4;
        not   U1(A0n, A0);
        not   U2(A1n, A1);
        and   U3(and1, A1n, A0n, D0);
        and   U4(and2, A1n, A0, D1);
        and   U5(and3, A1, A0n, D2);
        and   U6(and4, A1, A0, D3);
        or   U7(F, and1, and2, and3, and4);
endmodule
```

8.5.2 数据流级描述

给定一个电路由输入变量到输出变量的逻辑函数表达式，可以由逻辑函数表达式中各输入变量到输出变量的逻辑运算关系用连续赋值语句 assign 直接得到其 Verilog HDL 数据流级描述。由 4 选 1 数据选择器的逻辑函数 $F = \overline{A_1}\,\overline{A_0}D_0 + \overline{A_1}A_0D_1 + A_1\overline{A_0}D_2 + A_1A_0D_3$ 可以实现 4 选 1 数据选择器的数据流级描述：

```
module  MUX4_1(F, D0, D1, D2, D3, A0, A1);
        input   D0, D1, D2, D3;
        input   A0, A1;
        output  F;
        assign F = ((~A1)&(~A0)&D0)|((~A1)&A0&D1)|(A1&(~A0)&D2)|(A1&A0&D3);
endmodule
```

8.5.3 行为级描述

行为级描述相当于软件设计过程中的流程图描述或算法描述，它抽象地表达了电路功能的行为表现，而不是具体的实现手段和方法。Verilog HDL 的行为级描述只需要描述其输入和输出之间的关系，即什么样的输入会对应一个什么样的输出，而不需要费力地像门级描述那样说明具体的硬件实现是怎样的。

Verilog HDL 的行为级描述可以使用过程块结构进行描述，过程块结构有 initial 过程块和 always 过程块。只有寄存器型数据能够在这两种语句中被赋值，这种类型的变量数据在被赋新值前保持原有值不变，所有的 initial 过程块和 always 过程块在 0 时刻并发执行。

（1）initial 过程块

initial 过程块在 0 时刻开始执行，一个 initial 过程块只执行一次，其语法格式如下：

```
initial
    语句块;
```

（2）always 过程块

always 过程块在 0 时刻开始无限循环，反复执行，其语法格式如下：

```
always［@（敏感事
件表）］
        语句块；
```

在 Verilog HDL 的行为级描述中，与软件编程类似会用到顺序结构、分支结构、循环结构。

顺序结构可以采用 begin-end 对来实现。在顺序块中出现的语句都是过程性赋值语句，过程性赋值语句有两种类型：

1）阻塞过程性赋值：用"＝"，赋值是按照顺序执行的，在其后所有的语句执行前执行，即在下一条语句执行前该赋值语句必须已全部执行完毕。

2）非阻塞过程性赋值：用"＜＝"，赋值安排在未来时刻，然后继续执行，即并不等到左式赋值完成后才执行下一句。而阻塞过程性赋值是一直等到左式被赋了新值后才执行下一句。

分支结构可以采用 if_else 语句和 case 语句来实现。

（1）if_else 语句

if_else 语句可以实现两条或多条分支语句，根据条件表达式的真假值来执行相关操作，其语法格式如下：

```
if   （条件表达式 1）        语句 1；
else   if   （条件表达式 2）    语句 2；
……
else                        语句 n；
```

（2）case 语句

case 语句也可以实现两条或多条分支语句，根据控制表达式的不同取值来执行相关操作，其语法格式如下：

```
case   （控制表达式 1）
        分支表达式 1：        语句 1；
        分支表达式 2：        语句 2；
        ……
        default：            语句 n；
elsecase
```

由表 8-2 所示的 4 选 1 数据选择器的功能表，可得出输入与输出之间的关系为：当 $A_1 A_0 = 00$ 时，$F = D_0$；当 $A_1 A_0 = 01$ 时，$F = D_1$；当 $A_1 A_0 = 10$ 时，$F = D_2$；当 $A_1 A_0 = 11$ 时，$F = D_3$。

采用 if_else 语句来实现 4 选 1 数据选择器的 Verilog HDL 的行为级描述：

```
module  MUX4_1(F, D0, D1, D2, D3, A);
        input  [1:0]  A;
        input  D0, D1, D2, D3;
        output  reg  F;
```

```
            always @ ( D0 or D1 or D2 or D3 or A )
              if ( A ==2'b00 )        F = D0;
              else  if ( A ==2'b01 )  F = D1;
              else  if ( A ==2'b10 )  F = D2;
              else                    F = D3;
        endmodule
```

采用 case 语句来实现 4 选 1 数据选择器的 Verilog HDL 的行为级描述：

```
module  MUX4_1( F, D0, D1, D2, D3, A );
        input  [1:0]  A;
        input  D0, D1, D2, D3;
        output  reg  F;
        always @ ( D0 or D1 or D2 or D3 or A )
          case ( A )
            2'b00: F = D0;
            2'b01: F = D1;
            2'b10: F = D2;
            2'b11: F = D3;
          endcase
endmodule
```

由 4 选 1 数据选择器的例子可知，只要得到电路的逻辑电路图就可以得到该电路的 Verilog HDL 门级描述，只要得到电路中输出的布尔函数表达式就可以得到该电路的 Verilog HDL 数据流级描述，只要得到电路的输出和输入之间的逻辑关系就可以得到该电路的 Verilog HDL 行为级描述。

8.6　组合逻辑电路的 Verilog HDL 实现

本书第 4 章组合逻辑电路设计中详细介绍了组合逻辑电路的设计方法，因此本节可以得到电路的逻辑电路图或输出的布尔函数表达式，这样就可以很容易地得到电路的 Verilog HDL 门级描述和数据流级描述。Verilog HDL 设计倾向于屏蔽底层硬件设计细节，而大多数 Verilog HDL 设计者都是用 Verilog HDL 行为级描述来设计和实现电路的，因此本节将着重阐述如何采用 Verilog HDL 行为级描述来设计和实现电路。

8.6.1　数值比较器

在数字系统中，经常需要比较两个数的大小，因此用来完成两组二进制数大小比较的逻辑电路称为数值比较器。本小节以 4 位二进制数据比较器为例阐述数值比较器的 Verilog HDL 行为级描述。

4 位二进制数值比较器的功能框图如图 8-10 所示，一个 4 位二进制数值比较器有 8 个输入端口和 3 个输出端口，8 个输入端口表示输入的两组 4 位二进制数，3 个输出端口表示两组 4 位二进制数比较结果。

4 位二进制数值比较器实现的功能是比较两个 4 位二进制数 A 和 B 的大小关系，并且将比较的结果输出到相应的三个输出端口 $F_{(A>B)}$、$F_{(A=B)}$ 和 $F_{(A<B)}$，输出以高电平为有效，则由 4 位二进制数值比较器的功能可以得到其输入和输出之间的逻辑关系为：

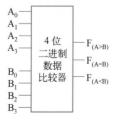

图 8-10　4 位二进制数值比较器的功能框图

当 A>B 时，则 $F_{(A>B)}=1$，$F_{(A=B)}=0$，$F_{(A<B)}=0$；

当 A=B 时，则 $F_{(A>B)}=0$，$F_{(A=B)}=1$，$F_{(A<B)}=0$；

当 A<B 时，则 $F_{(A>B)}=0$，$F_{(A=B)}=0$，$F_{(A<B)}=1$。

可以得到 4 位二进制数值比较器的 Verilog HDL 行为级描述：

```
module   COMP(A, B, LG, EQ, SM);
        input   [3:0] A, B;
        output reg LG, EQ, SM;   //LG 表示 F(A>B)，EQ 表示 F(A=B)，SM 表示 F(A<B)
        always @  (A, B)
          if (A > B)
               begin
                 LG = 1;
                 EQ = 0;
                 SM = 0;
                 end
          else  if (A = = B)
               begin
                 LG = 0;
                 EQ = 1;
                 SM = 0;
                 end
          else
               begin
                 LG = 0;
                 EQ = 0;
                 SM = 1;
                 end
endmodule
```

8.6.2 编码器

在数字系统中，经常需要对所处理的信息或数据赋予二进制代码，称为编码，用来完成编码工作的电路称为编码器。本小节以 4 线-2 线编码器为例阐述编码器的 Verilog HDL 行为级描述。

图 8-11 4 线-2 线编码器的功能框图

4 线-2 线编码器的功能框图如图 8-11 所示，一个 4 线-2 线编码器有 4 个输入端口和 2 个输出端口，4 个输入端口表示 4 位编码输入，2 个输出端口表示 2 位编码输出。

4 线-2 线编码器实现的功能如表 8-3 所示（注意：编码输入以高电平为有效）。

表 8-3 4 线-2 线编码器的功能表

编码 输 入				编码 输 出	
I_3	I_2	I_1	I_0	Y_1	Y_0
0	0	0	1	0	0
0	0	1	0	0	1
0	1	0	0	1	0
1	0	0	0	1	1

可以得到 4 线-2 线编码器的 Verilog HDL 行为级描述：

```
module  ENC4_2(I, Y);
        input  [3:0] I;
        output  reg  [1:0]Y;
        always @ (I)
          case (I)
            4'b0001: Y = 2'b00;
            4'b0010: Y = 2'b01;
            4'b0100: Y = 2'b10;
            4'b1000: Y = 2'b11;
          endcase
endmodule
```

8.6.3　译码器

译码是编码的逆过程，其功能是将具有特定含义的不同二进制代码翻译出来，用来完成译码工作的电路称为译码器，它也是数字系统中最常用的组合逻辑器件之一。本小节以 3 线-8 线译码器为例阐述译码器的 Verilog HDL 行为级描述。

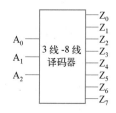

图 8-12　3 线-8 线译码器的功能框图

3 线-8 线译码器的功能框图如图 8-12 所示，一个 3 线-8 线译码器有 3 个输入端口和 8 个输出端口，3 个输入端口表示 3 位译码输入，8 个输出端口表示 8 位译码输出。

3 线-8 线译码器实现的功能如表 8-4 所示（注意：译码输出以低电平为有效）。

表 8-4　3 线-8 线译码器的功能表

译 码 输 入			译 码 输 出							
A_2	A_1	A_0	Z_7	Z_6	Z_5	Z_4	Z_3	Z_2	Z_1	Z_0
0	0	0	1	1	1	1	1	1	1	0
0	0	1	1	1	1	1	1	1	0	1
0	1	0	1	1	1	1	1	0	1	1
0	1	1	1	1	1	1	0	1	1	1
1	0	0	1	1	1	0	1	1	1	1
1	0	1	1	1	0	1	1	1	1	1
1	1	0	1	0	1	1	1	1	1	1
1	1	1	0	1	1	1	1	1	1	1

可以得到 3 线-8 线译码器的 Verilog HDL 行为级描述：

```
module  DEC3_8(IN, OUT);
        input  [2:0]  IN;
        output  reg  [7:0] OUT;
        always @ (IN)
          case (IN)
            3'b000: OUT = 8'b11111110;
            3'b001: OUT = 8'b11111101;
            3'b010: OUT = 8'b11111011;
            3'b011: OUT = 8'b11110111;
```

```
        3'b100: OUT = 8'b11101111;
        3'b101: OUT = 8'b11011111;
        3'b110: OUT = 8'b10111111;
        3'b111: OUT = 8'b01111111;
    endcase
endmodule
```

8.7 触发器的 Verilog HDL 实现

触发器是一种能够存储一位二进制信息的存储元件，广泛应用于数字系统中，本书第 5 章对各种不同类型触发器的基本概念进行了详细的介绍，本节将结合不同类型的触发器的特点着重阐述如何采用 Verilog HDL 行为级描述来设计和实现各种不同类型的触发器。

8.7.1 维持阻塞 D 触发器

维持阻塞 D 触发器的逻辑符号如图 8-13 所示，其中 D 为触发器的输入激励端，CLK 为触发器的时钟输入端，Q 和 $\overline{Q}$ 为触发器的一对互反的输出端。

维持阻塞 D 触发器的逻辑功能是：当时钟输入端 CLK 上升沿时，将输入激励端 D 送入触发器，使得 Q = D，否则状态保持不变，其特征方程为：$Q^{n+1} = D$。

图 8-13　维持阻塞 D 触发器的逻辑符号

可以得到维持阻塞 D 触发器的 Verilog HDL 行为级描述：

```
module   D_ff (D, CLK, Q, Qn);
    input   D, CLK;
    output   reg   Q, Qn;
    always @ ( posedge CLK)          //posedge 表示上升沿
      begin
        Q <= D;
        Qn <= ~D;
      end
endmodule
```

8.7.2 集成 D 触发器

集成 D 触发器是在维持阻塞 D 触发器基础上增加了异步清 0 和异步置 1 两个输入端后所得到的，其逻辑符号如图 8-14 所示，其中 D 为触发器的输入激励端，CLK 为触发器的时钟输入端，Q 和 $\overline{Q}$ 为触发器的一对互反的输出端，Set 为触发器的异步置 1 输入端（低电平有效），Reset 为触发器的异步清 0 输入端（低电平有效）。注意：异步清 0 输入端 Reset 和异步置 1 输入端 Set 不能同时为低电平。

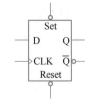

集成 D 触发器的逻辑功能是：当异步置 1 输入端 Set 或异步清 0 输入端 Reset 为低电平时，集成 D 触发器处于异步工作状态，如果 Set = 0，则 Q = 1，如果 Reset = 0，则 Q = 0；当异步置 1 输入端 Set 和异步清 0 输入端 Reset 都为高电平时，集成 D 触发器在时钟输入端 CLK 的控制下处于同步工作状态，在每个 CLK 上升沿时，将输入激励端 D 送入触发器，使得 Q = D。在同步工作状态下，集成 D 触发器的特征方程为 $Q^{n+1} = D$。

图 8-14　集成 D 触发器的逻辑符号

可以得到集成 D 触发器的 Verilog HDL 行为级描述:

```
module  D_Int_ff (D, CLK, Q, Qn, Set, Reset);
        input   D, CLK, Set, Reset;
        output  reg  Q, Qn;
        always @ (posedge CLK  or  negedge Reset  or negedge Set)
                                 //posedge 表示上升沿, negedge 表示下降沿
          if  (!Set)             //Set 为低电平有效, 执行异步置 1
            begin
              Q <= 1'b1;
              Qn <= 1'b0;
            end
              else if  (!Reset)      //Reset 为低电平有效, 执行异步清 0
            begin
              Q <= 1'b0;
              Qn <= 1'b1;
            end
          else
            begin
              Q <= D;
              Qn <= ~D;
            end
endmodule
```

8.7.3　边沿型 JK 触发器

边沿型 JK 触发器的逻辑符号如图 8-15 所示, 其中 J 和 K 为触发器的输入激励端, CLK 为触发器的时钟输入端, Q 和 $\overline{\text{Q}}$ 为触发器的一对互反的输出端。

边沿型 JK 触发器的逻辑功能是: 当时钟输入端 CLK 下降沿时, 将输入激励端 J 和 K 送入触发器, 如果 JK 为 00 时, 则触发器的状态保持不变; 如果 JK 为 01 时, 则 Q=0; 如果 JK 为 10 时, 则 Q=1; 如果 JK 为 11 时, 则触发器状态翻转。其特征方程为: $Q^{n+1}=J\overline{Q^n}+\overline{K}Q^n$。

图 8-15　边沿型 JK 触发器的逻辑符号

可以得到边沿型 JK 触发器的 Verilog HDL 行为级描述:

```
module  JK_ff (J, K, CLK, Q, Qn);
        inputJ, K, CLK;
        output  Q, Qn;
        reg   Q;
        assign   Qn = ~Q;
        always @ (negedge CLK)        //negedge 表示下降沿
          case ({J, K})               //用拼接操作符{}将 J 和 K 拼接在一起
            2'b00: Q <= Q;            //当 JK 组合为 00 时, 则触发器状态保持不变
            2'b01: Q <= 0;            //当 JK 组合为 01 时, 则触发器清 0
            2'b10: Q <= 1;            //当 JK 组合为 10 时, 则触发器置 1
            2'b11: Q <= ~Q;          //当 JK 组合为 11 时, 则触发器状态翻转
          endcase
endmodule
```

8.7.4　集成 JK 触发器

集成 JK 触发器是在边沿型 JK 触发器基础上增加了异步清 0 和异步置 1 两个输入端后所

得到的, 其逻辑符号如图8-16所示, 其中 J 和 K 为触发器的输入激励
端, CLK 为触发器的时钟输入端, Q 和 $\overline{Q}$ 为触发器的一对互反的输出
端, Set 为触发器的异步置1输入端 (低电平有效), Reset 为触发器的
异步清0输入端 (低电平有效)。注意: 异步清0输入端 Reset 和异步
置1输入端 Set 不能同时为低电平。

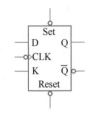

图 8-16 集成 JK 触
发器的逻辑符号

集成 JK 触发器的逻辑功能是: 当异步置1输入端 Set 或异步清0
输入端 Reset 为低电平时, 集成 JK 触发器处于异步工作状态, 如果 Set
= 0, 则 Q = 1, 如果 Reset = 0, 则 Q = 0; 当异步置1输入端 Set 和
异步清0输入端 Reset 都为高电平时, 集成 JK 触发器在时钟输入端 CLK 的控制下处于同步
工作状态, 在每个 CLK 下降沿时, 将输入激励端 J 和 K 送入触发器, 如果 JK 为 00 时,
则触发器的状态保持不变; 如果 JK 为 01 时, 则 Q = 0; 如果 JK 为 10 时, 则 Q = 1; 如果
JK 为 11 时, 则触发器状态翻转。同步工作状态下, 集成 JK 触发器的特征方程为: $Q^{n+1} = J\overline{Q}^n + \overline{K}Q^n$。

可以得到集成 JK 触发器的 Verilog HDL 行为级描述:

```
module   JK_Int_ff (J, K, CLK, Q, Qn, Set, Reset);
    input   J, K, CLK, Set, Reset;
    output   Q, Qn;
    reg   Q;
    assign   Qn = ~Q;
    always @ (negedge CLK   or   negedge Reset   or   negedge Set)
        if   (!Set)                      //Set 为低电平有效,执行异步置1
          Q <= 1;
        else if   (!Reset)               //Reset 为低电平有效,执行异步清0
          Q <= 0;
        else
          case ({J, K})                  //用拼接操作符{}将 J 和 K 拼接在一起
            2'b00: Q <= Q;               //当 JK 组合为 00 时,则触发器状态保持不变
            2'b01: Q <= 0;               //当 JK 组合为 01 时,则触发器清0
            2'b10: Q <= 1;               //当 JK 组合为 10 时,则触发器置1
            2'b11: Q <= ~Q;              //当 JK 组合为 11 时,则触发器状态翻转
          endcase
endmodule
```

8.8 时序逻辑电路的 Verilog HDL 实现

本书第6章和第7章详细介绍了时序逻辑电路的分析与设计方法, 本节将结合不同类型
的时序逻辑电路特点, 着重阐述如何采用 Verilog HDL 行为级描述来设计和实现时序逻辑
电路。

8.8.1 简单的时序逻辑电路

本节所指的简单时序逻辑电路是指那些能够简单表达出其次态方程的时序逻辑电路。

1. 移位寄存器

在时钟控制下, 将所寄存的数据向左或向右移位的寄存器称为移位寄存器。在数字系统
中, 经常需要用到移位寄存器来组成更复杂的数字电路。本小节以 4 位左移寄存器为例阐述
移位寄存器的 Verilog HDL 行为级描述。

图 8-17 是一个 4 位左移寄存器的逻辑电路图，它有 1 个数据输入端 x，1 个时钟输入端 CP，4 个并行数据输出端从低位到高位分别是 Q_1、Q_2、Q_3、Q_4。

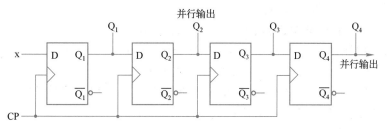

图 8-17　4 位左移寄存器的逻辑电路图

4 位左移寄存器实现的功能是在每个时钟周期 CP 上升沿时将寄存器中的数据左移一位，然后在最低位填上数据输入端 x 的值，其功能表如表 8-5 所示。

表 8-5　4 位左移寄存器的功能表

输　　入		输　　　出				工 作 模 式
x	CP	Q_4^{n+1}	Q_3^{n+1}	Q_2^{n+1}	Q_1^{n+1}	
0	↑	Q_3^n	Q_2^n	Q_1^n	0	左移入 0
1	↑	Q_3^n	Q_2^n	Q_1^n	1	左移入 1

可以得到 4 位左移寄存器的 Verilog HDL 行为级描述：

```
module   left_shifter(x, CP, Q);
         input   x, CP;
         output   reg [3:0] Q;
         always @ (posedge CP)
           begin
             Q = Q << 1;              //并行输出数据左移 1 位
             Q[0] = x;                //输入数据送入最低位
           end
endmodule
```

通常很多集成器件都带有异步清 0 控制输入端，以实现对整个器件的清 0 操作，如果想在该 4 位左移寄存器上增加一个异步清 0 控制输入端 clr（低电平有效），则可以这样描述：

```
module left_shifter_clr(x, CP, clr, Q);
         inputx, CP, clr;
         output   reg [3:0] Q;
         always @ (posedge CP or negedge clr)
           if  (!clr)
             Q = 4'b0000;             //异步清 0
           else
             begin
               Q = Q << 1;           //输出信号左移 1 位
               Q[0] = x;             //输入信号送入最低位
             end
endmodule
```

2. 计数器

计数器是计算机和数字系统中最常用的电路之一，可以累计输入时钟脉冲的个数，广泛应用于定时、分频、控制和信号发生等场合。本小节以具有异步置数和异步清0功能的4位二进制可异计数器为例阐述移位寄存器的 Verilog HDL 行为级描述。

具有异步清0和同步置数功能的4位二进制可异（可加可减）计数器的功能框图如图8-18所示，其中：CLK 是时钟输入控制端（上升沿有效）；CR 是异步清0控制输入端（低电平有效）；LD 是同步预置数控制输入端（低电平有效）；D_0、D_1、D_2、D_3 为预置数据输入端；UP 为可异计数器进行加法计数或减法计数的计数控制输入端，当 UP 为1时表示加法计数，当 UP 为0时表示减法计数；Q_0、Q_1、Q_2、Q_3 为计数器的数据输出端。

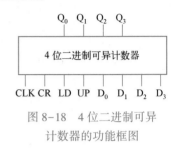

图8-18　4位二进制可异
计数器的功能框图

具有异步清0和同步置数功能的4位二进制可异（可加可减）计数器实现的功能如表8-6所示。

表8-6　4位二进制可异计数器的功能表

输　　入								输　　出				工作模式
CR	LD	CLK	UP	D_0	D_1	D_2	D_3	Q_0	Q_1	Q_2	Q_3	
0	1	d	d	d	d	d	d	0	0	0	0	异步清0
1	0	↑	d	d_0	d_1	d_2	d_3	d_0	d_1	d_2	d_3	同步置数
1	1	↑	1	d	d	d	d	加	法	计	数	加法计数
1	1	↑	0	d	d	d	d	减	法	计	数	减法计数

可以得到4位二进制可异计数器的 Verilog HDL 行为级描述：

```
module  updown_counter(D, CLK, CR, LD, UP, Q);
        input  [3:0] D;
        input  CLK, CR, LD, UP;
        output  reg  [3:0] Q;
        always @ (posedge CLK or negedge CR)
          if  (!CR)
            Q = 0;              //异步清0
          else if  (!LD)
            Q = D;              //同步置数
          else if  (UP)
            Q = Q+1;            //加法计数
          else
            Q = Q-1;            //减法计数
endmodule
```

8.8.2　复杂的时序逻辑电路

移位寄存器和计数器都属于相对比较简单的时序逻辑电路，还有很多复杂的时序逻辑电路，不能简单表达其次态方程，因此对于这些复杂的时序电路设计，往往需要借助有限状态机，建立该时序逻辑电路的有限状态机模型，通过有限状态机来描述系统中不同状态的转换关系。

在 Verilog HDL 的有限状态机描述中，一般会使用 localparam 定义电路的状态，这样避免了使用"魔鬼数字"，可以提高代码的可读性和可维护性。复杂时序逻辑电路的有限状态机模型中次态逻辑相对比较复杂，通常会借助于状态转换图来设计其次态的转换逻辑，而在本书第 6 章中已经详细介绍了如何根据时序逻辑电路需求画出原始状态转换图，以及对原始状态转换图的化简。

在用 Verilog HDL 描述时序逻辑电路的有限状态机模型时，需要描述清楚三个电路的主要部分，一是描述状态寄存器，即定义电路现态与次态的关系；二是描述状态之间的逻辑关系，即描述状态图的变迁关系；三是描述电路的输出逻辑。

本小节以第 6 章介绍的串行序列检测器和代码检测器为例来阐述复杂时序逻辑电路的 Verilog HDL 行为级描述。

【例 8-8】用 Verilog 设计实现一个可重叠的"10010"串行序列检测器。

解：首先画出可重叠"10010"串行序列检测器的状态转换图，如图 8-19 所示。

可以得到可重叠"10010"串行序列检测器的 Verilog HDL 行为级描述：

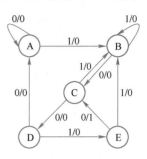

图 8-19　可重叠"10010"
串行序列检测器的
状态转换图

```verilog
module  seqdet(datain, clk, reset, dataout);
    input    datain, clk, reset;
    output   dataout;
    reg  [2:0] state_reg, state_next;      //定义现态和次态
    //以下为定义状态转换图中的 5 个状态 A、B、C、D、E
    localparam   A = 3'b0,
                 B = 3'b1,
                 C = 3'b2,
                 D = 3'b3,
                 E = 3'b4;
//以下为描述状态寄存器
always @ ( posedge clk or posedge reset)
    if  (reset)
        state_reg<= A;
    else
        state_reg<= state_next;
//以下为描述状态变迁关系
always @ ( state_reg ordatain)
    begin
      case (state_reg)
        A: if (datain = = 1'b0)
            state_next = A;
          else   state_next = B;
        B: if (datain = = 1'b0)
            state_next = C;
          else   state_next = B;
        C: if (datain = = 1'b0)
            state_next = D;
          else   state_next = B;
        D: if (datain = = 1'b0)
            state_next = A;
          else   state_next = E;
        E: if (datain = = 1'b0)
            state_next = C;
```

```
            else    state_next = B;
            default：state_next = A;
        endcase
    end
//以下为描述电路的输出逻辑
    assign  dataout = (state_reg = = E && datain = = 1'b0)? 1'b1 : 1'b0;
endmodule
```

【例 8-9】 用 Verilog HDL 设计实现一个"011"代码检测器。它接收串行的二进制代码，输入代码每三位为一组，当连续输入的三位代码为"011"时，电路输出为"1"，否则输出为"0"。每次判别后电路都返回起始状态，准备接收下一组代码。

解： 首先画出"011"代码检测器的状态转换图，如图 8-20 所示。

由图 8-20 可知，状态 D、F、G 是等效的，可化简得到最简的状态转换图如图 8-21 所示。

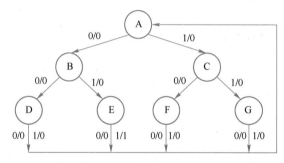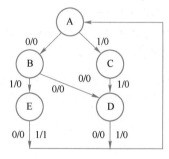

图 8-20　"011"代码检测器的原始状态转换图　图 8-21　"011"代码检测器的最简状态转换图

可以得到"011"代码检测器的 Verilog HDL 行为级描述：

```
module  check011(din, clk, clr, dout);
        input   din,clk, clr;
        output  dout;
        reg [2:0] state_reg, state_next;      //定义现态和次态
        //以下为定义状态转换图中的 5 个状态 A、B、C、D、E
        localparam   A = 3'b000,
                     B = 3'b001,
                     C = 3'b010,
                     D = 3'b011,
                     E = 3'b100;
        //以下为描述状态寄存器
        always @ (posedge clk or posedge reset)
            if (reset)
              state_reg <= A;
            else
              state_reg <= state_next;
        //以下为描述状态变迁关系
        always @ ( * )
          begin
            case (state_reg)
              A: if (din = = 0)
                   state_next = B;
                 else    state_next = C;
              B: if (din = = 0)
                   state_next = D;
```

```
                    else   state_next = E;
            C：  state_next = D;
            D：  state_next = A;
            E：  state_next = A;
            default：state_next = A;
          endcase
        end
     //以下为描述电路的输出逻辑
        assign   dout = (state_reg == E) && (din == 1);
endmodule
```

8.9　较复杂的电路设计实践

前面几节，我们已经学习了用 Verilog HDL 设计数字电路的基本概念和方法，这些概念和方法只通过阅读是不能完全理解的，必须通过大量的上机实际操作才能掌握。虽然在前面几节中也介绍了不少例子，但是因为它们相对比较简单，容易理解，在本节再给出一个稍微复杂一些的实例来说明如何利用 Verilog HDL 设计一些更为复杂的数字电路。

【例 8-10】将一个并行数据流转换为一种特殊的串行数据流模块的 Verilog HDL 设计。这个实例中需要设计两个电路模块：

1）第一个模块能把 4 位的平行数据转换为符合以下协议的串行数据流，数据流用 scl 和 sda 两条线传输，sclk 为输入的时钟信号，data[3:0] 为输入数据，d_ena 为数据输入的使能信号。

2）第二个模块能把串行数据流内的信息接收到，并转换为相应 16 条信号线的高电平，即若数据为 1，则第一条线路为高电平，数据为 n，则第 N 条线路为高电平，如图 8 - 22 所示。

图 8-22　电路模块结构

通信协议为：scl 为不断输出的时钟信号，如果 scl 为高电平时，sda 由高电平变成低电平，则串行数据流开始；如果 scl 为高电平时，sda 由低电平变成高电平，则串行数据流结束。sda 信号的串行数据位必须在 scl 为低电平时变化，若变为高电平则为 1，否则为 0。

解：由以上的电路需求可知，M1 模块负责把输入的 4 位平行数据转换为协议要求的串行数据流，并由 scl 和 sda 配合输出。给出 M1 模块的 Verilog HDL 描述：

```
module   M1(sclk, d_ena, scl, sda, rst, data);
input   sclk, rst, d_ena;
input   [3:0] data;
output   scl;
inout   sda;                              //定义 sda 为双向的串行总线
regscl, link_sda, sdabuf;
reg   [3:0]databuf;
reg   [7:0] state;
assign   sda = link_sda? sdabuf: 1'bz;    //link_sda 控制 sdabuf 输出到串行总线上
parameter ready = 8'b00000000,
        start = 8'b00000001,
        bit1 = 8'b00000010,
        bit2 = 8'b00000100,
```

```verilog
        bit3 = 8'b00001000,
        bit4 = 8'b00010000,
        bit5 = 8'b00100000,
        stop = 8'b01000000,
        IDLE = 8'b10000000;
    always @ (posedge sclk or negedge rst)    //由输入的 sclk 时钟信号产生串行输出时钟 scl
      begin
        if (!rst)
          scl <= 1;
        else
          scl <= ~scl;
      end
    always @ (posedge d_ena)                   //从并行 data 端口接收数据到 databuf 保存
      begin
        databuf <= data;
      end
//主状态机:产生控制信号,根据 databuf 中保存的数据,依照协议产生 sda 串行信号
    always @ (negedge sclk or negedge rst)
      if (!rst)
      begin
        link_sda <=0;                          //把 sdabuf 与 sda 串行总线相连
        start <= ready;
        sdabuf <= 1;
      end
      else begin
        case (start)
        ready: if (d_ena)                      //并行数据已经到达
              begin
                link_sda <= 1;                 //把 sdabuf 与 sda 串行总线相连
                state <= start;
              end
            else
              begin
                link_sda <= 0;                 //把 sda 总线让出,此时 sda 可作为输入
                state <= ready;
              end
        start: if (scl&&d_ena)                 //产生 sda 的开始信号
            begin
                sdabuf <= 0;                   //在 sda 连接的前提下,输出开始信号
                state <= bit1;
            end
          else state <= start;
        bit1: if (!scl)                        //在 scl 为低电平时,送出最高位 databuf[3]
            begin
                sdabuf <= databuf[3];
                state <= bit2;
                end
          else state <= bit1;
        bit2: if (!scl)                        //在 scl 为低电平时,送出最高位 databuf[2]
            begin
                sdabuf <= databuf[2];
                state <= bit3;
            end
```

```
              else state <= bit2;
      bit3: if (!scl)                    //在 scl 为低电平时,送出最高位 databuf[1]
         begin
            sdabuf <= databuf[1];
            state <= bit4;
         end
      else state <= bit3;
      bit4: if (!scl)                    //在 scl 为低电平时,送出最高位 databuf[0]
         begin
            sdabuf <= databuf[0];
            state <= bit5;
         end
      else state <= bit4;
      bit5: if (!scl)                    //为产生结束信号做准备,先把 sda 变为低电平
         begin
            sdabuf <= 0;
            state <= stop;
         end
      else state <= bit5;
      stop: if (!scl)                    //在 scl 为高电平时,把 sda 由低变高产生结束信号
         begin
            sdabuf <= 1;
            state <= IDLE;
         end
      else state <= stop;
      IDLE: begin
            link_sda <= 0;               //把 sdabuf 与 sda 串行总线脱开
            state <= ready;
         end
      default: begin
            link_sda <= 0;
            sdabuf <= 1;
            state <= ready;
         end
   endcase
  end
endmodule
```

M2 模块负责按照协议接收串行数据,进行处理并按照数据值在相应位输出高电平。给出 M2 模块的 Verilog HDL 描述:

```
module  M2(scl, sda, outhigh);
input   scl, sda;                   //串行数据输入
output  [15:0]outhigh;              //根据输入的串行数据设置高电平位
reg     [4:0]mstate;                //本模块的主状态
reg     [3:0]pdata, pdatabuf;       //记录串行数据位时,用寄存器和最终数据寄存器
reg     [15:0]outhigh;              //输出位寄存器
reg     StateFlag, EndFlag;         //数据开始和结束标志
always @ (negedge sda)
  if (scl)
    begin
      StateFlag <= 1;               //串行数据开始标志
    end
```

255

```
      else if (EndFlag)
        StateFlag <= 0;
  Always @ (posedge sda)
    if (scl)
      begin
        EndFlag <= 1;              //串行数据结束标志
        pdatabuf <= pdata;         //把接收到的4位数据存入寄存器
      end
    else
      EndFlag <= 0;                //数据接收还没有结束
parameter  ready = 6'b000000,
           sbit0 = 6'b000001,
           sbit1 = 6'b000010,
           sbit2 = 6'b000100,
           sbit3 = 6'b001000,
           sbit4 = 6'b010000;
always @ (pdatabuf)               //把接收到的数据变为相应位的高电平
  begin
    case (pdatabuf)
      4'b0001: outhigh = 16'b0000000000000001;
      4'b0010: outhigh = 16'b0000000000000010;
      4'b0011: outhigh = 16'b0000000000000100;
      4'b0100: outhigh = 16'b0000000000001000;
      4'b0101: outhigh = 16'b0000000000010000;
      4'b0110: outhigh = 16'b0000000000100000;
      4'b0111: outhigh = 16'b0000000001000000;
      4'b1000: outhigh = 16'b0000000010000000;
      4'b1001: outhigh = 16'b0000000100000000;
      4'b1010: outhigh = 16'b0000001000000000;
      4'b1011: outhigh = 16'b0000010000000000;
      4'b1100: outhigh = 16'b0000100000000000;
      4'b1101: outhigh = 16'b0001000000000000;
      4'b1110: outhigh = 16'b0010000000000000;
      4'b1111: outhigh = 16'b0100000000000000;
      4'b0000: outhigh = 16'b1000000000000000;
    endcase
  end
always @ (posedge scl)            //在检测到开始标志后,每次 scl 上升沿时接收数据,共4位
  if (StateFlag)
    case (mstate)
      sbit0: begin
               mstate <= sbit1;
               pdata[3] <= sda;
               $display("I am in sdabit0");
             end
      sbit1 begin
               mstate <= sbit2
               pdata[2 <= sda;
               $display("I am in sdabit1);
             end
      sbit2 begin
               mstate <= sbit3
               pdata[1] <= sda;
```

```
                        $display("I am in sdabit2");
                   end
            sbit3 begin
                       mstate <= sbit4
                       pdata[0 <= sda;
                       $display("I am in sdabit3");
                   end
            sbit4 begin
                       mstate <= sbit0
                       $display("I am in sdastop");
                   end
            default:mstate <= sbit0;
         endcase
      elsemstate <= sbit0;
endmodule
```

通过上面的例子，可以看到有限状态机在数字电路中的作用。用状态变量来记住曾经发生过的事情，这些曾发生过的事情对于电路下一时钟的操作有非常重要的作用。无论 M1 和 M2 模块的设计都必须用状态变量记住目前所处的状态，才能正确地控制输入和输出。

在设计复杂电路时，通常将一个复杂电路拆分成多个模块来实现，这样做的好处是，一方面可以简化问题，达到分而治之的目的，另一方面也便于模块化开发，不必每次都从 0 开始设计电路，这类似于设计电路时使用集成芯片来搭建电路。复杂电路的多个模块之间采用模块调用的方式组成整个电路。

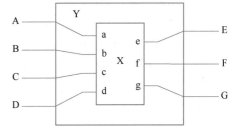

图 8-23　模块 Y 调用模块 X

假设被调用模块的定义为：module　X(a, b, c, d, e, f, g);

两个模块的调用时的配线方式如图 8-23 所示，则 Verilog HDL 中的模块调用通常有两种方式：

1）将模块变量与被调用模块的端口顺序摆放，其语法格式如下：

```
module　Y(A, B, C, D, E, F, G);
    ……
    X 模块名(A, B, C, D, E, F, G);
    ……
endmodule
```

2）调用端口可以随意摆放，其语法格式如下：

```
module　Y(A, B, C, D, E, F, G);
    ……
    X 模块名(.a(A), .b(B), .c(C), .d(D), .e(E), .f(F), .g(G));
    ……
endmodule
```

在第二种调用方式下，不仅可以不按照端口顺序，甚至可以不用调用所有端口，例如：

```
X 模块名(.b(B), .c(C), .a(A), .d(D), .g(G), .e(E), .f(F));
X 模块名(.b(B), .a(A), .d(D));
```

【例 8-11】试设计一个密码门锁电路，密码为 2021。利用 FPGA 开发板上的 3 个按钮开

关 btn[2:0]来输入 4 位数字的密码，其中 btn[0]、btn[1]和 btn[2]分别对应的有效输入为
"0""1"和"2"，输入 4 位数字后才能知道所输入的密码是否正确，如果密码正确，则
LED 灯 ld[5]亮；如果密码不正确，则 LED 灯 ld[4]亮。

解：根据题意，设计给出电路的顶层模块图，如图 8-24 所示。其中 clkdiv 模块为一
个时钟分频模块，由 25 位的计数器组成，用来产生一个低频率的时钟信号；clock_pulse
模块为一个单脉冲发生器，用来产生一个单脉冲作为 doorlock 模块的时钟输入，其电路图
如图 8-25 所示；doorlock 模块为门锁密码检测模块，检测输入的数字是否为门锁密码。

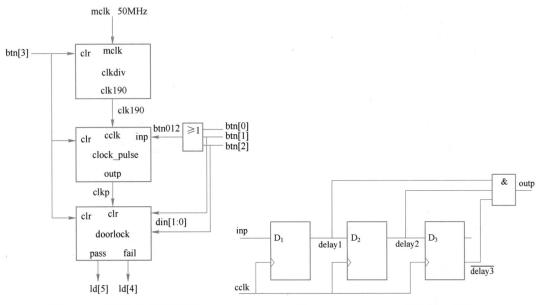

图 8-24 门锁电路的顶层模块　　　　图 8-25 clock_pulse 模块的电路图

当按下 btn[0]、btn[1]和 btn[2]中的任何一个按钮，将会产生一个时钟脉冲。btn[0]、
btn[1]和 btn[2]分别对应的有效输入为"0""1"和"2"，输入密码与按钮所对应的数字
通过 doorlock 模块相比较，doorlock 模块的状态图如图 8-26 所示。

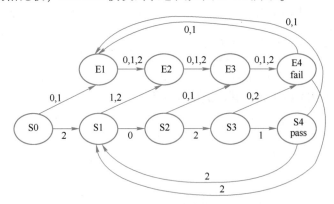

图 8-26 doorlock 模块的状态图

根据图 8-24 的设计，可得到门锁电路的顶层模块 Verilog HDL 描述：

```
module    doorlock_top(
                            input wiremclk,
                            imput wire [3:0]btn,
                            output reg [5:4]ld);
        wire clk190, clkp, btn012;
        wire [1:0]din;
        assign btn012 = btn[0]|btn[1]|btn[2];
        assign din[1] = btn[2];
        assign din[0] = btn[1];
        clkdiv    U1(.mclk(mclk), .clr(btn[3]), .clk190(clk190));
        clock_pulse  U2(.cclk(.clk190), .clr(btn[3]), .inp(btn012), .outp(clkp));
        doorlock  U3(.clk(clkp), .clr(btn[3]), .din(din), .pass(ld[5]), .fail(ld[4]));
endmodule
```

clkdiv 模块的 Verilog HDL 描述如下：

```
module    clkdiv(mclk, clr, clk190);
        input wire mclk, clr;
        output wire clk190;
        reg [24:0] q;
        always @ (posedge mclk or posedge clr)
            if (clr == 1)
                q<=0;
            else   q<=q+1;
        assign clk190=q[17];    //mclk 为 50MHz 时, clk190 输出一个 190 Hz 的时钟输出
endmodule
```

根据图 8-25 给出 clock_pulse 模块 Verilog HDL 描述：

```
module    clock_pulse(cclk, clr, inp, outp);
        input wire clk, clr, inp;
        output wire outp;
        reg [3:1] delay;
        always @ (posedge clk or posedge clr)
            if (clr==1)
                delay <=0;
            else
                begin
                    delay[1]<=inp;
                    delay[2]<=delay[1];
                    delay[3]<=delay[2];
                end
        assign outp = ~delay[3]&delay[2]&delay[1];
endmodule
```

根据图 8-26 给出 doorlock 模块 Verilog HDL 描述：

```
module seg_1(clk, clr, din, pass, fail);
    input wireclk, clr;
    input wire [1:0]din;
    output reg pass, fail;
    reg[5:0] present_state, next_state;
    parameter S0 = 4'b0000, S1 = 4'b0001, S2 = 4'b0010, S3 = 4'b0011, S4 = 4'b0100,
        E1 = 4'b0101, E2 = 4'b0110, E3 = 4'b0111, E4 = 4'b1000;//定义状态编码
    \\以下为描述状态寄存器(现态与次态的关系)
    always @ (posedge clk )
```

```
        if ( clr = = 1 )
        present_state<=S0;
    else
        present_state<=next_state;
\\以下为描述状态逻辑关系(状态图的变迁关系)
always@ ( * )
    case(present_state)
        S0：if( din = = 2'b10)
                next_state<=S1;
            else
                next_state<=E1;
        S1：if( din = = 2'b00)
                next_state<=S2;
            else
                next_state<=E2;
        S2：if( din = = 2'b10)
                next_state<=S3;
            else
                next_state<=E3;
        S3：if( din = = 2'b01)
                next_state<=S4;
            else
                next_state<=E4;
        S4：if( din = = 2'b10)
                next_state<=S1;
            else
                next_state<=E1;
        E1：next_state<=E2;
        E2：next_state<=E3;
        E3：next_state<=E4;
        E4：if ( din = = 2'b10)
                next_state<=S1;
            else
                next_state<=E1;
        default：next_state<=S0;
    endcase
//以下为输出描述
always@ ( * )
    begin
        if ( present_state = = S4 )
            pass = 1;
        else
            pass = 0;
        if ( present_state = = E4 )
            fail = 1;
        else
            fail = 0;
        end
endmodule
```

8.10　本章小结

本章首先学习了 Verilog HDL 的基本结构和基本语法，然后分别介绍了 Verilog HDL 的门级描述、数据流级描述和行为级描述，并且结合第 4~6 章的数字电路设计方法给出了组合逻辑电路和时序逻辑电路的 Verilog HDL 实现。

具体关键知识点梳理如下：

1）Verilog HDL 语言是一种硬件描述语言，虽然它的编程方式与软件语言类似，但是要时刻将 Verilog HDL 语句与硬件电路对应起来，电路在物理上是并行工作的，对应的 Verilog HDL 描述是并发执行的。

2）Verilog HDL 可以从不同的层次来设计和描述数字电路，最基本的描述级别有：开关级、门级、数据流级和行为级。有了基于 NMOS 和 PMOS 的电路图，就能进行 Verilog HDL 开关级描述；有了基于逻辑门的电路图，就能进行 Verilog HDL 门级描述；有了输入到输出的逻辑函数表达式，就能进行 Verilog HDL 数据流级描述；有了输入到输出的真值表或流程、算法，就能进行 Verilog HDL 行为级描述。

3）Verilog HDL 只是数字电路实现的一种方式，需要基于前面介绍的第 2、4~6 章的电路设计相关知识点，根据设计层次的不同，进行 Verilog HDL 不同级别的描述。

8.11　习题

1. 用 Verilog HDL 设计一个一位二进制数的全加器。设 a 和 b 为两个一位二进制数，c0 为来自低位的进位输入，si 为全加器的和输出，c1 为进位输出。

2. 用 Verilog HDL 设计一个七段数码管的数字显示译码器。

3. 用 Verilog HDL 设计一个 7 人表决电路，参加表决者为 7 人，同意为 1，不同意为 0，同意过半则表决通过，输出为 1；否则表决不通过，输出为 0。

4. 用 Verilog HDL 设计一个下降沿触发器的 T′ 触发器。

5. 用 Verilog HDL 设计一个上升沿触发器的带有异步清 0 输入端和异步置 1 输入端的集成 T 触发器。

6. 用 Verilog HDL 设计一个可控的 8 位移位寄存器，设 x 为数据输入端，c 为控制输入端，当 c = 0 时，移位寄存器进行左移；当 c = 1 时，移位寄存器进行右移。

7. 用 Verilog HDL 设计一个带异步清 0 输入端的 8 位二进制数加法计数器。

8. 用 Verilog HDL 设计一个"1011"串行序列检测器。

9. 用 Verilog HDL 设计一个 8421BCD 码的代码检测器。

在数字系统中，数字信号的载体就是某种脉冲波形。而前面讨论的各种触发器及其他数字电路工作时，都需要一个时钟脉冲源，因此，在数字电路中，产生所需形状、持续时间和重复频率的脉冲波形是一个很重要的问题。本章介绍的就是能产生各种所需周期和宽度脉冲的定时电路，它是数字系统的核心部件之一。

9.1 概述

脉冲信号是一种持续时间极短的电流或电压波形。常见的脉冲波形有矩形脉冲、方波、锯齿波、三角波、梯形波等。广义地说，凡不具备连续正弦波形状的信号，都可以称为脉冲信号。

在数字系统中，基本工作信号是二进制的数字信号或两个逻辑状态的逻辑信号，二进制数字信号只有 0、1 两个数字符号，同样逻辑信号也只有 0、1 两种取值，都具有二值特点，用波形表示就是矩形脉冲。所以最常用的脉冲信号是矩形脉冲和方波，如图 9-1 所示。

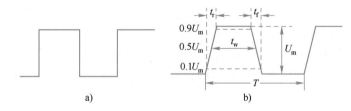

图 9-1　理想矩形脉冲波形和实际矩形脉冲波形
a）理想情况下的矩形脉冲波形　b）实际的矩形脉冲波形

图 9-1a 是理想情况下的矩形脉冲，图 9-1b 是实际的矩形脉冲。可见在理想情况下，矩形波的突变部分是瞬间的，不占用时间。而实际矩形波从低变为高或从高变为低是需要时间的。图中，U_m 是脉冲信号的电压幅度；t_r 是脉冲前沿从 $0.1U_m$ 处上升到 $0.9U_m$ 所需的时间（上升时间）；t_f 是脉冲后沿从 $0.9U_m$ 处下降到 $0.1U_m$ 所需的时间（下降时间）；T 为脉冲周期，其指周期性重复的脉冲序列中，两个相邻脉冲的间隔时间；t_w 为脉冲宽度，其指从脉冲前沿的 $0.5U_m$ 处开始到脉冲后沿的 $0.5U_m$ 处为止的时间间隔。在一个周期中，$T-t_w$ 称为脉冲的休止期，t_w/T 称为脉冲的占空比。对于理想矩形脉冲，其上升时间和下降时间均为零。

利用多谐振荡器就可以产生所需的脉冲波形。通常，多谐振荡器有两个工作状态，如果这两个状态都是暂稳态，则这种电路称为无稳态多谐振荡器或自激多谐振荡器；如果电路的一个状态是稳定的，而另一个状态是不稳定的（暂稳态），则称为单稳态电路；如果电路的两个状态都是稳定的，直到受到外界的作用（触发）状态才发生变化，则称为双稳态电路，实际上，触发器就是双稳态电路。

另外，对已存在的信号进行整形也可得到所需的脉冲信号。整形电路可对其他形状的信号，如正弦信号、三角信号和一些不规则的信号进行处理，使之变换成所需的矩形脉冲信号。整形电路有很多种，本章主要介绍由 555 定时器构成的整形电路。

9.2　555 定时器

555 是一种多用途的时基集成电路，它有双极型晶体管构成的和 MOS 管构成的两种。双极型的有 NE555、LM555、FX555 等，MOS 型的有 C7555 等。而双电路封装的称为 556。555 电路配上适当的电阻和电容就可组成自激多谐振荡器、单稳态触发器及施密特触发器等，其在定时、控制、检测系统中得到了广泛应用。

9.2.1　555 定时器内部结构

555 定时器的内部结构图如图 9-2a 所示，图 9-2b 是它的引脚图。其中，"1"脚为接地端，"2"脚为触发输入端，"3"脚为输出端，"4"脚为复位端，"5"脚为控制电压输入端，"6"脚为阈值输入端，"7"脚为放电端，"8"脚接电源。而 555 内部电路由以下 5 个部分组成：

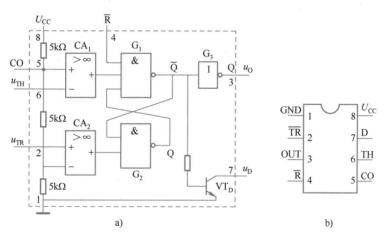

图 9-2　555 定时器内部结构和引脚图

a）555 定时器的内部结构图　b）555 引脚图

1）由三个阻值均为 $5\,\mathrm{k\Omega}$ 的电阻串联组成的分压器（555 由此得名），为比较器 CA_1 和 CA_2 提供参考电压，CA_1 之正端 $U_+ = 2U_{CC}/3$、CA_2 之负端 $U_- = U_{CC}/3$。如果在控制端电压输入端 CO 另加控制电压，则可改变 CA_1、CA_2 的参考电压。一般工作不需要使用 CO 端时，均是通过一个 $0.01\mu\mathrm{F}$ 的电容接地，用以旁路高频干扰。

2）由 CA_1 和 CA_2 是两个电压比较器。比较器有两个输入端，标有"+"号的为同相输入端，标有"–"号的为反相输入端。当同相输入端电压 U_+ 大于反相输入端电压 U_- 时，则比较器输出为逻辑"1"，若同相输入端电压 U_+ 小于反相输入端电压 U_- 时，则比较器输出为逻辑"0"。比较器的两个输入端基本上都不向外电路索取电流，即输入阻抗趋于无穷大。

3）由与非门 G_1 和 G_2 构成的基本 RS 触发器。$\overline{R}$ 是专门设置的可以从外部对触发器进行置 0 的复位端。

4）由反相器 G_3 构成的输出缓冲器。其作用是提高定时器的带负载能力和隔离负载对定时器的影响。

5）由晶体管构成的放电电路。晶体管 VT_D 受 RS 触发器 $\overline{Q}$ 端的控制，当 $\overline{Q}=0$ 时晶体管截止，当 $\overline{Q}=1$ 时晶体管导通。晶体管导通后，555 定时器的 7 脚与地相通，形成放电通道。

9.2.2 555 定时器基本功能

表 9-1 是 555 定时器的功能表，它详细地介绍了 555 定时器的基本功能。

表 9-1 555 定时器的功能表

输　　入			输　　出	
复位 $\overline{R}$	阈值输入 u_{TH}	触发输入 u_{TR}	输出 u_O	VT_D 的状态
0	x	x	0	导通
1	$>2U_{CC}/3$	$>U_{CC}/3$	0	导通
1	$<2U_{CC}/3$	$>U_{CC}/3$	不变	不变
1	$<2U_{CC}/3$	$<U_{CC}/3$	1	截止
1	$>2U_{CC}/3$	$<U_{CC}/3$	1	导通

由图 9-2 和表 9-1 可知：

$\overline{R}=0$ 时，RS 触发器的 $\overline{Q}=1$，输出电压 u_O 为低电平，VT_D 饱和导通。

$\overline{R}=1$ 时，$u_{TH}>\dfrac{2}{3}U_{CC}$、$u_{TR}>\dfrac{1}{3}U_{CC}$ 时，CA_1 输出低电平、CA_2 输出高电平，基本 RS 触发器的 $\overline{Q}=1$，输出电压 u_O 为低电平，VT_D 饱和导通。

$\overline{R}=1$ 时，$u_{TH}<\dfrac{2}{3}U_{CC}$、$u_{TR}>\dfrac{1}{3}U_{CC}$ 时，CA_1、CA_2 均输出高电平，基本 RS 触发器保持原状态不变，所以 u_O、VT_D 也不变。

$\overline{R}=1$ 时，$u_{TH}<\dfrac{2}{3}U_{CC}$、$u_{TR}<\dfrac{1}{3}U_{CC}$ 时，CA_1 输出高电平、CA_2 输出低电平，基本 RS 触发器的 $\overline{Q}=0$，输出电压 u_O 为高电平，VT_D 截止。

$\overline{R}=1$ 时，$u_{TH}>\dfrac{2}{3}U_{CC}$、$u_{TR}<\dfrac{1}{3}U_{CC}$ 时，CA_1 输出低电平、CA_2 输出低电平，基本 RS 触发器的 $Q=\overline{Q}=1$，输出电压 u_O 为高电平，VT_D 饱和导通。

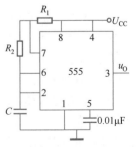

555 定时器的电源范围较宽，双极型 555 定时器的电源电压为 4.5～16 V，输出高电平不低于电源的 90%，其带灌电流负载能力可达 200 mA；CMOS 型 C7555 定时器的电源电压为 +3 V～+18 V，输出高电平不低于电源电压的 95%，带灌电流负载可达 3.2 mA。

图 9-3 用 555 构成的自激多谐振荡器

9.3 用 555 构成自激多谐振荡器

图 9-3 是用 555 构成的自激多谐振荡器。多谐振荡器是一种不需要外加触发信号，在接通电源后能自动输出矩形脉冲的电路。由于矩形脉冲中含有丰富的高次谐波分量，所以又把这种电路称

264

为多谐振荡器。

9.3.1　电路结构

电路中，R_1、R_2、C 是外接定时元件，555 的阈值端 TH（6 脚）和触发端 TR（2 脚）连接起来与电容 C 的一端相接，而电容的另一端接地。放电晶体管 VT_D 的集电极（7 脚）接在 R_1 和 R_2 之间，控制电压端 CO（5 脚）接 0.01 μF 的电容起滤波作用，而复位端 $\overline{R}$ 接电源 U_{CC}。

9.3.2　工作原理

在接通电源前由于电容 C 上无电荷，即 $u_c = 0$，所以在接通电源瞬间 u_c 仍为 0，555 内部的比较器 CA_1 输出为 1，CA_2 输出为 0，基本 RS 触发器 Q = 1、$\overline{Q}$ = 0，输出电压 u_o 为高电平，放电晶体管 VT_D 截止。这定义为电路的起始状态。

在起始状态下，随着电源通过 R_1 和 R_2 对 C 的充电，u_c 缓慢升高，时间常数为 $\tau_1 = (R_1 + R_2)C$，当 u_c 上升到 $2U_{CC}/3$ 时，比较器 CA_1 输出跳变为 0，基本 RS 触发器 $\overline{Q}$ = 1、Q = 0，u_o 输出为低电平，VT_D 饱和导通。这是电路的一种暂稳态。

由于 VT_D 的饱和导通，电容 C 上的电荷会通过 R_2 缓慢地泄放，时间常数为 $\tau_2 = R_2C$（忽略了 VT_D 的导通内阻），当 u_c 由于放电下降到 $U_{CC}/3$ 时，比较器 CA_2 输出跳变为 0，基本 RS 触发器立即变换为 Q = 1、$\overline{Q}$ = 0，u_o 输出为高电平，VT_D 截止。电路进入另一种暂稳态。

由前可见，该暂稳态前面定义的起始状态是一致的。这样电容又通过 R_1 和 R_2 对 C 的充电，u_c 再缓慢升高。不难理解，接通电源后，电容 C 上的电压 u_c 在 $U_{CC}/3$ 和 $2U_{CC}/3$ 之间反复变化，电路也就在两种暂稳态之间来回变化（即产生振荡），于是在输出端就产生了矩形脉冲。电路的工作波形如图 9-4 所示。

由图 9-4 可见，电容充电时，起始值 $u_c(0) = U_{CC}/3$，趋向值 $u_c(\infty) = U_{CC}$，转换值 $u_c(0) = 2U_{CC}/3$，故利用三要素公式，输出 u_o 波形中高电平持续时间 t_{w1} 可用下式计算

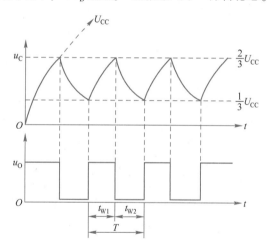

图 9-4　555 多谐振荡器工作波形图

$$t_{w1} = \tau_1 \ln \frac{u_c(\infty) - u_c(0)}{u_c(\infty) - u_c(t_{w1})} = \tau_1 \ln \frac{U_{CC} - \frac{1}{3}U_{CC}}{U_{CC} - \frac{2}{3}U_{CC}}$$

$$= (R_1 + R_2)C\ln2 = 0.7(R_1 + R_2)C \tag{9-1}$$

电容放电时，起始值 $u_c(0) = 2U_{CC}/3$，趋向值 $u_c(\infty) = 0$，转换值 $u_c(0) = U_{CC}/3$，利用三要素公式，输出 u_o 波形中低电平持续时间 t_{w2} 可用下式计算

$$t_{w2} = \tau_2 \ln \frac{u_c(\infty) - u_c(0)}{u_c(\infty) - u_c(t_{w2})} = \tau_2 \ln \frac{0 - \frac{2}{3}U_{CC}}{0 - \frac{1}{3}U_{CC}}$$

$$=R_2C\ln 2 = 0.7R_2C \qquad (9\text{-}2)$$

所以，振荡器的振荡周期和振荡频率为

$$T = t_{w1} + t_{w2} = 0.7(R_1+R_2)C + 0.7R_2C = 0.7(R_1+2R_2)C \qquad (9\text{-}3)$$

$$f = \frac{1}{T} = \frac{1}{0.7(R_1+2R_2)C} \approx \frac{1.43}{(R_1+2R_2)C} \qquad (9\text{-}4)$$

通常将脉冲宽度与重复周期之比称为占空比 q。

$$q = \frac{t_{w1}}{T} = \frac{R_1+R_2}{R_1+2R_2} \qquad (9\text{-}5)$$

由式（9-5）可见，该电路的输出波形是不对称的，即不能输出方波信号，而且占空比也不能调节。图 9-5 给出了占空比可调节的多谐振荡器电路。

图 9-5 中，利用半导体二极管的单向导电特性，把电容 C 的充电和放电回路隔离开来，再用一个电位器进行调节，就可得到占空比可调节的多谐振荡器。

由图 9-5 可见，电容 C 的充电回路为 $U_{CC} \to R_1 \to VD_1 \to C$，充电时间常数为 $\tau_1 = R_1C$。而放电回路为 $C \to R_2 \to VD_2 \to VT_D \to$ 地，故放电时间常数为 $\tau_2 = R_2C$。故可求得：

$$t_{w1} = 0.7R_1C$$
$$t_{w2} = 0.7R_2C$$

其占空比为

$$q = \frac{t_{w1}}{T} = \frac{t_{w1}}{t_{w1}+t_{w2}} = \frac{R_1}{R_1+R_2}$$

所以，只要调节图 9-5 中的电位器，使 $R_1 = R_2$，则 $q = 0.5$。这时 u_o 输出波形就为对称的矩形脉冲（方波）。

这样，电路的振荡频率为

$$f = \frac{1}{T} = \frac{1}{t_{w1}+t_{w2}}$$

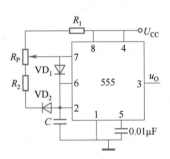

图 9-5　占空比可调节的多谐振荡器电路

显然，改变 R_1、R_2 和 C 的值，可以改变电路的振荡频率。还可用改变 555 的触发电平的方法来改变振荡频率。例如，可以改变 555 的控制电压输入端（5 脚）的电压来改变比较器的参考电压，以达到改变振荡器频率的目的。也就是说，555 定时器可以构成压控振荡器（VCO）。

【例 9-1】 设在图 9-3 所示的电路中，$R_1 = 4.7\,\mathrm{k}\Omega$，$R_2 = 10\,\mathrm{k}\Omega$，$C = 689\,\mathrm{pF}$，$U_{CC} = +5\,\mathrm{V}$。试计算振荡脉冲波形的 t_{w1}、t_{w2}、振荡周期 T、振荡频率 f 以及占空比 q。

解： $t_{w1} = 0.7C(R_1+R_2) = 0.7\times680\times10^{-12}\times(4.7+10)\times10^3 \approx 7\,\mu s$

$$t_{w2} = 0.7CR_2 = 0.7\times680\times10^{-12}\times10\times10^3 \approx 4.76\,\mu s$$

$$T = t_{w1}+t_{w2} = 11.76\,\mu s$$

$$f = \frac{1}{T} = 85\,\mathrm{kHz}$$

$$q = \frac{t_{w1}}{T} = \frac{7}{11.76} = 60.4\%$$

9.4 用逻辑门构成的自激多谐振荡器

用逻辑门构成的自激多谐振荡器如图 9-6a 所示。为了避免负载影响振荡频率，通常需加缓冲器，才能输出振荡波形。

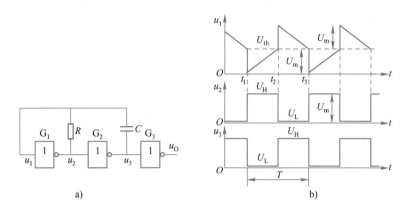

图 9-6 用 TTL 逻辑门构成的自激多谐振荡器

a) 电路 b) 波形

假设在图 9-6b 中 t_1 时刻，因 u_1 按指数规律下降到门 G_1 的阈值电压 U_{th}，使门 G_1 截止，电压 u_2 跃升为高电平 U_H，电压 u_3 则因门 G_3 的导通而降至低电平 U_L。由于电容 C 上两端的电压不能突变，所以 u_3 的下降必然引起 u_1 的下降。接着发生的物理过程是，G_1 输出的高电平经电阻 R 及 G_2 的导通内阻，给电容 C 充电，使 u_1 按指数规律上升。当 u_1 上升到 U_{th}（t_2 时刻）时，将引起一次新的翻转过程，方向与 t_1 时刻正好相反，表现为 u_2 下降，u_3 上升，u_3 的上升经电容 C 的耦合，使 u_1 进一步上升，这样 u_2 下降得更快，如此正反馈的结果使 u_2 降至低电平 U_L，u_3 升至高电平 U_H。

t_2 时刻后，G_2 截止，u_3 的高电平将反向给 C 充电，这也可理解为电容 C 的放电过程。由于 C 的放电，u_1 将按指数规律下降，到 t_3 时刻，u_1 又降至了阈值电压 U_{th}，电路又产生一次快速的转换过程，方向与上次相反，结果是 G_1 截止，u_2 为高电平，G_2 饱和导通，u_3 降为低电平。电路又回到了开始讨论时的情况。

这样，电路依靠自身的正反馈结构，产生了两次快速的转换过程，依靠电容的充放电，又进行了两次慢速的暂态过程，以此完成了一个振荡周期，输出波形 u_O 和 u_2 基本一致，很接近方波。振荡周期可用以下公式进行估算

$$T = 2RC\ln 3 \approx 2.2RC \tag{9-6}$$

以上讨论中，忽略了逻辑门的输入输出内阻，并假设门的阈值电压 $U_{th} = U_H/2$。电路中，对 LS 型的器件电阻 R 的取值可在 $1\,\mathrm{k\Omega} \sim 3.9\,\mathrm{k\Omega}$ 之间。

9.5 石英晶体振荡器

在许多数字系统中，都要求自激多谐振荡器的振荡频率有很高的稳定性和准确度。例如在数字钟里，时钟频率的稳定性和准确度就直接决定着计数的精度。最有效的方法就是在电路中接入石英晶体，构成晶体振荡器。这种晶体振荡器，在常温下，频率不稳定度 $\dfrac{\Delta f}{f}$ 也能小

于 10^{-6}。如果经恒温补偿后，晶振的 $\dfrac{\Delta f}{f}$ 甚至可以小到 10^{-9}。图 9-7a 给出了石英晶体的电抗频率特性，图 9-7b 给出了石英晶体的符号。由图可见，当外加电压的频率 $f=f_0$ 时，石英晶体的电抗 $X=0$，而在其他频率下电抗都很大。

一种典型的石英晶体振荡器如图 9-8 所示。电路中 R_1、R_2 的作用是保证两个反相器在静态时都能工作在转折区（线性区），使每一个反相器都成为具有很强放大能力的放大电路，对 TTL 反相器，常取 $R_1=R_2=0.5\sim2\,\mathrm{k\Omega}$。若是 CMOS 门则常取 $R_1=R_2=10\sim100\,\mathrm{M\Omega}$；耦合电容 $C=0.047\,\mathrm{\mu F}$。

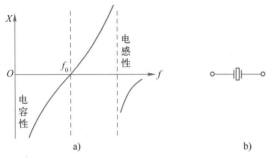
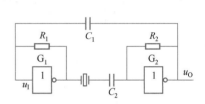

图 9-7　石英晶体的电抗频率特性及符号
a）电抗频率特性　b）石英晶体的符号

图 9-8　石英晶体振荡器

9.6　单稳态触发器

单稳态触发器具有以下特点：

1）电路有一个稳定状态和一个暂稳状态，静止期间电路一直处于稳定状态。

2）在外来触发脉冲的作用下，电路由稳定状态翻转到暂稳态，暂稳态维持一段时间后会自动返回稳定状态。

3）暂稳态的持续时间长短和触发脉冲无关，仅取决于电路的定时元件参数。

这种电路在数字系统中，一般用于定时、整形以及延时等。

9.6.1　用 555 构成的单稳态触发器

图 9-9 所示为用 555 定时器构成的单稳态触发器。无触发信号时，u_1 为高电平，电路处于稳定状态，555 内部的基本 RS 触发器 $Q=0$，$\overline{Q}=1$，输出 u_0 为低电平，放电管 $\mathrm{VT_D}$ 饱和导通。

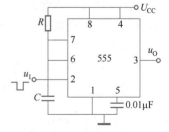

若接通电源后，输入 u_1 为高电平，555 定时器中基本 RS 触发器是处于 0 状态，即 $Q=0$，$\overline{Q}=1$，输出 u_0 为低电平，放电管 $\mathrm{VT_D}$ 饱和导通，则这种状态将保持不变。

图 9-9　用 555 构成的
单稳态触发器

若接通电源后，输入 u_1 为高电平，555 定时器中基本 RS 触发器是处于 1 状态，即 $Q=1$，$\overline{Q}=0$，输出 u_0 为高电平，放电管 $\mathrm{VT_D}$ 截止，则这种状态是不稳定的。因为当 $\mathrm{VT_D}$ 截止时，电源 U_{CC} 会通过 R 对 C 进行充电，u_C 将逐渐升高，当 u_C 升高到 $2U_{CC}/3$ 时，比较器 $\mathrm{CA_1}$ 输出 0，将基本 RS 触发器复位到 0

状态，$Q=0$，$\bar{Q}=1$，输出 u_O 为低电平，放电管 VT_D 饱和导通。电容 C 通过 VT_D 快速放电，使 $u_O \approx 0$，即电路返回稳态。

当 u_I 下降沿到来时，电路被触发，立即从稳态翻转到暂稳态，即 $Q=1$，$\bar{Q}=0$，输出 u_O 为高电平，放电管 VT_D 截止。

在暂稳态期间，U_{CC} 会通过 R 对 C 进行充电，时间常数 $\tau_1 = RC$。随着充电过程的进行，u_C 将逐渐升高，当 u_C 升高到 $2U_{CC}/3$ 时，比较器 CA_1 输出 0，将基本 RS 触发器复位到 0 状态，$Q=0$，$\bar{Q}=1$，输出 u_O 为低电平，放电管 VT_D 饱和导通。电容 C 通过 VT_D 快速放电，使 $u_O \approx 0$，即电路返回稳态。

暂稳态所持续时间（电容充电时间）称为单稳态触发器的输出脉冲宽度 t_W，由图 9-10 的工作波形图可见，$u_c(0+) \approx 0$，$u_c(\infty)=U_{CC}$，$\tau=RC$，

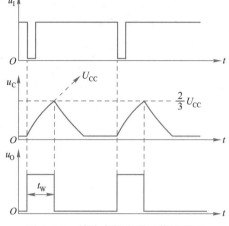

图 9-10　单稳态触发器工作波形图

$u_c(t_W) = \dfrac{2}{3}U_{CC}$，利用 RC 电路过渡过程的三要素公式可得：

$$t_W = \tau_1 \ln \frac{u_c(\infty) - u_c(0^+)}{u_c(\infty) - u_c(t_W)} = RC\ln \frac{U_{CC} - 0}{U_{CC} - \dfrac{2}{3}U_{CC}} = RC\ln 3 \approx 1.1RC \tag{9-7}$$

从暂稳态结束到电容 C 通过放电晶体管 VT_D 放电至 $u_c=0$ 所需的时间称为恢复时间 t_{re}。放电时间常数 $\tau_2 = R_{CES}C$。一般取 $t_{re} = 3 \sim 5\tau_2$，由于放电管 VT_D 饱和导通内阻 R_{CES} 很小，故 t_{re} 极短。

当输入触发信号是周期为 T 的连续脉冲时，为了保证单稳态触发器能够正常工作，必须满足下列条件

$$T > t_W + t_{re}$$

即 u_I 周期的最小值 $T_{min} = T_W + t_{re}$

所以，单稳态触发器的最高工作频率应为

$$f_{max} = \frac{1}{T_{min}} = \frac{1}{t_W + t_{re}} \tag{9-8}$$

一个必须注意的问题是，在图 9-9 中，触发脉冲的脉冲宽度（即 u_I 的低电平持续时间），必须小于电路输出的脉冲宽度 t_W，否则电路将不能正常工作。这是因为若单稳态触发器被触发翻转到暂稳态后，u_I 仍维持低电平不变，则比较器 CA_2 的输出保持为 0，基本 RS 触发器保持在置 1 状态，这样电容 C 充电到 $\dfrac{2}{3}U_{CC}$ 时，无法自动结束暂稳态而回到稳态。

解决这个问题的方法是在触发输入端加一个 RC 微分电路，以减少 u_I 的低电平持续时间。加了 RC 微分电路的单稳态触发器如图 9-11 所示。

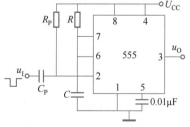

图 9-11　输入端加了微分电路的单稳态触发器

9.6.2 集成单稳态触发器

集成单稳态触发器按能否被重触发，可分为两类。所谓可重触发，是指单稳态触发器在暂稳态期间，能够接收新的触发信号，重新开始暂稳态过程；而不可重触发，则是指在暂稳态期间不能接收新的触发信号，即不可重触发的单稳态触发器，只能在稳态时接收触发信号，其一旦被触发由稳态翻转为暂稳态后，即使再有新的触发信号到来，其既定的暂稳态过程也会继续下去，直至结束为止。图9-12给出了可否重触发的波形。

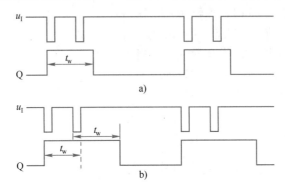

图 9-12 单稳态触发器的可否重触发波形
a) 不可重触发单稳 b) 可重触发单稳

74121是一种比较典型的TTL不可重触发单稳态触发器。其引脚分布和逻辑符号如图9-13所示，功能表如表9-2所示。

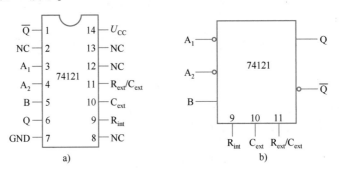

图 9-13 不可重触发单稳态触发器74121
a) 引脚图 b) 逻辑符号

表 9-2 74121 的功能表

输 入			输 出		说 明
A_1	A_2	B	Q	$\overline{Q}$	
0	X	1	0	1	
X	0	1	0	1	
X	X	0	0	1	保持稳态
1	1	X	0	1	

（续）

输　入			输　出		说　明
A_1	A_2	B	Q	$\overline{Q}$	
0	↓	1	⊓	⊔	下降沿触发
↓	1	⊓	⊓	⊔	
↓	↓	1	⊓	⊔	
0	X	↑	⊓	⊔	上升沿触发
X	0	↑	⊓	⊔	

　　图中 A_1、A_2 是两个下降沿有效的触发信号输入端，B 是上升沿有效的触发信号输入端。R_{ext}/C_{ext}、C_{ext} 是外接定时电阻和电容的连接端，外接定时电阻 R（阻值可在 $1.4\sim40\,k\Omega$ 之间选择）应一端接 U_{CC}（14 脚）、一端接 R_{ext}/C_{ext}（11 脚），外接定时电容 C（容量在 $10\,pF\sim10\,\mu F$ 之间选择）应一端接 C_{ext}（10 脚），一端接 R_{ext}/C_{ext}（11 脚），若 C 是电解电容，则其正极应接 C_{ext}，负极应接 R_{ext}/C_{ext}，其连接图见如图 9-14 所示。74121 集成块内部已设置了一个 $2\,k\Omega$ 的定时电阻，R_{int}（9 脚）是其引出端，使用时只需将 9 脚与 14 脚连接起来即可。不用时可将 9 脚悬空。

　　输出脉冲宽度 t_w 为

$$t_w = RC\ln2 \approx 0.7RC \tag{9-9}$$

　　在定时时间 t_w 结束后，定时电容 C 有一个充电恢复时间 t_{re}，如果在此恢复时间内又有触发脉冲输入，电路仍可被触发，但输出脉冲宽度会小于规定的定时时间 t_w。这是在使用 74121 时应该注意的问题。

　　74122 是一种比较典型的可重复触发单稳态触发器。其引脚分布和逻辑符号如图 9-14 所示，电路功能表如表 9-3 所示。

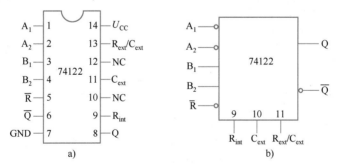

图 9-14　可重复触发单稳态触发器 74122

a）引脚图　b）逻辑符号

表 9-3　74122 的功能表

输　入					输　出		说　明
R	A_1	A_2	B_1	B_2	Q	$\overline{Q}$	
0	X	X	X	X	0	1	复位
X	1	1	X	X	0	1	保持稳态
X	X	X	0	X	0	1	
X	X	X	X	0	0	X	

（续）

输　入					输　出		说　明
R	A_1	A_2	B_1	B_2	Q	$\overline{Q}$	
1	0	X	↑	1	⊓	⊔	上升沿触发
1	0	X	1	↑	⊓	⊔	
1	X	0	↑	1	⊓	⊔	
1	X	0	1	↑	⊓	⊔	
↑	0	X	1	1	⊓	⊔	
↑	X	0	1	1	⊓	⊔	
1	1	↓	1	1	⊓	⊔	下降沿触发
1	↓	↓	1	1	⊓	⊔	
1	↓	1	1	1	⊓	⊔	

74122 有 4 个触发信号输入端，A_1、A_2 为下降沿有效，B_1、B_2 为上升沿有效。$\overline{R}$ 为低电平有效的直接复位输入，Q 和 $\overline{Q}$ 是一对互补输出端。外接定时电阻 R 和电容 C 的连接与 74121 相同，通常定时电阻 R 可在 $5\sim50\,\mathrm{k\Omega}$ 之间选择，定时电容 C 基本无限制。

74122 是可重复触发单稳态触发器，只要在输出脉冲结束前，又有触发脉冲输入，则可延长输出脉冲的持续时间。而 $\overline{R}$ 的优先复位功能，又能够在预期的时间内结束暂稳态过程，使电路返回到稳态。如果使用内部定时电阻，则只需外接一个定时电容，电路就可以工作。

当定时电容 $C>1000\,\mathrm{pF}$ 时，可用下式估算输出脉冲宽度 t_w。

$$t_w = 0.32RC \tag{9-10}$$

和 74121 一样，74122 在暂稳态结束后，也需要经过恢复时间 t_{re}，电路才能返回稳态。

9.6.3　单稳态触发器的应用

单稳态触发器是常用的单元电路，其应用范围很广，下面就其在脉冲波形的变换、整形等方面的应用举例说明。

1. 延时与选通

图 9-15a 是由单稳态触发器和与门构成的延时与选通电路，图 9-15b 是对应的延时和选通波形。

由图 9-15b 可见，单稳态触发器的输出 u_0 的下降沿比起输入 u_I 的下降沿滞后了一个脉冲宽度 t_w，也即延时了 t_w。这很直观地反映了单稳态触发器的延时特性。

由于单稳态触发器的输出 u_0 作为与门的选通控制信号，当 u_0 为高电平时，与门开放，门输出 $u_F =$ 输入信号 u_A；当 u_0 为低电平时，与门关闭，门输出 $u_F = $"0"。显然，与门开放的时间是恒定不变的，也就是单稳态触发器输出脉冲 u_0 的宽度 t_w。

2. 整形

单稳态触发器能够把不规则的输入信号 u_I 整形成为幅度、宽度都相同的矩形脉冲 u_0，这是因为 u_0 的幅度仅取决于单稳态触发器输出的高低电平，而宽度 t_w 只与 R、C 有关。图 9-16 给出了单稳态触发器对不规则信号进行整形的例子。

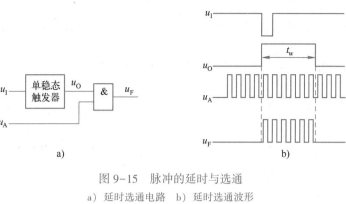

图 9-15　脉冲的延时与选通

a）延时选通电路　b）延时选通波形

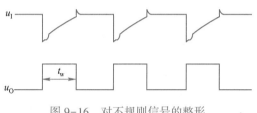

图 9-16　对不规则信号的整形

9.7　施密特触发器

施密特触发器一个最重要的特点，就是能够将变化非常缓慢的输入脉冲波形，变换成适合数字系统需要的矩形脉冲，而其特有的滞回特性，使得其抗干扰能力大大增强。施密特触发器在脉冲的变换与整形中具有广泛的应用。

9.7.1　用 555 构成施密特触发器

用 555 定时器构成的施密特触发器电路如图 9-17 所示，图中触发输入端（2 脚）和阈值输入端（6 脚）连接起来作为信号输入端 u_I，$\overline{R}$（4 脚）接电源电压 U_{CC}，电压控制端 CO（5 脚）接 0.01 μF 的电容起滤波作用，若将该端接某一电位，则还可用来改变阈值电压和触发电压的电平。

图 9-18a 是当 u_I 为三角波时施密特触发器的工作波形。

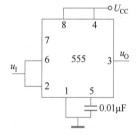

图 9-17　由 555 定时器构成的施密特触发器

当 $u_I = 0\,\text{V}$ 时，由于 555 定时器内部的电压比较器 CA_1 有 $U_+ > U_-$，因此，比较器 CA_1 输出高电平；电压比较器 CA_2 有 $U_+ < U_-$，因此，比较器 CA_2 输出低电平，这样基本 RS 触发器被置"1"，即 $Q=1$、$\overline{Q}=0$，电路输出 u_O 为高电平。在未达到 $\frac{2}{3}U_{CC}$ 以前，电路的这种状态将维持不变。

当 u_I 上升到 $\frac{2}{3}U_{CC}$ 时，比较器 CA_1 有 $U_+ < U_-$，CA_1 输出低电平，而 CA_2 仍为 $U_+ > U_-$，比较器 CA_2 输出高电平。这样基本 RS 触发器被置为"0"，即 $Q=0$、$\overline{Q}=1$，电路输出 u_O 为低电

平。$\frac{2}{3}U_{CC}$ 称为电路的上限阈值 U_{T+}。此后，u_I 再升高，电路输出不变。当 u_I 由高逐渐下降时，只要 u_I 未下降到 $\frac{1}{3}U_{CC}$，则电路输出仍然维持不变。

当 u_I 下降到 $\frac{1}{3}U_{CC}$ 时，比较器 CA_2 有 $U_+ < U_-$，CA_2 输出低电平，这样基本 RS 触发器被置为"1"，即 $Q = 1$、$\bar{Q} = 0$，电路输出 u_O 为高电平。$\frac{1}{3}U_{CC}$ 称为电路的下限阈值 U_{T-}。此后，u_I 再降低电路输出也不变。

这样，由图 9-18a 可见，施密特触发器将输入缓变的三角波 u_I 整形成为输出跳变的矩形脉冲 u_O。

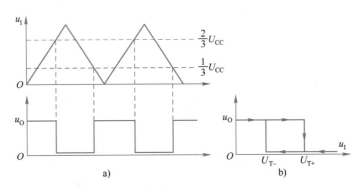

图 9-18　施密特触发器的工作波形和滞回特性

a）工作波形　b）滞回特性

图 9-18b 是施密特触发器的滞回特性。u_I 上升阶段，当 u_I 上升到 $U_{T+} = \frac{2}{3}U_{CC}$ 时，电路输出 u_O 由高电平翻转为低电平；u_I 下降阶段，当 u_I 下降到 $U_{T-} = \frac{1}{3}U_{CC}$ 时，电路输出 u_O 由低电平翻转为高电平。

定义滞回电压（回差电压）$\Delta U_T = U_{T+} - U_{T-}$。

滞回电压 ΔU_T 的大小直接反映电路抗干扰能力的强弱。若在 555 定时器的电压控制端（5 脚）加入一电压源，则可通过控制 555 内部的两个比较器的参考电压来改变滞回电压 ΔU_T 的大小。

应该注意，施密特触发器的输出电平是由输入信号的电平决定的，触发的含义是指当 u_I 由低电平上升到 U_{T+}、或由高电平下降到 U_{T-} 时，会引起电路内部的正反馈过程，从而使 u_O 发生跳变。所以图 9-17 所示电路称为反相输出的施密特触发器。与之对应的有同相输出的施密特触发器。图 9-19 是集成施密特触发器的逻辑符号。

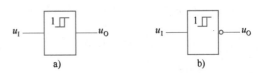

图 9-19　集成施密特触发器的逻辑符号

a）同相输出　b）反相输出

施密特触发器可由 555 定时器也可由集成逻辑门构成，但由于这种电路应用非常广泛，所以在 TTL 和 CMOS 系列产品中，均有专门的集成施密特触发器。比如 TTL 系列的 7413、

7414、74132 以及 CMOS 系列的 MC4093、MC40106 等。

9.7.2　施密特触发器的应用

1. 用于波形变换及整形

如果信号源是缓慢变化的信号，在送给 TTL 电路前可用施密特触发器将其变换为边沿陡峭的矩形脉冲信号。

图 9-20 中，输入的是类三角信号，当选定施密特触发器的 U_{T+}、U_{T-} 后，即可输出与输入信号同频率的矩形脉冲信号。

图 9-20　用施密特触发器实现波形变换

图 9-21 中，输入的是不规则信号，同样当选定施密特触发器的 U_{T+}、U_{T-} 后，即可输出理想的矩形脉冲信号。

2. 用于脉冲幅度鉴别

图 9-22 是用施密特触发器对输入脉冲进行幅度鉴别的情况，输入信号为一系列幅度不同的脉冲信号，而只有那些幅度大于 U_{T+} 的脉冲才会在输出端产生输出信号。可见，施密特触发器能选出幅度大于 U_{T+} 的脉冲，其具有幅度鉴别的能力。

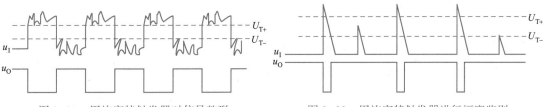

图 9-21　用施密特触发器对信号整形　　　　图 9-22　用施密特触发器进行幅度鉴别

3. 用作多谐振荡器

图 9-23a 是用施密特触发器构成的多谐振荡器，图 9-23b 是振荡波形的产生过程。

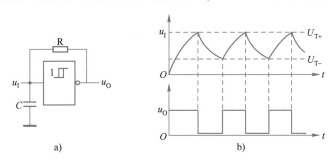

图 9-23　用施密特触发器构成多谐振荡器

a）振荡电路　b）振荡波形

在接通电源瞬间，电容 C 上的电压为 0，输出 u_O 为高电平。u_O 的高电平通过电阻 R 对电容 C 充电，使 u_I 逐渐上升，当 u_I 达到 U_{T+} 时，施密特触发器发生翻转，输出 u_O 变为低电平，此后电容 C 通过电阻 R 放电，使 u_I 逐渐下降，当 u_I 达到 U_{T-} 时，施密特触发器又发生翻转，输出 u_O 变为高电平，电容又通过电阻 R 充电……，如此周而复始，电路不停地振荡，在施密特触发器输出端得到的就是矩形脉冲 u_O。如再通过一级反相器对 u_O 整形，就可得到很理想的输出脉冲。

9.8　本章小结

本章介绍脉冲波形的产生与整形，主要用于产生各种所需周期和宽度脉冲的定时电路。本章首先学习了组成多谐振荡器的时基集成电路 555 定时器，然后介绍了可以产生所需脉冲波形的自激多谐振荡器、单稳态触发器和施密特触发器。

关键知识点：

1）用 555 定时器构成自激多谐振荡器、单稳态触发器和施密特触发器。

2）单稳态触发器的主要应用是对脉冲波形的变换和整形。

3）施密特触发器的主要应用包括对脉冲波形的变化和整形、对脉冲幅度鉴别以及用作多谐振荡器。

9.9　习题

1. 试分析图 9-24 所示 555 构成的自激多谐振荡电路。

（1）计算其振荡频率

（2）若要产生占空比为 50% 的方波，R_1 和 R_2 的取值关系应怎样定？

2. 在图 9-2 所示 555 电路结构中，输出电压 u_O 为高电平 U_{OH}、低电平 U_{OL} 以及保持原来状态不变的输入条件各是什么？假设控制电压输入端 CO 端已通过 0.01 μF 的电容接地，放电端 u_D 悬空。

3. 在图 9-24 中，设 $R_1 = 15\,\text{k}\Omega$、$R_2 = 10\,\text{k}\Omega$、$C = 0.05\,\mu\text{F}$，$U_{CC} = +5\,\text{V}$，请定性画出 u_C、u_O 的波形，估算振荡频率和占空比。

4. 石英晶体振荡器电路如图 9-25 所示，两个反相器均为 TTL 电路，试简述 R_1、R_2、C_1、C_2 的作用和取值范围。

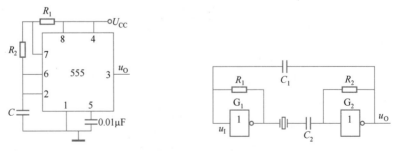

图 9-24　由 555 构成的自激多谐振荡器　　图 9-25　由 TTL 非门构成的石英晶体振荡器

5. 在图 9-24 所示多谐振荡器中，欲提高振荡器的频率，试说明下面列举的各种方法中，哪些是正确的，为什么？

（1）减小 R_1 的阻值。

（2）减小 R_2 的阻值。

（3）加大 C 的容量。

（4）加大电源电压 U_{CC}。

（5）在 CO 端（5 脚）接高于 $2U_{CC}/3$ 的电压。

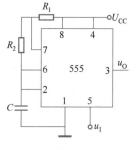

图 9-26 由 555 定时器构成的压控振荡器

6. 图 9-26 是用 555 定时器构成的压控振荡器，试求输入控制电压 u_I 和振荡频率之间的关系，当 u_I 升高时，输出 u_O 的频率是降低还是升高？

7. 用 555 定时器设计一个自激多谐振荡器，要求输出脉冲的振荡频率为 $100\,kHz$，占空比为 60%。

8. 在图 9-27 所示单稳态触发器中，设 $U_{CC} = +9\,V$，$R = 27\,k\Omega$、$C = 0.05\,\mu F$。

（1）试估算出输出脉冲 u_O 的宽度 t_w。

（2）设 u_I 为负的窄脉冲，其脉冲宽度 $t_{w1} = 0.5\,ms$、重复周期 $T_1 = 5\,ms$、高电平 $U_{IL} = 9\,V$、低电平 $U_{IL} = 0\,V$，试对应画出 u_C、u_O 的波形。

9. 不可重触发单稳态触发器 74121 的电路框图如图 9-13 所示，其功能表如表 9-2 所示。

1）若已知 A_1、A_2 和 B 信号的波形如图 9-28 所示，画出 Q 端的波形。

2）若已知 Q 端输出脉冲宽度 T_w 的计算公式为：$T_w \approx \tau\ln2$，要得到 T_w 为 $0.6\,ms$ 的脉冲，采用内接电阻 R_{int}（$R_{int} = 2\,k\Omega$）时，外接电容 C_{ext} 应取多大？若采用外接电阻的方法，取 $C_{ext} = 0.04\,\mu F$，则外接电阻 R_{ext} 应取多大？

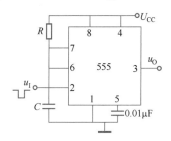

图 9-27 由 555 构成的单稳态触发器电路

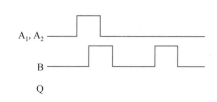

图 9-28 74121 的输入信号波形

10. 试画出用 74121（图形符号见图 9-13）外加定时元件 R 和 C 构成的单稳态触发器电路图，若 $C = 0.01\,\mu F$，要求输出脉冲宽度 t_W 的调节范围是 $10\,\mu s \sim 10\,ms$，试估算 R 的取值范围。

11. 在图 9-29 所示施密特触发器中，若 $U_{CC} = +9\,V$；u_I 为正弦波，其幅值 $U_{Im} = 9\,V$、频率 $f = 1\,kHz$，试对应画出输出波形。

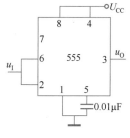

图 9-29 由 555 构成的施密特触发器

参 考 文 献

［1］武庆生，詹瑾瑜，唐明．数字逻辑［M］．2 版．北京：机械工业出版社，2004.

［2］詹瑾瑜，江维，李晓瑜．数字逻辑［M］．3 版．北京：机械工业出版社，2017.

［3］杨静．数字电路逻辑设计［M］．2 版．北京：高等教育出版社，2006.

［4］薛宏熙．数字逻辑设计［M］．北京：清华大学出版社，2008.

［5］欧阳星明．数字电路逻辑设计［M］．北京：人民邮电出版社，2011.

［6］卢建华．数字逻辑与数字系统设计［M］．北京：清华大学出版社，2013.

［7］师生莉．数字系统与逻辑设计［M］．西安：西安电子科技大学出版社，2013.

［8］刘真．数字逻辑原理与工程设计［M］．北京：高等教育出版社，2013.

［9］欧阳星明，溪利亚．数字电路逻辑设计［M］．2 版．北京：人民邮电出版社，2015.

［10］江小安，朱贵宪．数字逻辑简明教程［M］．西安：西安电子科技大学出版社，2015.

［11］龚之春．数字电路［M］．成都：电子科技大学出版社，2004.

［12］刘蔚东．关于时序逻辑设计中的自启动问题［J］．电工技术，1997，8：49-52.

［13］任骏原．基于次态卡诺图的 J、K 激励函数最小化方法及时序逻辑电路自启动设计［J］．浙江大学学报（理学版），2010，37（4）：425-427.

［14］盛建伦．数字逻辑与 VHDL 逻辑设计［M］．2 版．北京：清华大学出版社，2016.

［15］李景宏，王永军．数字逻辑与数字系统［M］．5 版．北京：电子工业出版社，2017.

［16］刘真．数字逻辑原理与工程设计［M］．2 版．北京：高等教育出版社，2013.